IUV-计算机网络基础与应用（教学指导）

结构清晰贴近教学
内容翔实立体剖析
案例聚焦学以致用

邝辉平　陈佳莹　林磊　编著

人民邮电出版社
北京

图书在版编目（CIP）数据

IUV-计算机网络基础与应用. 教学指导 / 邝辉平，
陈佳莹，林磊编著. -- 北京 : 人民邮电出版社，
2018.12
（IUV-ICT技术实训教学系列丛书）
ISBN 978-7-115-49616-4

Ⅰ. ①I… Ⅱ. ①邝… ②陈… ③林… Ⅲ. ①计算机
网络－基本知识 Ⅳ. ①TP393

中国版本图书馆CIP数据核字(2018)第232884号

内容提要

全书共分 7 章，主要包括计算机网络概述、TCP/IP 原理、以太网交换机及 VLAN 原理、路由器硬件基础、路由基础、OSPF 动态路由协议、IP 业务简介等。本书以问题求解为宗旨，以简明、全面为特色，帮助学生轻松学习网络原理的相关知识。

本书适合通过 IUV-SIMNET 软件平台，提升计算机网络基础知识的技术人员阅读，同时还可作为高等学校计算机相关专业的教材或参考书。

◆ 编　　著　邝辉平　陈佳莹　林　磊
责任编辑　李　静
责任印制　彭志环

◆ 人民邮电出版社出版发行　　北京市丰台区成寿寺路 11 号
邮编　100164　　电子邮件　315@ptpress.com.cn
网址　http://www.ptpress.com.cn
固安县铭成印刷有限公司印刷

◆ 开本：787×1092　1/16
印张：14.5　　　2018 年 12 月第 1 版
字数：335 千字　　　2018 年 12 月河北第 1 次印刷

定价：49.00 元

读者服务热线：(010)81055488　印装质量热线：(010)81055316
反盗版热线：(010)81055315

前 言

在当今信息时代，信息和通信技术（Information and Communication Technology，ICT）的发展日新月异。计算机网络作为信息传播的载体，发挥着重要的作用，它已融入人们生活的方方面面。计算机网络技术已成为信息技术学科的一门基础课程，掌握计算机网络技术也是信息通信行业对学生的基本技能要求。

如何高效地进行计算机网络基础与应用相关课程的教学，并提升学生学习的积极性，是从事计算机网络授课的教师们需要探索的问题。IUV-ICT 教学研究所针对以上问题，编写了《IUV-计算机网络基础与应用（教学指导）》，旨在通过提炼、拓展与总结计算机网络知识，提供一种教学思路和方法，以帮助教师进行课堂教学。

本教材的章节设计与教材《IUV-计算机网络基础与应用》相一致。全书共分 7 章，第 1 章为计算机网络概述，第 2 章为 TCP/IP 原理，第 3 章为以太网交换机及 VLAN 原理，第 4 章为路由器硬件基础，第 5 章为路由基础，第 6 章为 OSPF 动态路由协议，第 7 章为 IP 业务简介。

在课程设计上，我们将每个章节的教学内容划分为 “教学建议及过程”“学生课前准备”“教学目的与要求”“章节重点”“教学资源”“教学互动”“教学案例分析”“教学内容总结”“参考答案”等部分。教学过程以翻转课堂的形式设计，以提高学生课前主动预习和课中参与的积极性，教师在课堂中，讲解重要知识点并展开教学互动，增强学习的趣味性。同时，我们在部分重点难点章节中增加了“教学案例分析”，内容中设计了丰富的应用案例，教师可针对该部分内容进行教学拓展以提升学生对课堂知识点的理解并拓展学生的知识面。

如果您在阅读本教材的过程中有任何疑问，可发送邮件至 support@iuvbox.com.cn 进行反馈。希望本教材对读者有所帮助，这是我们最大的心愿。

编者

2018 年 7 月

目　录

第1章

计算机网络概述

1.1 计算机网络的定义及分类

课程名称	计算机网络的定义及分类	章节	1.1
课时安排	2 课时	教学对象	
教学建议及过程	**教学建议：** 本章节授课时长建议安排为 2 课时，采用翻转课堂的形式授课，培养学生的自主学习能力和学习积极性。 **教学过程：** 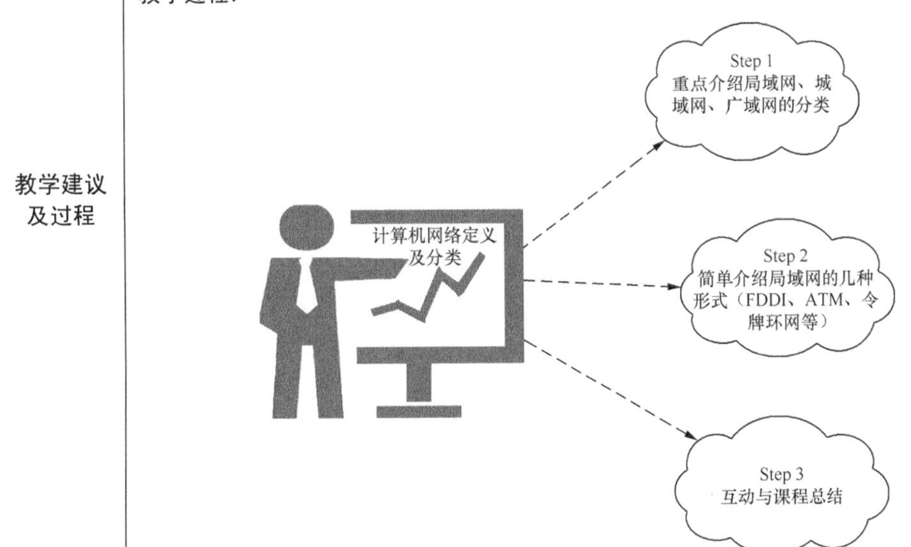 		

续表

课程名称	计算机网络的定义及分类	章节	1.1
课时安排	2 课时	教学对象	
教学建议及过程	首先，教师在教学过程中结合实际网络（以电信运营商的网络为例）重点介绍局域网、城域网、广域网 3 种网络类型及划分，使学生掌握网络层级的理念。 其次，局域网是组成网络的基本网络单元，教师重点介绍当前局域网的几种形式（以太网、无线网）。教师可不介绍 FDDI、令牌环网、ATM 网等非主流网络，学生了解其概念即可。 最后，教师完成教学互动及案例分析后进行课堂总结，使学生掌握计算机网络的定义和常见分类。		
学生课前准备	1．布置学生课前预习本章节内容，使学生提前掌握计算网络的定义及分类，包括局域网（局域网常见的类型）、城域网和广域网。 2．课前预习考核方式：课堂中针对教学互动知识点或其他类似的知识点对学生随机点名抽查，记录抽查效果。		
教学目的与要求	通过本章节的学习，学生需要了解掌握如下知识点： 1．了解计算机网络的定义； 2．了解计算机网络的分类； 3．掌握局域网、广域网和城域网的区别。		
章节重点	计算机网络的定义和分类。		
教学资源	PPT、教案等。		
教学互动	**问题 1：计算机网络的定义是什么？** 计算机网络是指若干台地理位置不同且具有独立功能的计算机，通过通信设备和传输线路相互连接起来，按照一定的协议规则通信，以实现信息传输和网络资源共享的一种计算机系统。 **问题 2：计算机网络的分类有哪些？** 计算机网络按其地理位置和分布范围可以分成局域网、城域网和广域网 3 类。 **问题 3：什么是局域网？** 局域网是指一个局部区域内的、近距离的计算机互联组成的网，局域网通常采用有线方式连接，分布范围一般在几米到几千米（小于 10 千米）。图 1-1 为酒店局域网示意图。		

续表

课程名称	计算机网络的定义及分类	章节	1.1
课时安排	2 课时	教学对象	

教学互动

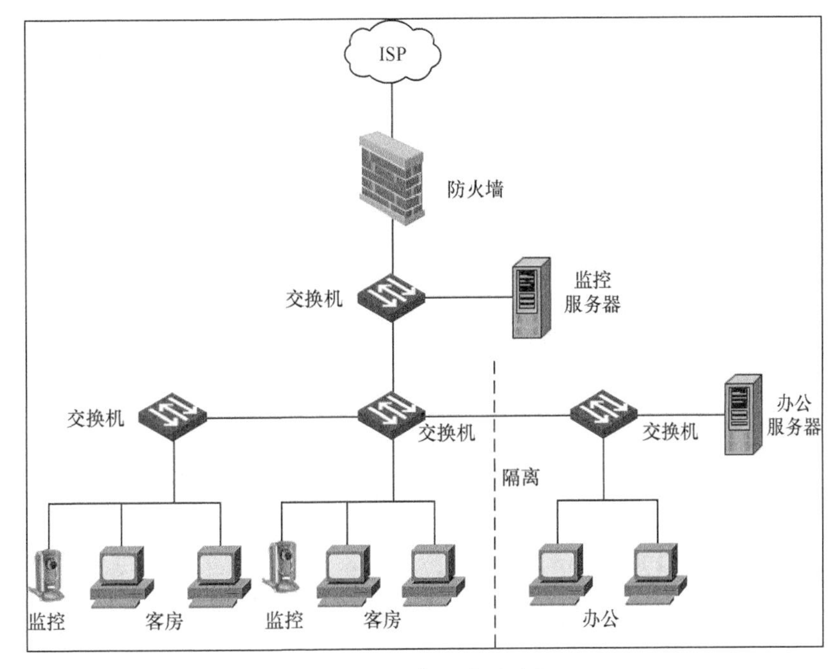

图 1-1　酒店局域网示意

问题 4：常见的局域网有哪些？

常见的局域网有以太网（Ethernet）、令牌环网（Token Ring）、FDDI、异步传输模式（ATM）、无线局域网。

问题 5：以太网包括哪些标准？

以太网包括标准以太网（10Mbit/s）、快速以太网（100Mbit/s）、千兆以太网（1000 Mbit/s）和 10Gbit/s 以太网。

问题 6：如何认识标准以太网？

标准以太网的速率一般为 10Mbit/s，它使用的是 CSMA/CD（带有冲突检测的载波侦听多路访问）的访问控制方法。标准以太网主要有两种传输介质，分别是双绞线和同轴电缆。

IEEE802.3 中规定的标准以太网有以下 6 种：

- 10Base-5　使用粗同轴电缆，最大网段长度为 500m，基带传输方法；
- 10Base-2　使用细同轴电缆，最大网段长度为 185m，基带传输方法；
- 10Base-T　使用双绞线电缆，最大网段长度为 100m；
- Base-5　使用双绞线电缆，最大网段长度为 500m，传输速度为 1Mbit/s；

续表

<table>
<tr><td>课程名称</td><td>计算机网络的定义及分类</td><td>章节</td><td>1.1</td></tr>
<tr><td>课时安排</td><td>2 课时</td><td>教学对象</td><td></td></tr>
<tr><td>教学互动</td><td colspan="3">
• 10Broad-36 使用同轴电缆（RG-59/U CATV），最大网段长度为 3600m，是一种宽带传输方式；
• 10Base-F 使用光纤传输介质，传输速率为 10Mbit/s。
问题 7：什么是快速以太网？
快速以太网的速率一般为 100Mbit/s，它基于 CSMA/CD 技术。快速以太网主要分为 100Base-TX、100Base-FX 和 100Base-T4 3 个子类。
• 100Base-TX 是一种使用 5 类数据级、无屏蔽双绞线或屏蔽双绞线的快速以太网技术。它使用两对双绞线，一对发送数据，一对接收数据。
• 100Base-FX 是一种使用光缆的快速以太网技术，它可使用单模和多模光纤（62.5μm 和 125μm）。多模光纤连接的最大距离为 550m，单模光纤连接的最大距离为 3000m。
• 100Base-T4 是一种可使用 3、4、5 类无屏蔽双绞线或屏蔽双绞线的快速以太网技术。它使用 4 对双绞线、3 对传送数据和 1 对检测冲突信号。
问题 8：什么是千兆以太网？
千兆以太网的速率一般为 1000Mbit/s，它主要有 1000Base-SX、1000Base-LX 和 1000Base-CX 3 种技术版本：
• 1000Base-SX 采用低成本短波 CD（Compact Disc，光盘激光器）或 VCSEL（Vertical Cavity Surface Emitting Laser，垂直腔体表面发光激光器）发送器；
• 1000Base-LX 使用相对昂贵的长波激光器；
• 1000Base-CX 即在配线间使用短跳线电缆把高性能服务器和高速外围设备连接起来。
问题 9：什么是 10Gbit/s 以太网？
10Gbit/s 以太网的速率一般为 10Gbit/s，10Gbit/s 以太网仍使用与以往 10Mbit/s 和 100Mbit/s 以太网相同的形式，它基于 CSMA/CD 技术。目前仅支持使用光纤传输。
问题 10：什么是令牌环网？
令牌环网是 IBM 公司于 20 世纪 70 年代发展的，现在这种网络比较少见。在老式的令牌环网中，数据传输速度为 4Mbit/s 或 16Mbit/s，新型的快速令牌环网速度可达 100Mbit/s。令牌环网的传输方法在物理上采用了星形拓扑结构，但逻辑上仍是环形拓扑结构。图 1-2 和图 1-3 分别为令牌环网物理结构和逻辑结构示意。
</td></tr>
</table>

续表

课程名称	计算机网络的定义及分类	章节	1.1
课时安排	2 课时	教学对象	
教学互动	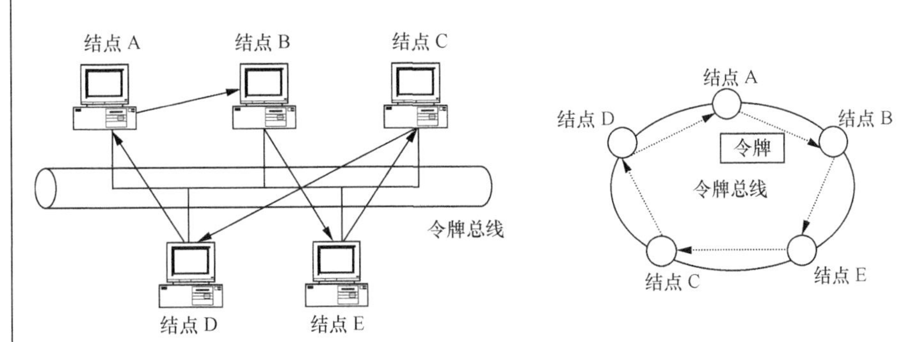 图 1-2　令牌总线物理结构　　图 1-3　令牌总线逻辑结构 **问题 11：如何认识 FDDI（FDDI 技术现已淘汰，可不用展开）？** FDDI（Fiber Distributed Data Interface，光纤分布式数据接口）是在 20 世纪 80 年代中期发展起来的一项局域网技术，它提供的高速数据通信能力要高于当时的以太网（10Mbit/s）和令牌环网（4Mbit/s 或 16Mbit/s）的能力。 FDDI 的访问方法与令牌环网的访问方法类似，在网络通信中均采用"令牌"传递。它与标准的令牌环又有所不同，FDDI 使用的是定时的令牌访问方法。FDDI 令牌沿网络环路从一个结点向另一个结点移动，如果某结点不需要传输数据，FDDI 将获取令牌并将其发送到下一个结点。 FDDI 可以发送同步和异步两种类型的包：同步通信用于要求传输连续且对时间敏感（如音频、视频和多媒体通信）数据的传输；异步通信用于不要求连续脉冲串的普通数据的传输。 **问题 12：如何认识 ATM？** ATM（Asynchronous Transfer Mode，异步传输模式）的开发始于 20 世纪 70 年代后期。ATM 是一种比较新型的单元交换技术，它同以太网、令牌环网、FDDI 等使用可变长度包的技术不同，ATM 使用 53 字节固定长度的单元交换数据。它是一种交换技术，它没有共享介质或包传递带来的时延，非常适合音频和视频数据的传输。ATM 主要具有以下优点： ① ATM 使用相同的数据单元，可实现广域网和局域网的无缝连接； ② ATM 支持 VLAN（虚拟局域网）功能，可以灵活地管理和配置网络； ③ ATM 具有不同的速率，分别为 25Mbit/s、51Mbit/s、155Mbit/s、622Mbit/s，从而为不同的应用提供不同的速率。			

续表

<table>
<tr><td>课程名称</td><td>计算机网络的定义及分类</td><td>章节</td><td>1.1</td></tr>
<tr><td>课时安排</td><td>2 课时</td><td>教学对象</td><td></td></tr>
<tr><td>教学互动</td><td colspan="3">

问题 13：如何认识无线局域网？

无线局域网（Wireless Local Area Network，WLAN）是目前最新，也是最热门的一种局域网。无线局域网与传统的局域网主要不同之处在于传输介质的不同。传统局域网都是通过有形的传输介质进行连接的，如同轴电缆、双绞线和光纤等，而无线局域网则是采用空气作为传输介质。因为 WLAN 摆脱了有形传输介质的束缚，所以这种局域网的最大特点就是自由，只要在网络的覆盖范围内，它可以在任何一个地方与服务器及其他工作站连接，而不需要重新铺设电缆。图 1-4 为一个小型无线局域网示意。

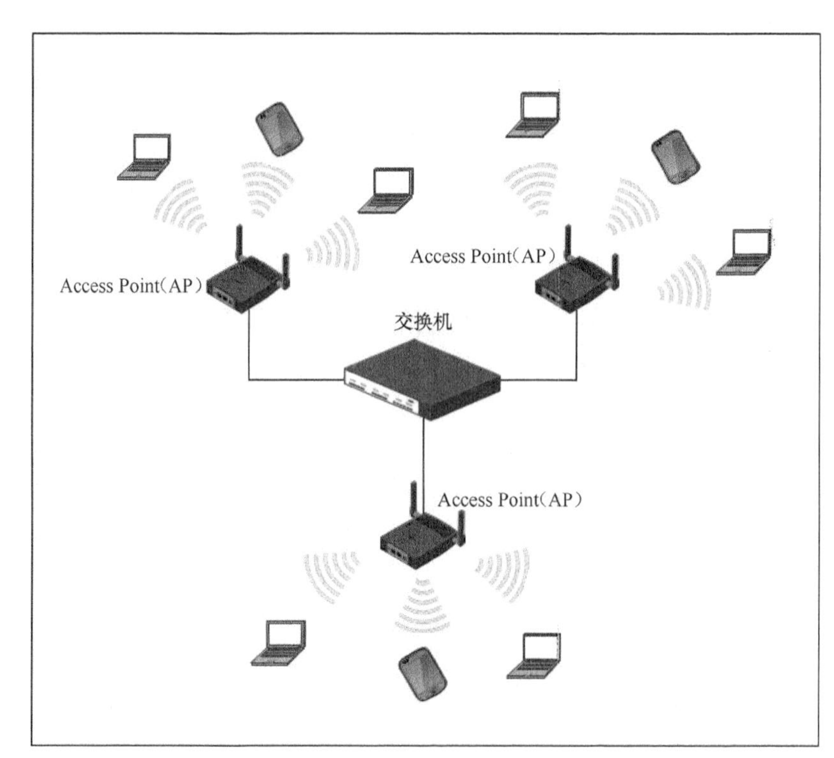

图 1-4　无线局域网示意

无线局域网采用的是 802.11 系列标准，它是由 IEEE 802 标准委员会制定的。目前这一系列标准主要有 802.11b、802.11a、802.11g、802.11n、802.11ac 等。

问题 14：什么是广域网？

广域网（Wide Area Network，WAN）是指由远距离的计算机互联组成的网络，分布范围可达几千千米乃至上万千米，甚至可以跨越国界、洲界遍及全球。因特网就是一种典型的广域网。

</td></tr>
</table>

续表

课程名称	计算机网络的定义及分类	章节	1.1
课时安排	2 课时	教学对象	
教学互动	**问题 15：什么是城域网？** 城域网（Metropolitan Area Network，MAN）的规模主要局限在一个城市范围内，是一种介于广域网和局域网之间的网络，分布范围一般在十几千米到上百千米。 计算机网络按其传输介质可以分为有线网和无线网两大类。		
教学案例分析	小王新开了一家公司，租用场地约 300m^2，办公人员约 30 人，现需组建网络，具体有以下需求： ① 满足 30 个员工办公位台式机的上网需求； ② 满足笔记本电脑无线上网需求； ③ 满足内部两点间传输速率>10Mbit/s。 问题： ① 小王公司的内网属于哪种类型网络？ 小王公司的内网属于以太网及无线局域网。 ② 公司内网使用哪种以太网标准？ 公司内网使用千兆以太网标准，因传输速率需大于 10Mbit/s，内网传输速率需高于 1000Mbit/s。		
教学内容总结	本章节分为两方面内容，分别是计算机网络的定义及计算机网络的分类，其中计算机网络的分类分为局域网、城域网和广域网。局域网中分为标准以太网、快速以太网、千兆以太网、令牌环网、FDDI、ATM 和无线局域网等。城域网分为有线网、无线网。通过本章节的学习，学生能初步了解计算机网络的定义及分类。		
参考答案	1．计算机网络的定义？ 2．计算机网络的分类？ 3．局域网是什么？ 4．常见的局域网有哪些？ 5．以太网包括哪些标准？ 6．如何认识标准以太网？ 7．什么是快速以太网？ 8．什么是千兆以太网？ 9．什么是 10G 以太网？ 10．什么是令牌环网？ 以上问题答案请参考本章节“教学互动”的内容。		

1.2 计算机网络的发展

课程名称	计算机网络的发展	章节	1.2
课时安排	0.5 课时	教学对象	
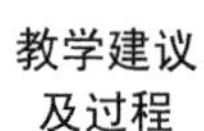 教学建议及过程	**教学建议：** 本章节内容为计算网络的发展概述，内容简单，可由学生自主学习，建议老师课堂授课时长为 0.5 课时。 **教学过程：** 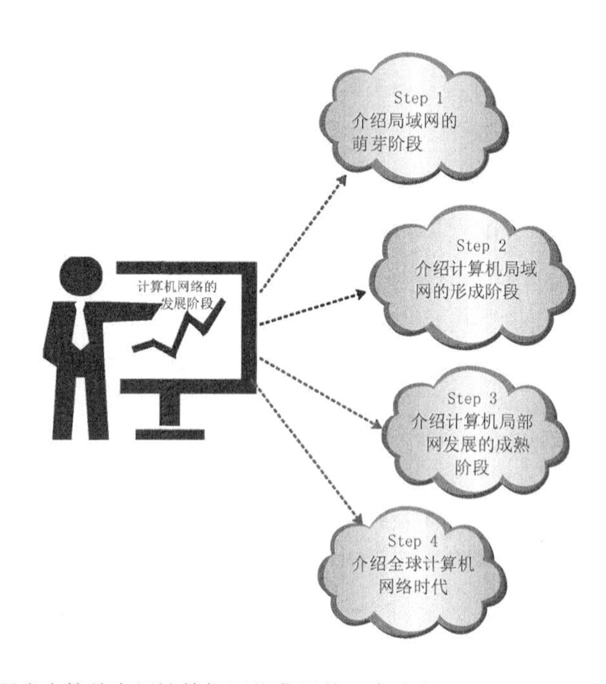 教师在课堂中简单介绍计算机网络发展的 4 个阶段。		
学生课前准备	1．布置学生课前预习本章节内容，使学生提前了解计算机网络的产生背景和发展阶段。 2．课前预习考核方式：课堂中针对教学互动知识点或其他类似知识点对学生进行随机点名抽查，记录抽查效果。		
教学目的与要求	通过本章节的学习，学生需要了解掌握如下知识点： 1．了解计算机网络产生的背景； 2．了解计算机网络的发展历程。		
章节重点	计算网络的发展历程。		
教学资源	PPT、教案等。		

续表

课程名称	计算机网络的发展	章节	1.2
课时安排	0.5 课时	教学对象	
教学互动	问题：PC 时代是指什么时代？ 20 世纪 80 年代初，随着 PC 应用的推广，PC 联网的需求也随之增大，各种基于 PC 互联的微机局域网纷纷出台。这个时期微机局域网系统的典型结构是在共享介质通信网络平台上的共享文件服务器结构，即为所有联网 PC 设置一台专用的、可共享的网络文件服务器。PC 是一台微型计算机，每个 PC 用户的主要任务仍在自己的 PC 上运行，仅在用户需要访问共享磁盘文件时才通过网络访问文件服务器，这体现了计算机网络中各计算机之间的协同工作。由于使用了较 PSTN 速率高得多的同轴电缆、光纤等高速传输介质，因此 PC 网上访问共享资源的速率和效率大大提高。这种基于文件服务器的微机网络分工网内计算机：PC 面向用户，微机服务器专用于提供共享文件资源。所以它实际上是一种客户机/服务器模式。		
教学内容总结	本章节主要介绍了计算机网络的前身是 ARPAnet，其发展主要经历了以下 4 个阶段。 第一阶段：20 世纪 60 年代末期到 70 年代初期，面向终端的计算机网络，即局域网的萌芽阶段，又称为巨型机时代。 第二阶段：20 世纪 70 年代中期到 70 年代末期，计算机局域网的形成阶段，又称为微机初始时代。 第三阶段：20 世纪 80 年代初期，计算机局部网络发展的成熟阶段，微机发展阶段。 第四阶段：20 世纪 80 年代末期至今，基本网络发展更加成熟，形成全球计算机网络的时代（全新信息时代）		
参考答案	了解计算机网络产生和发展历程。 答：计算机网络的发展总共经历了巨型机时代（20 世纪 60 年代）、微机初始时代（网络的形式，20 世纪 70 年代）、微机发展时代（20 世纪 80 年代）和全新信息时代（20 世纪 80 年代末至今）4 个阶段。		

1.3 计算机数据通信中的基本概念

课程名称	计算机数据通信中的基本概念	章节	1.3
课时安排	0.5 课时	教学对象	
教学建议及过程	**教学建议：** 本章节授课时长建议安排为 0.5 课时，采用翻转课堂形式授课，培养学生的自主学习能力和学习积极性。		
教学建议及过程	**教学过程：** 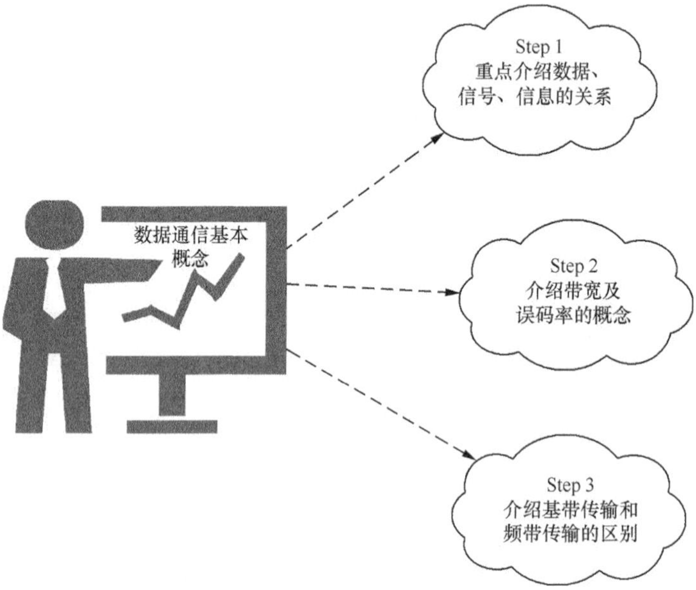 数据通信基本概念 Step 1 重点介绍数据、信号、信息的关系 Step 2 介绍带宽及误码率的概念 Step 3 介绍基带传输和频带传输的区别 本章节知识点为计算机数据通信中的基本概念，简单易学。教师在课堂中以教学互动的形式总结数据通信中涉及的基本概念（如互动问题 1～7）。		
学生课前准备	1．布置学生课前预习本节内容，使学生提前了解计算机数据通信中的数据、信息、信号、带宽、误码率、基带传输、频带传输等概念。 2．课前预习考核方式：课堂中针对教学互动知识点或其他类似知识点对学生进行随机点名抽查，记录抽查效果。		
教学目的与要求	通过本节的学习，学生需要了解掌握以下知识点： 1．掌握计算机网络中数据的概念； 2．掌握计算机网络中信息的概念； 3．掌握计算机网络中信号的概念；		

续表

课程名称	计算机数据通信中的基本概念	章节	1.3
课时安排	0.5 课时	教学对象	
教学目的与要求	4. 掌握计算机网络中带宽的概念； 5. 掌握计算机网络中误码率的概念； 6. 了解计算机网络中基带传输的概念； 7. 了解计算机网络中频带传输的概念。		
章节重点	数据、信息、信号、带宽、误码率、基带传输、频带传输。		
教学资源	PPT、教案等。		
教学互动	**问题 1：计算机网络中的“数据”是指什么？** 数据（Data）是对所描述对象的符号化记录，一般可理解为信息的数字化形式。在计算机网络中，数据通常被广义地理解为在网络中存储、处理和传输的二进制数字编码。 **问题 2：计算机网络中的“信息”是指什么？** 信息（Information）是对特定事物的描述、说明，是数据的内在含义，是客观事物属性和相互联系的表现。信息反映客观事物的本来面貌，可以理解为数据中包含的有效、有用的内容。 **问题 3：计算机网络中的“信号”是指什么？** 信号（Signal）是对特定信息的物理表述，在数据通信中就是携带信息的媒介。通信系统中常使用的电信号、光信号、电磁信号、脉冲信号等术语是指携带某种信息的、具有不同形式或特征的传输介质。按信号的连续性，信号又可分为模拟信号和数字信号两种。 信号也指数据在传输过程的具体实现方式。 **问题 4：计算机网络中的“带宽”是指什么？** 带宽（Bandwidth）是指网络中每秒传送的比特数，是在一定时间内传送的最大比特数。网络无论采用什么方式发送报文，采用什么媒体介质，带宽都是有固定上限的，这是由传输信号介质的物理特性决定的。 在计算机网络中，信号最终转译为二进制“0”“1”比特位，带宽指端口或线路中每秒传输的比特位数。 **问题 5：计算机网络中的“误码率”是指什么？** 误码率是指二进制码元在传输过程中被干扰等传错的比例。信息在物理链路的传播过程中可能出现干扰而产生误码的情况，误码率是衡量物理链路可靠性的重要指标。 **问题 6：计算机网络中的“基带传输”是指什么？** 基带传输是一种不搬移基带信号频谱的传输方式。未对载波调制的待传信号称为基		

续表

课程名称	计算机数据通信中的基本概念	章节	1.3
课时安排	0.5 课时	教学对象	
教学互动	带信号，它所占的频带称为基带，基带的高限频率与低限频率之比通常远大于 1。它是很老的一种数据传输方式，一般用于工业生产中。 **问题 7：计算机网络中的“频带传输”是指什么？** 频带传输是用基带数字信号控制高频载波，把基带数字信号变换为频带数字信号的传输过程。已调信号通过信道传输到接收端，接收端通过解调器把频带数字信号还原成基带数字信号，这种数字信号的反变换称为数字解调，把包含调制和解调过程的传输系统叫作数字信号的频带传输系统。		
教学内容总结	本章节主要介绍计算机网络中涉及的基本概念。这些专业术语在计算机网络中经常用到，是学习计算机网络的基础。		

1.4 计算机网络拓扑

课程名称	计算机网络拓扑	章节	1.4
课时安排	1 课时	教学对象	
教学建议及过程	**教学建议：** 本章节授课时长建议安排为 1 课时，采用翻转课堂形式授课，培养学生的自主学习能力和学习积极性。		
教学建议及过程	**教学过程：** 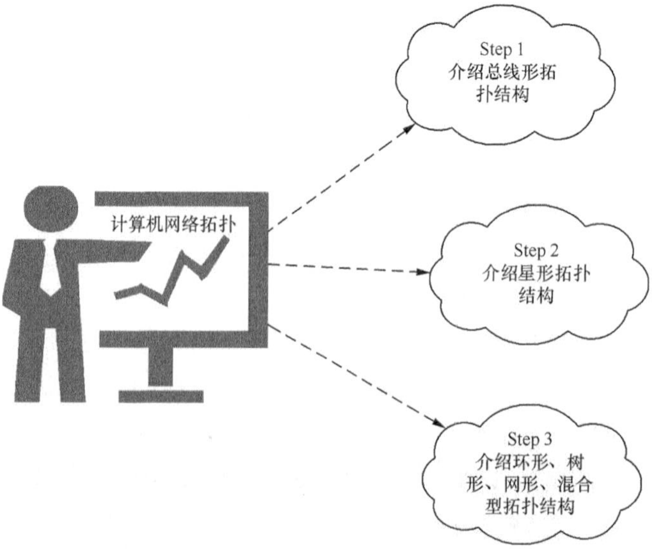 计算机网络拓扑 Step 1 介绍总线形拓扑结构 Step 2 介绍星形拓扑结构 Step 3 介绍环形、树形、网形、混合型拓扑结构		

续表

课程名称	计算机网络拓扑	章节	1.4
课时安排	1 课时	教学对象	
教学建议及过程	本章节主要介绍了几种常见的网络拓扑结构，内容简单易学，老师在课堂中以教学互动的形式展开叙述计算机网络拓扑（如互动问题 1～6）。		
学生课前准备	1．布置学生课前预习本章节内容，使学生提前了解网络拓扑分类以及常见的网络拓扑。 2．课前预习考核方式：课堂中针对教学互动知识点或其他类似知识点对学生进行随机点名抽查，记录抽查效果。		
教学目的与要求	通过本章节的学习，学生需要掌握以下知识点： 掌握常见的网络拓扑结构，如环形、树形、星形和总线形等。		
章节重点	总线形、星形、环形、树形、网状和混合形拓扑结构。		
教学资源	PPT、教案等。		
教学互动	**问题 1：常见的网络拓扑结构主要有哪些？** 计算机网络的拓扑结构主要有总线形拓扑、环形拓扑、树形拓扑、星形拓扑和网状拓扑。 **问题 2：请说明总线形拓扑结构的特点？** 总线形拓扑结构是由一条高速公用主干电缆即总线连接若干个结点构成的网络。网络中所有的结点通过总线传输信息。这种结构的特点是结构简单灵活，建网容易，使用方便，性能好；其缺点是主干总线对网络起决定性作用，总线故障将影响整个网络，总线形结构，如图 1-5 所示。 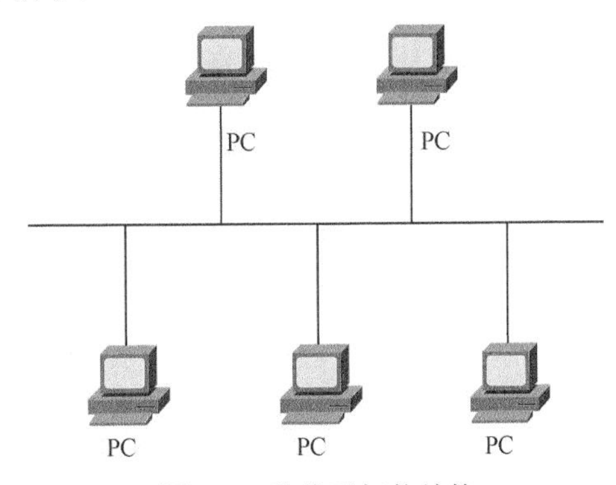 图 1-5　总线形拓扑结构 **问题 3：请说明环形拓扑的特点。** 环形拓扑是由各结点首尾相连形成的一个闭合环形线路。环形网络中的信息传送是单向的，即信息沿一个方向从一个结点传到另一个结点。每个结点需安装中继器，以接收、放大、发送信号。这种结构的特点是结构简单、建网容易、便于管理；缺点是当结		

续表

<table>
<tr><td>课程名称</td><td>计算机网络拓扑</td><td>章节</td><td>1.4</td></tr>
<tr><td>课时安排</td><td>1 课时</td><td>教学对象</td><td></td></tr>
<tr><td>教学互动</td><td colspan="3">点过多时，影响信息传输效率，不利于扩充，如图 1-6 所示。环形拓扑主要应用于 SDH、PTN、OTN 等传输网络中。
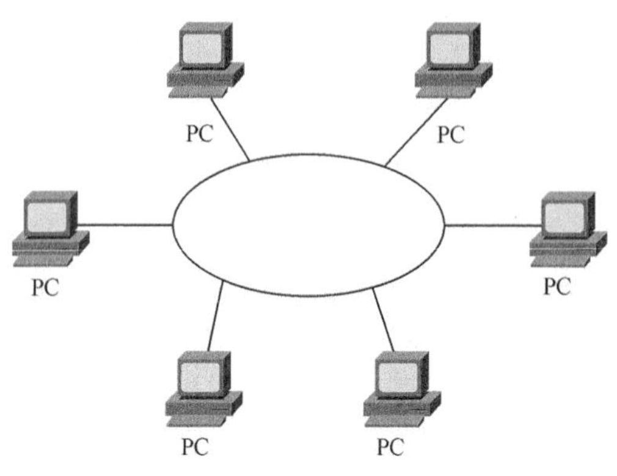

图 1-6　环形拓扑结构
问题 4：请说明树形拓扑的特点。
树形拓扑是一种分级结构。在树形结构的网络中，任意两个结点之间不产生回路，每条通路都支持双向传输。这种结构的特点是扩充方便、灵活、成本低、易推广，适合于分主次或分等级的层次型管理系统，如图 1-7 所示。
树形拓扑主要应用于 PON 树形架构的组网结构中。
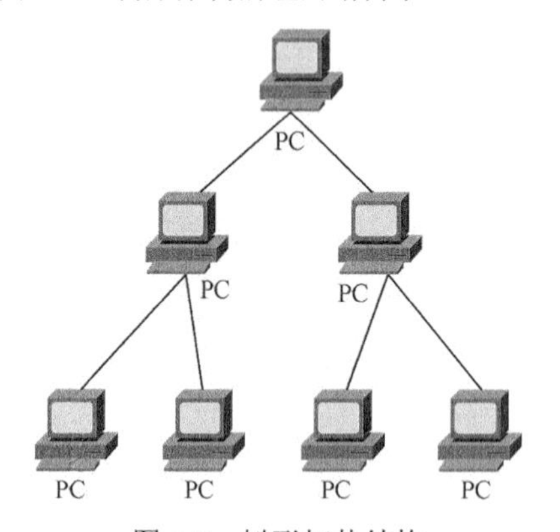

图 1-7　树形拓扑结构
问题 5：星形拓扑有什么特点？
星形拓扑是由中央结点集线器与各个结点连接组成的。这种网络的各结点必须通过中央结点才能通信。星形结构的特点是结构简单、建网容易、便于控制和管理；缺点是中央结点负担较重，容易形成系统的“瓶颈”，线路的利用率也不高，如图 1-8 所示。星形拓扑主要应用于企业中单核心设备架构的组网结构中。扩展星形拓扑主要应用于企业多核心备份网络组网架构中。</td></tr>
</table>

续表

<table>
<tr><td>课程名称</td><td>计算机网络拓扑</td><td>章节</td><td>1.4</td></tr>
<tr><td>课时安排</td><td>1 课时</td><td>教学对象</td><td></td></tr>
<tr><td>教学互动</td><td colspan="3"> 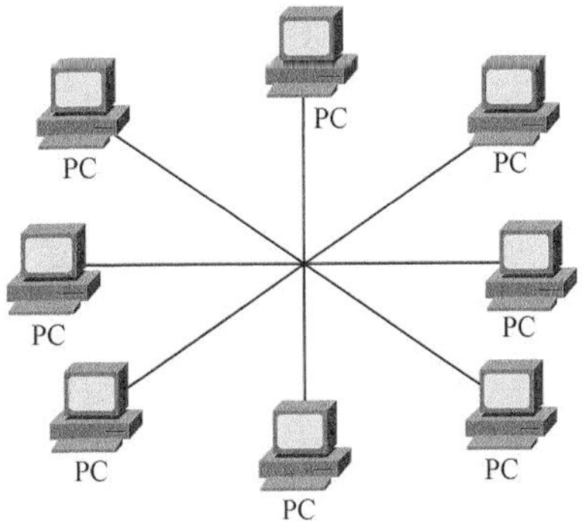图 1-8　星形拓扑结构

问题 6：网状拓扑结构有什么特点？

网状拓扑主要用于广域网，由于结点之间有多条线路相连，所以网络的可靠性较高。但由于结构比较复杂，建设成本较高。</td></tr>
<tr><td>教学案例分析</td><td colspan="3">小王的公司采购 2 台三层交换机、3 台二层交换机，将它们分别作为网关设备、接入设备并组建内部局域网，小王应该采用哪种组网结构比较合理？

参考答案：

小王应采用扩展星形组网结构进行组网，如图 1-9 所示。 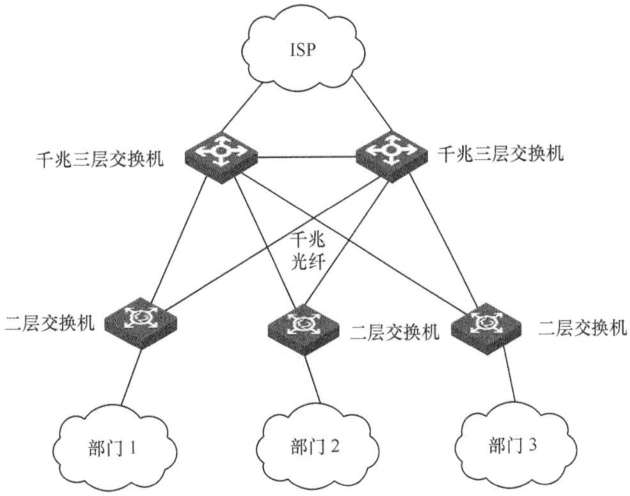

图 1-9　扩展星形组网结构</td></tr>
<tr><td>教学内容总结</td><td colspan="3">本节内容主要介绍了常见的网络拓扑结构，如总线形拓扑、环形拓扑、树形拓扑、星形拓扑、网状拓扑及其使用场景。通过本章节学习，学生能初步了解网络拓扑结构及其使用场景。</td></tr>
</table>

续表

课程名称	计算机网络拓扑	章节	1.4
课时安排	1 课时	教学对象	
参考答案	1．下列哪些网络拓扑常用于企业内网中？（　　） A．环形拓扑　B．总线形拓扑　C．星形拓扑　D．扩展星形拓扑 参考答案：C、D 环形拓扑一般用于传输设备，如 PTN、OTN、SDH 等设备的组网。总线形拓扑因总线故障将影响整个网络，网络冗余性较差。 2．常见的计算机网络拓扑有几种，其特点是什么？ 答：略。		

1.5　计算机网络的硬件基础

课程名称	计算机网络的硬件基础	章节	1.5
课时安排	2 课时	教学对象	
教学建议及过程	**教学建议：** 本章节授课时长建议安排为 2 课时，采用翻转课堂形式授课，培养学生的自主学习能力和学习积极性。 **教学过程：** 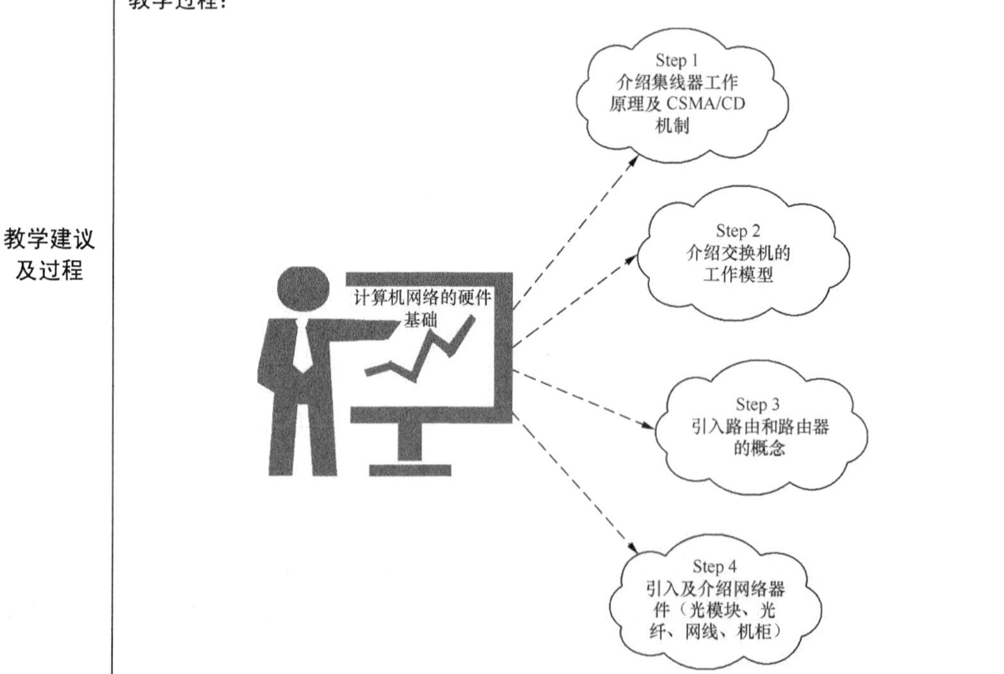		

续表

课程名称	计算机网络的硬件基础	章节	1.5
课时安排	2 课时	教学对象	
教学建议及过程	首先，教师在课堂中先重点讲授 CSMA/CD 机制及集线器工作原理（建议授课时长安排为 10 分钟）。 其次，介绍交换机的工作模型（需介绍交换机工作模型与 OSI 或 TCP 模型的对应关系，否则容易引起概念混淆）。 再次，教师在课堂中介绍路由的概念和路由器的作用以及路由生成的方法。 接下来，教师在课堂中普及性介绍网线、光模块、光纤，使学生掌握网线的类型和制作方法、光纤的分类、光模块的分类，使学生能根据实际网络应用场景实现网络设备间的连接。 最后，完成教学互动及案例分析后进行课堂总结，概括 CSMA/CD、以太网交换机、路由器等基础硬件知识，使学生对网络有基本的认知。		
学生课前准备	1．布置学生课前预习本章节内容，使学生提前了解集线器、网桥、以太网交换机、路由器、网线、光纤、光模块和机柜等网络硬件资源及基本作用。 2．课前预习考核方式：课堂中针对教学互动知识点或其他类似知识点对学生进行随机点名抽查，记录抽查效果。		
教学目的与要求	通过本章节的学习，学生需要了解掌握如下知识点： 1．了解计算机网络中常见的设备类型； 2．了解常见网络设备的基本工作原理。		
章节重点	集线器工作原理、网桥工作原理、路由器工作原理。		
教学资源	PPT、教案等。		
知识点结构导图	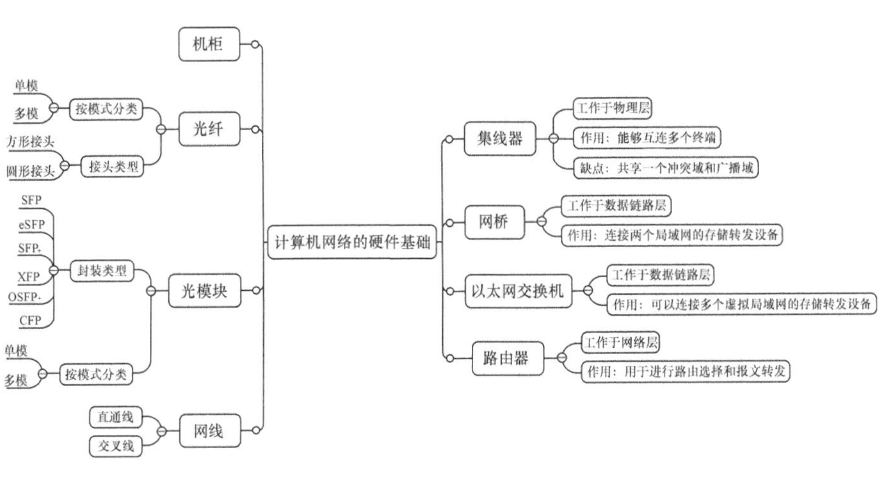 计算机网络的硬件基础 机柜 光纤 按模式分类 单模 多模 接头类型 方形接头 圆形接头 光模块 封装类型 SFP eSFP SFP+ XFP OSFP+ CFP 按模式分类 单模 多模 网线 直通线 交叉线 集线器 工作于物理层 作用：能够互连多个终端 缺点：共享一个冲突域和广播域 网桥 工作于数据链路层 作用：连接两个局域网的存储转发设备 以太网交换机 工作于数据链路层 作用：可以连接多个虚拟局域网的存储转发设备 路由器 工作于网络层 作用：用于进行路由选择和报文转发		

续表

课程名称	计算机网络的硬件基础	章节	1.5
课时安排	2 课时	教学对象	
教学互动	**问题 1：集线器用于什么网络中？在该网络中当用户较多时，数据的传输速率是否较快，为什么？** 集线器用于局域网中，它的工作特点是计算机只需要将网线连接至集线器中，局域网中的设备通过集线器连接可互相通信，不需要额外的数据配置。集线器工作于物理层，它对接收的信号采用即时转发机制，传输处理的是“0”“1”比特信号（没有数据帧或包的概念），不检测处理传输的数据信息，连接于集线器的计算机对整个集线器转发带宽处于独占模式。为了保证数据传输过程中不会引起冲突，它采用了“CSMA/CD”机制进行报文监听，所以连接于集线器的计算机数据传输速率较慢。 **问题 2：网桥和集线器在工作模式上有什么区别？** 网桥工作于数据链路层，处理的对象单元为数据帧（格式化的报文，“0”“1”比特流的集合），采用存储转发模式。而集线器工作于物理层，处理转发的是“0”“1”比特流。网桥依赖 MAC 地址表进行报文转发。 **问题 3：交换机为什么高速转发报文？** 交换机采用了两种设计方式：第一种为内部总线全连接，交换机所有的端口间实现了全连接；第二种为共享内部总线。 以上两种方式在端口间快速转发数据帧，转发的最大速率可达到端口间的连接带宽，因此大大提高了报文的转发速率。 **问题 4：交换机工作于 OSI 七层模型中的链路层，如何理解 OSI 七层模型中的层级概念？** OSI 七层模型是对报文处理过程中的 7 个层次的划分，如一台 PC 与远端的服务器发送报文，它需要将报文的“0”“1”比特集合转换为物理的光电信号并在物理线路上传输，此时则涉及物理层。 而中间的网络设备如交换机接收到报文后，将报文由光电信号还原成固定帧格式的比特流，此时交换机对报文的处理只涉及以太帧头部，所以这一层又称为数据链路层。 如果信息在传输过程中，还涉及路由器等 3 层设备，此时网络设备对报文的转发处理涉及解析 IP 报文头部及路由寻址，这一层又称为网络层。 为了保障数据的可靠传输，通信的双方可能封装报文的 TCP/UDP，此时通信双方还涉及传输层对信息的处理，这一层级称为传输层。 所以，OSI 的层级概念是针对报文传送的一个全过程逻辑或物理划分，它们贯穿于报文传输的全过程。		

续表

<table>
<tr><td>课程名称</td><td>计算机网络的硬件基础</td><td>章节</td><td>1.5</td></tr>
<tr><td>课时安排</td><td>2 课时</td><td>教学对象</td><td></td></tr>
<tr><td>教学互动</td><td colspan="3">问题 5：什么是路由？路由器是如何转发报文的？
路由是存放在路由器中用于指导 IP 报文转发的路径信息。IP 报文中存在两个地址，即源 IP 地址和目的 IP 地址，报文进入路由器后，路由器解析报文的目的 IP 地址，然后将目的 IP 地址与路由表匹配，查找对应的出接口和下一跳，指导报文发往正确的端口。
如果目的 IP 地址不能匹配路由表项，则丢弃对应的报文。
问题 6：路由器生成路由有哪几种方式？
路由器生成路由的方式有以下 3 种：
① 链路层生成的路由；
② 手工配置的静态路由；
③ 动态路由协议生成的路由。
问题 7：单模光纤和多模光纤的区别是什么？
首先，在传输模式上，支持多种传播路径或横向模式的光纤被称为多模光纤（MMF），而支持单一模式的光纤被称为单模光纤（SMF）。
其次，在纤芯大小上，多模光纤的纤芯直径通常是 50μm 或 62.5μm，而单模光纤的纤芯直径是 8μm 和 10μm。
最后，在外形颜色上，单模光纤为黄色，多模光纤为橙色。
问题 8：如果两台处于同一机房内的路由器通过网口对接，应该使用什么网线？
同种类型的设备间使用交叉网线对线。
问题 9：单模/多模光纤的光模块是否可以单/多模光纤混合使用？
不能，多模光纤需与多模光模块配合使用，单模光纤需与单模光模块配合使用，不能混合使用。由于光模块的转换器必须接收对应波长的光（以光的截止波长为边界）才能实现光电转换，并且单模光纤和多模光纤所传输的有效光的截止波长不同，因此，多模光纤不能和单模光模块、单模光纤不能和多模光模块混用（单模光模块和多模光纤在短距离时可对接起来，但是不能保证其稳定）。</td></tr>
<tr><td>教学内容总结</td><td colspan="3">本章节主要介绍了常见的网络硬件设备，分别是集线器（Hub）、网桥（Bridge）、交换机（Switch）、路由器（Router）、常见的网络连接模块、网线、光模块及光纤和常见的机柜类型。
通过本章节学习，学生需要掌握集线器、网桥/交换机、路由器的基本工作原理。</td></tr>
</table>

续表

课程名称	计算机网络的硬件基础	章节	1.5
课时安排	2 课时	教学对象	
参考答案	1．集线器工作特点。 答：集线器应用于 OSI 参考模型的第一层，收发“0”“1”比特流，工作于物理层，用于组建小型局域网。 2．CSMA/CD 工作原理。 答：①网络中所有节点都实时“监听”链路（信道），确认是否有“0”“1”信号在传输。如果检测发现链路空闲，当节点需要传送数据时就立即发送； ② 如果链路（信道）忙，则继续监听，当传输中的帧最后 1 比特通过后，再继续等待一段时间，以提供适当的帧间间隔，然后开始传送信息； ③ 发送信息的站点在发送过程中同时监听信道，检测是否有冲突发生。当发送数据的节点检测到冲突后，就立即停止该数据传输，并向信道发送长度为 4 字节的“干扰”信号，以确保其他节点也发现该冲突，等待一段随机时间后，再尝试重新发送该数据。 3．集线器的使用范围。 答：集线器端口工作于半双工模式，整个设备是一个冲突域，只能在局域网内（小型办公网络）使用。 4．网桥的作用是什么？ 答：网桥将冲突域限制在端口内，采用全双工工作模式，提升了报文的转发速率。网桥主要组建局域网。 5．网桥是否和集线器一样，工作于物理层？ 答：不是，它工作在链路层。 6．交换机的工作机制？ 答：以太网交换机工作在 OSI 参考模型的数据链路层，以太网交换机相当于多个网桥的复用。以太网交换机结合 VLAN 技术，将冲突域限制在每个端口中，同时减小广播域，有效地提升端口的转发速率。 7．交换机的结构有哪几种？ 答：交换机结构分为内部总线结构和总线式交换背板结构。 8．路由器生成路由有几种方式？ 答：路由器有 3 种方式生成路由，它们分别为链路层发现的路由、静态路由和动态路由。 9．请分别描述直连和交叉网线的线序或在具备条件的情况下分别制作两种线序的网线。 答：直通网线采用 T568B 的线序，线序见表 1-1。			

续表

课程名称	计算机网络的硬件基础	章节	1.5
课时安排	2 课时	教学对象	

参考答案

表 1-1　直通网线线序

连接器 X1	连接器 X2	颜色	对应关系
X1.2	X2.2	橙色	对绞
X1.1	X2.1	白色/橙色	
X1.6	X2.6	绿色	对绞
X1.3	X2.3	白色/绿色	
X1.4	X2.4	蓝色	对绞
X1.5	X2.5	白色/蓝色	
X1.8	X2.8	褐色	对绞
X1.7	X2.7	白色/褐色	

交叉网线采用 T568A 的线序，线序见表 1-2。

表 1-2　交叉网线线序

连接器 X1	连接器 X2	颜色	对应关系
X1.6	X2.2	橙色	对绞
X1.3	X2.1	白色/橙色	
X1.2	X2.6	绿色	对绞
X1.1	X2.3	白色/绿色	
X1.4	X2.4	蓝色	对绞
X1.5	X2.5	白色/蓝色	
X1.8	X2.8	褐色	对绞
X1.7	X2.7	白色/褐色	

10．直连网线和交叉网线的使用区别是什么？

答：同种类型的设备采用交叉网线对接，不同设备间采用直连网线对接。

11．光模块的模式有几种？

答：光模块分为单模和多模两种类型。

续表

课程名称	计算机网络的硬件基础	章节	1.5
课时安排	2 课时	教学对象	
参考答案	12．常见的光模块有哪几种传输速率？ 答：传输速率分为 100Mbit/s、1000Mbit/s、1Gbit/s、10Gbit/s。 13．光纤的几种传输模式在颜色上有什么区别？ 答：光纤有两种传输模块，分别为单模光纤和多模光纤。单模光纤为黄色，多模光纤为橙色。		

1.6 教学拓展——认识校园网

课程名称	教学拓展——认识校园网	章节	1.6
课时安排	0.5 课时	教学对象	
教学建议及过程	本章节授课时长建议安排为 0.5 课时，建议由老师概述性描述校园网，如网关的选取设计（介绍网关的概念）、校园网内部网络路由的互通（IGP 的实现、概念）、校园网与外部网络的互通（NAT 概念、内网地址概念）及网络安全问题。 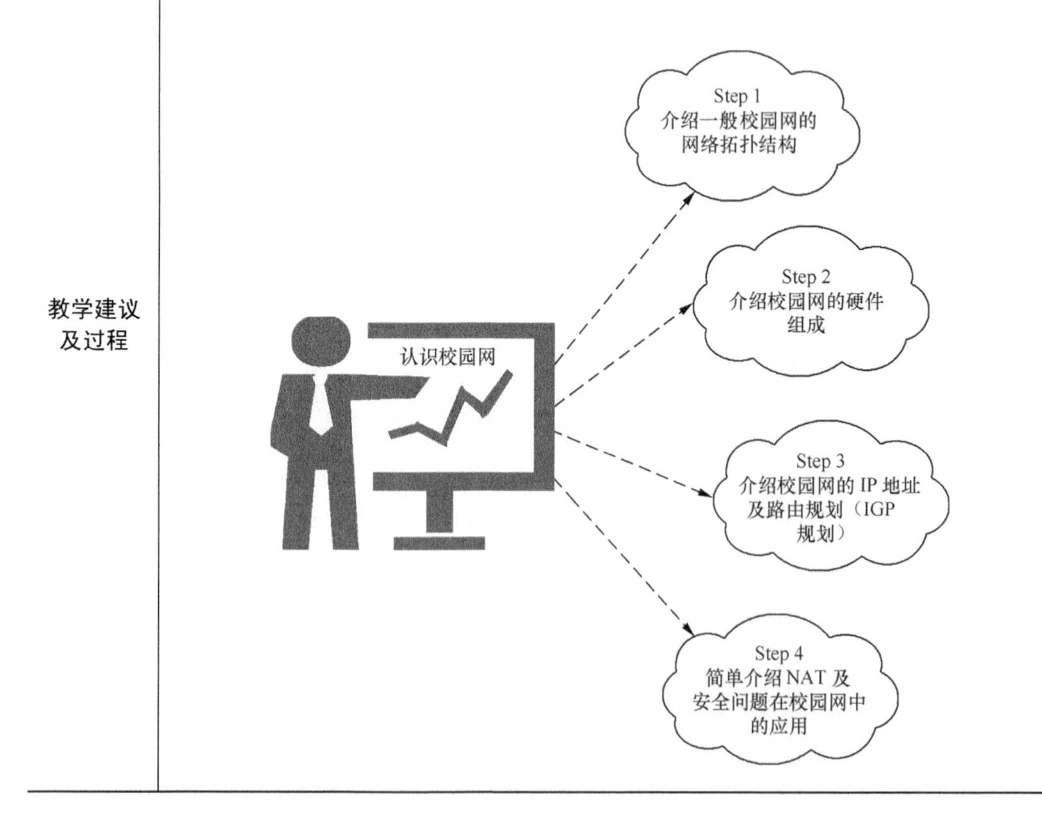		

续表

课程名称	教学拓展——认识校园网	章节	1.6
课时安排	0.5 课时	教学对象	
学生课前准备	1．布置学生课前预习本章节内容，使学生了解校园网拓扑结构。 2．课前预习考核方式：课堂中针对教学互动知识点或其他类似知识点对学生进行随机点名抽查，记录抽查效果。		
教学目的与要求	通过本节的学习，学生需要了解掌握如下知识点： 1．了解校园网的设备组成； 2．了解校园网的防火墙功能。		
教学互动	**问题 1：校园网为什么要配置防火墙，其主要功能是什么？** 校园网通过防火墙与外部 Internet 互联。Internet 是一个开放的、面向所有用户的互联网络，只要用户具备合理的 IP 地址就可以接入 Internet 中，这样导致 Internet 中存在不确定性和安全隐患。理论上连接至 Internet 的用户均能访问校园网，即有合法访问的用户，也有非法攻击的用户，校园网的应用服务器如果直接暴露在外网环境中，必然会存在攻击行为。为了保证校园网的正常运行，我们需要在连接至 Internet 的边界部署防火墙等安全设备，隔离外部网络的攻击。 校园网内部用户连接互联网需要使用外网 IP 地址资源。由于外网 IP 地址的稀缺性和网际互通的成本，我们需要租赁电信运营商的地址和线路资源。校园网内部用户较多，如果全部使用外网地址，成本很高，所以需要使用 NAT 功能。 **问题 2：校园网内的网络设备间连接是否都采用网线？为什么？** 网线只适用于短距离的设备连接，如果设备间距离超过 100m，则建议采用光纤连接。所以校园网内不可能都采用网线连接，一般采用网线加光纤的布线方式。 **问题 3：什么是网关设备？根据校园网的特性，该把用户网关配置在什么设备上？** 网关（Gateway）作为二层网络的出口设备，它将承载二层局域网与其他网络间的通信功能。简单地说，网关在不同的网段间起中间转接的作用。 网关设备必须具备三层路由功能，它的网络功能比较强大。在网络的汇聚层和核心层都配置了三层路由转发，在接入层一般配置二层交换。所以，校园网内建议将用户网关配置在汇聚交换机中。		
教学内容总结	校园网是一个功能齐全的局域网，它是一个将校园内部行政办公系统、后勤卡证系统、校务公开系统、教学实验系统、学生宿舍系统及外部互联网络结合的互联网络。		

续表

课程名称	教学拓展——认识校园网	章节	1.6
课时安排	0.5 课时	教学对象	
教学内容总结	校园网内部的网络设备有防火墙、接入交换机、汇聚交换机、路由器、应用服务器（校园网站 Web 服务器）、卡证服务器和应用终端等。 为了保证校园网的安全及稳定运行，内部路由器或交换机上需要部署相应的安全策略，限制或隔离路由。出口防火墙同样需要部署对应的安全策略，如防攻击、病毒扫描；根据校园网内部用户与互联网通信的需求，我们还需要部署 NAT（网络地址转换）功能，使外部用户能访问校务公开系统及内部用户可访问互联网。		

思考与练习

1．什么是计算机网络？

答：计算机网络是指若干台地理位置不同，且具有独立功能的计算机，通过通信设备和传输线路相互连接起来，按照一定的协议规则通信，以实现信息传输和网络资源共享的一种计算机系统。

2．计算机网络常见有几种分类？

答：计算机网络按其地理位置和分布范围可以分为局域网、城域网和广域网 3 类。按照传输形式分为有线网络和无线网络。

3．目前局域网最通用的计算机网络类型是什么？

答：局域网最通用的计算机网络类型是以太网。

4．集线器的工作特点是什么？

答：集线器工作在物理层，传输处理的是“0”“1”比特流。连接于集线器的设备工作在半双工模式下，整个集线器是一个共享冲突域，它采用 CMSA/CD 技术，转发效率较低。

5．CSMA/CD 工作原理？

答：①网络中所有节点都实时“监听”链路（信道），确认是否有“0”“1”信号在传输。如果节点检测发现链路空闲，则在传送数据时就会立即发送数据；

② 如果链路（信道）忙，则节点继续监听，当传输中的帧的最后 1 比特通过后，再继续等待一段时间，以提供适当的帧间间隔，然后开始传送数据；

③ 发送信息的站点在发送过程中同时监听信道，检测是否有冲突发生。当发送数据的节点检测到冲突后，就立即停止该数据的传输，并向信道发送长度为 4 字节的“干扰”信号，以确保其他节点也发现该冲突，等待一段时间后，再尝试重新发送数据。

续表

6．集线器的使用范围？

答：集线器由于工作模式和转发效率问题，仅被用于局域网中。

7．网桥通过什么机制指导转发报文？

答：网桥通过维护 MAC 地址表转发报文。

8．请简单描述以太网交换机的工作原理。

答：以太网交换机通过查找 MAC 地址表指导转发报文，遵循“源 MAC 地址学习、目的 MAC 地址转发”的处理机制。

9．交换机设计实现机制有哪几种，分别有什么特点？

答：交换机在内部实现上采用两种设计方式：第一种为内部总线全连接，在交换机所有的端口间实现全连接；第二种为共享内部总线背板，所有端口共享总线背板带宽。

第 2 章

TCP/IP 原理

2.1 计算机与二进制

课程名称	计算机与二进制	章节	2.1
课时安排	1.5 课时	教学对象	
教学建议及过程 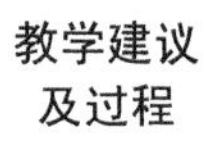	**教学建议：** 本章节授课时长建议安排为 1.5 课时，采用翻转课堂的形式授课，培养学生的自主学习能力和学习积极性。课堂中以教学互动的形式考查学生课前预习的效果，增强学生对二进制、十六进制的理解及掌握对应的进制转换关系。 **教学过程：** 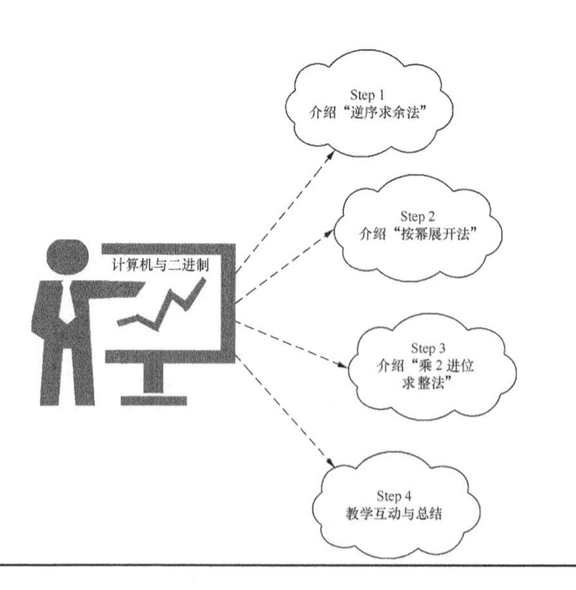		

续表

课程名称	计算机与二进制	章节	2.1
课时安排	1.5 课时	教学对象	
教学建议及过程	Step 1：为加深学习计算机数制表示方式，教师在课堂中需重点讲授十进制转换为二进制、十进制转换为十六进制的“逆序求余法”（结合教学互动问题 3、问题 4、问题 5 讲述，总授课时长安排为 30 分钟）。 Step 2：教师在课堂中可结合“教学互动问题 6、问题 8”介绍二进制、十六进制转换为十进制的“按幂展开法”，使学生掌握二进制、十进制转换为十六进制的方法（授课时长安排为 20 分钟）。 Step 3：教师在课堂中结合“教学互动问题 5”介绍十进制小数转换为二进制的“乘 2 进位求整法”，掌握小数换算成二进制表的方法（一般小数位转换后不能归整，求近似值）。 Step 4：教师完成教学互动及案例分析后总结，使学生掌握进制间的转换关系。		
学生课前准备	1．布置学生课前预习本章节学习任务，使学生提前了解二进制、十进制、十六进制及进制间转换关系。 2．课前预习考核方式：课堂中针对教学互动知识点或其他类似知识点对学生进行随机点名抽查，记录抽查效果。		
教学目的与要求	通过本章节的学习，学生需要了解掌握如下知识点： 1．了解计算机与二进制数的关系以及计算机内部存储与计算的数据都是采用二进制表示； 2．掌握计算机二进制与十进制换算关系； 3．掌握计算机二进制与十六进制换算关系； 4．掌握计算机十进制与十六进制换算关系。		
章节重点	二进制、十进制、十六进制及进制间转换关系。		
教学资源	PPT、教案等。		
教学互动	**问题 1：二进制的基本计数单元是什么？其基本运算规则是什么？二进制与其他进制相比有什么优点？** 二进制的基本计数单元为“0”“1”，运算采用“逢二进一、借一当二”的运算规则。 计算机之所以采用二进制，是因为二进制的运算逻辑简单，基数非 0 即 1，数据便于传输和再现，不易出错。计算机如果采用八进制、十六进制等，信号在传输过程中很容易受干扰而导致传输效率低，同时运算逻辑也较为复杂。 点评：该问题可拆分为两部分提问（前两个为一组，后一个为一组），使学生掌握二进制的基本特点。		

续表

<table>
<tr><td>课程名称</td><td>计算机与二进制</td><td>章节</td><td>2.1</td></tr>
<tr><td>课时安排</td><td>1.5 课时</td><td>教学对象</td><td></td></tr>
<tr><td>教学互动</td><td colspan="3">

问题 2：计算机内部采用二进制表示，为什么我们还要学习二进制及其他进制的转换关系？

二进制的优点是只有“0”“1”两个比特位，便于实现和运算，是计算机内部基本的计数单元。我们受日常工作、生活习惯的影响，通常习惯用十进制数、十六进制数表示数据。

所以，计算机采用二进制表示方式，但日常学习应用中我们采用十进制数、十六进制数。它们在本质上并不矛盾，只是表现形式不同，因此需要掌握它们的转换关系。

点评：二进制是计算机计数及运算的基础，引入二进制和其他进制的转换是为了方便人们直观地学习和理解。

问题 3：请给出十进制数 111 转换为二进制数的计算过程和结果（建议给出详细的解答过程）。

按权展开法：

$(111)_{10}=64+32+8+4+2+1=1\times2^6+1\times2^5+1\times0+1\times2^3+1\times2^2+1\times2^1+1\times2^0$

$=(1101111)_2$

点评：二进制从低位向高位展开，对应十进制基数 1、2、4、8、16、32、64、128……。111 介于 64 和 128 间，所以高位必然是 64，次高位为也必然为 32……，依次展开。该方法需要学生对二进制对应的十进制权值比较了解。

采用求余法的步骤：

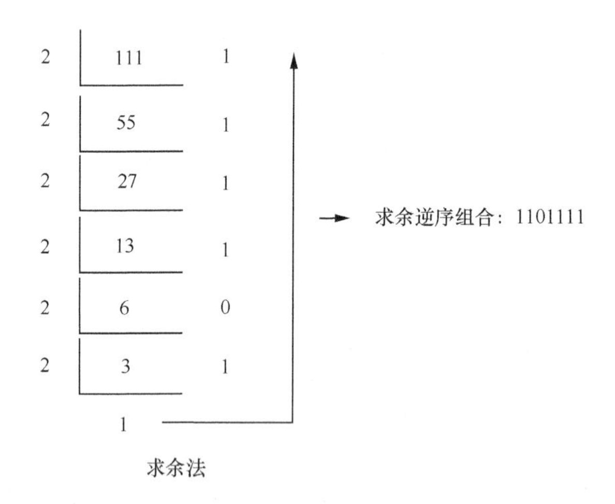

求余法

问题点评：采用按权展开法需要学生掌握每位二进制对应的十进制基数，从低位至高位分别为 1、2、4、8、16、32、64、128、256、512、1028、2048、4096 等。展开时，高位按最接近基数的数计算。

</td></tr>
</table>

续表

课程名称	计算机与二进制	章节	2.1
课时安排	1.5 课时	教学对象	

教学互动

求余法相对简单，但要注意求余结果采用逆序组合，最高位为最后求余位，依次降序排列。

问题 4：十进制数 255 转换成二进制数的结果是多少？

十进制数 255 转换成二进制数采用按权展开法：255=128+64+32+16+8+4+2+1，所以对应的二进制数为（11111111）$_2$。255 是一个特殊的数值，它对应的十六进制数为 FF，一个十六进制可用 4 位二进制数表示，FF 表示成二进制数为（11111111）$_2$。

采用求余法的步骤如下：

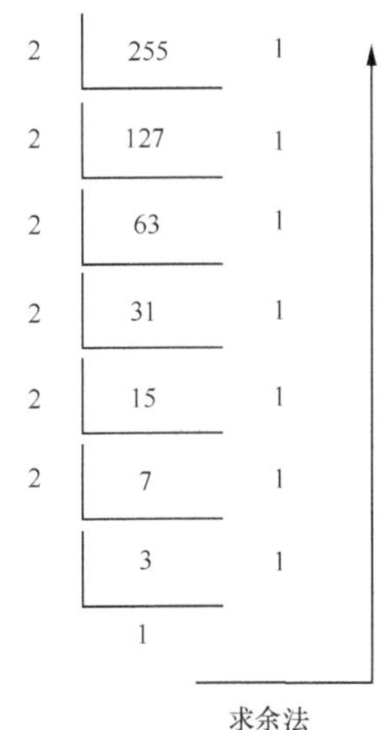

求余法

点评：255 是一个特殊的数字，在地址掩码或子网掩码中经常用到，其转换关系也需要经常用到。

0～15 这些十进制数对应的二进制数需要熟记；它们对应的十六进制数分别为 0～9、A、B、C、D、E、F。

问题 5：十进制数 0.55 转换成二进制数的结果是多少？

如 0.55 转换为二进制数的计算方法如下：

$(0.55)_{10} \approx 1 \times 0.5+0 \times 0.25+0 \times 0.125+0 \times 0.0625+1 \times 0.03125+1 \times 0.015625=(0.100011)_2$，所以 0.55 对应的二进制数约为（0.100011）$_2$。

采用乘 2 法的步骤如下：

续表

课程名称	计算机与二进制	章节	2.1
课时安排	1.5 课时	教学对象	

教学互动

```
  0.55
×    2
------
  1.1  ──→ 1
  0.1
×    2
------
  0.2  ──→ 0
×    2
------
  0.4  ──→ 0
×    2
------
  0.8  ──→ 0
×    2
------
  1.6  ──→ 1
  0.6
×    2
------
  1.2  ──→ 1
   ⋮
```

由于 0.55 采用的是乘 2 法，小数点位无法归整，所以只能求得近似值为（0.100011）$_2$。

问题 6：二进制数 10011 转换成十进制数结果是多少？

采用按幂展开如下：（10011）$_2$=$1\times2^{5-1}+0\times2^{4-1}+0\times2^{3-1}+1\times2^{2-1}+1\times2^{1-1}=1\times2^4+1\times2^1+1\times2^0=16+2+1=19$

总结：二进制数转换成十进制数的过程相对简单，按幂展开即可，每一位二进制对应的幂为 N-1（N 为二进制对应的位数，$N\geqslant1$）。

问题 7：十进制数 23 转换成十六进制数的结果是多少？

十进制数 23 转换成十六进制数的结果是 17。

① 采用求余法步骤如下：

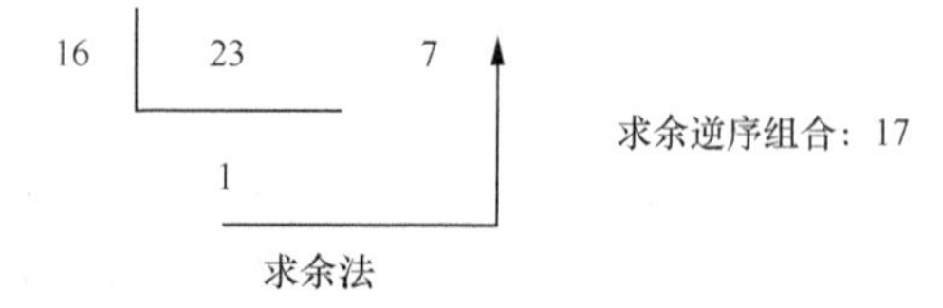

求余法

② 采用按权展开法如下：

（23）$_{10}$=$1\times16^1+7\times16^0$=（17）$_{16}$。

续表

<table>
<tr><td>课程名称</td><td>计算机与二进制</td><td>章节</td><td>2.1</td></tr>
<tr><td>课时安排</td><td>1.5 课时</td><td>教学对象</td><td></td></tr>
<tr><td>教学互动</td><td colspan="3">十进制数转换成十六进制数时，由于十六进制的基数为 1、16、256、4096……，一些较大的数不适合直接转换，建议采用求余法。
③ 将 23 转换为二进制数，再由二进制转换成十六进制数。
（23）$_2$=（10111）$_2$=（0001 0111）$_2$=（17）$_{16}$。
总结：十进制数转换成十六进制数，一般采用求余法或按权展开法。
问题 8：十六进制数 FE 转换成十进制数的结果是多少？转换为二进制数结果为多少？
（FE）$_{16}$=15×16+14×1=（254）$_{10}$
FE 转换为二进制数为（11111110）。
总结：十六进制数转换成十进制数采用按权展开法计算；转换成二进制数时，一个十六进制数可由 4 位二进制数表示，然后再组合成二进制数。
二进制数和十六进制数的转换关系相对简单，二进制数转换成十六进制数时，可将二进制数划分为 4 个二进制数的单元组合，由 4 个单元组合转换为十六进制数再组合成十六进制数。</td></tr>
<tr><td>教学内容总结</td><td colspan="3">本章节主要介绍了二进制数的基础、二进制数与其他进制数的转换关系。计算机内部处理运算的数据都是采用二进制数表示，学生掌握二进制数非常重要。
为了更方便人们学习、理解计算机网络及网络中涉及的关键字段或术语，人们习惯把它们转换成我们更容易接受、理解及呈现的十进制数或十六进制数，如 IP 地址常用点分十进制数表示，MAC 地址则用十六进制数表示。</td></tr>
<tr><td>参考答案</td><td colspan="3">1．请将十进制数 99 转换为二进制数，并给出转换过程。
答：十进制数 99 对应的二进制数为 1100011。运算方式有以下两种。
① 除二得余法步骤如下： 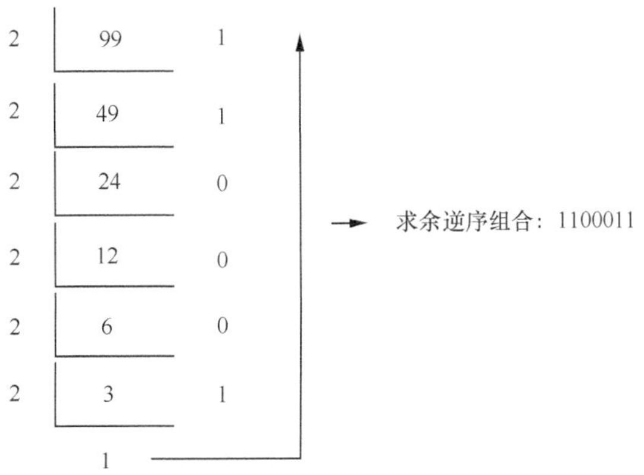
2 | 99　1
2 | 49　1
2 | 24　0
2 | 12　0
2 | 6　0
2 | 3　1
1
→ 求余逆序组合：1100011
求余法</td></tr>
</table>

续表

课程名称	计算机与二进制	章节	2.1
课时安排	1.5 课时	教学对象	
参考答案	② 基数组合法。由于二进制是组合数，由低位向高位展开对应的十进制数为 1、2、4、8、16、32、64、128、256……。由此可得：99=1×64+1×32+0×16+0×8+0×4+1×2+1×1，对应的二进制数为 1100011。基数组合法适用于较小的数字转换，规律是最高位的数取最接近于 2 的某次方的数值的数，如 99 最接近的二进制的基数为 64，所以这一位必须取 1，否则无法继续计算。 2．十六进制数 27 转换为十进制数是多少？转换二进制数是多少？给出转换过程。 答：十六进制数 27 转换为十进制数是 39，转换为二进制是 00100111 或 100111（最高位为 0 可省略）。 ① 十六进制数转换成十进制数由低位向高位展开了对应的十进制基数为 1、16、256、4096……，由此可得出对应的十进制数为 2×16+7×1=39。 ② 十六进制数转换成二进制数时，每一位十六进制数可先变成二进制数，然后再组合成十进制数。十六进制数 2 对应的二进制数为 0010，十六进制数 7 对应的二进制数为 0111，那么十六进制数转换为二进制的结果为 00100111 或 100111。 3．将十进制数 123.5 转换为二进制数，给出转换过程。 答：十进制数 123.5 变成二进制数为 1111011.1。 ① 先将整数部分变换成二进制数，基数展开法如下。 $$123=1\times64+1\times32+1\times16+1\times8+0\times4+1\times2+1\times1$$ 十进制数 0.5 对应的二进制数为 1×2^{-1}，所以 $(123.5)_{10}=(1111011.1)_2$。 ② 整数部分求余法步骤如下： 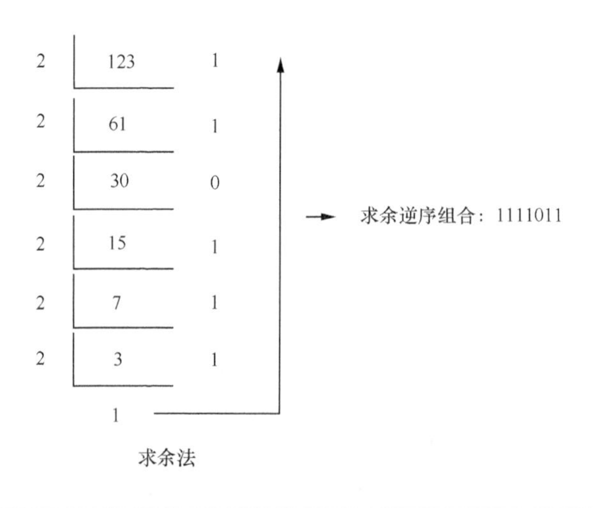 求余法			

续表

课程名称	计算机与二进制	章节	2.1
课时安排	1.5 课时	教学对象	
参考答案	0.5 × 2 ——— 1 ——→ 1 所以（123.5）$_{10}$=（1111011.1）$_{2}$ 。		

2.2　OSI 分层结构

<table>
<tr><td>课程名称</td><td>OSI 分层结构</td><td>章节</td><td>2.2</td></tr>
<tr><td>课时安排</td><td>1 课时</td><td>教学对象</td><td></td></tr>
<tr><td>教学建议及过程</td><td colspan="3">

教学建议：

本章节授课时长建议安排为 1 课时，采用翻转课堂形式授课，培养学生的自主学习能力和学习积极性；以教学互动的形式考查学生课前预习的效果，增强学生对 OSI 参考模型七层结构的理解。

教学过程：

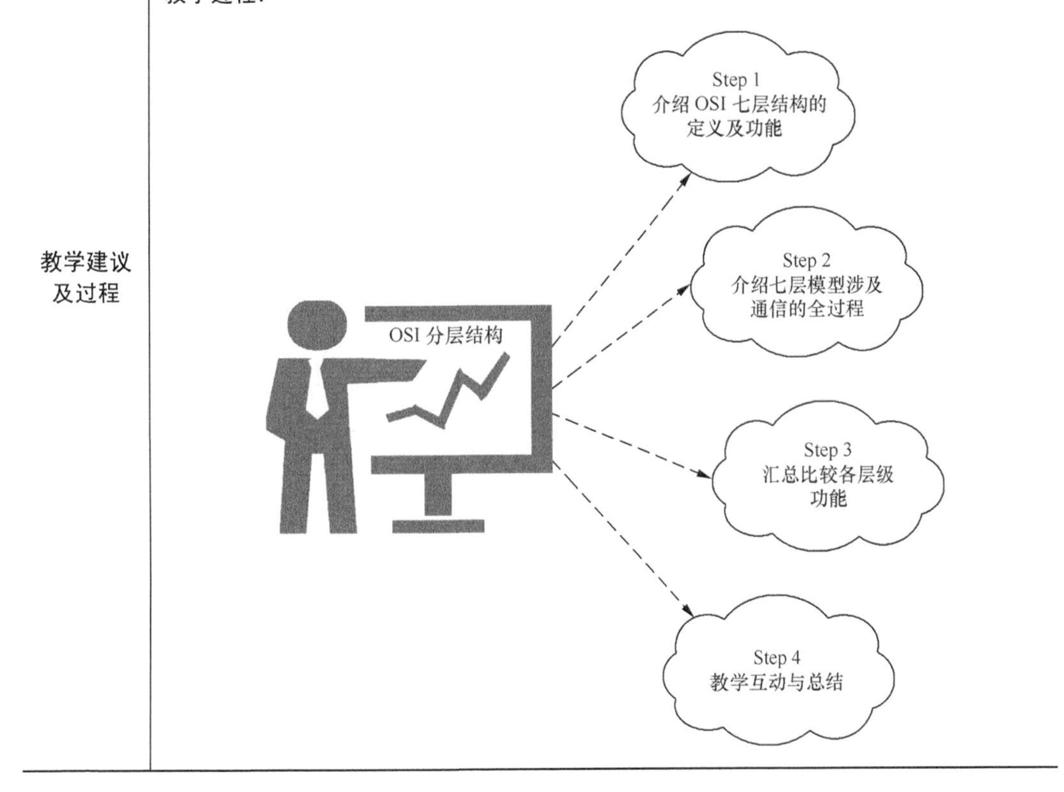

</td></tr>
</table>

续表

课程名称	OSI 分层结构	章节	2.2
课时安排	1 课时	教学对象	
教学建议及过程	Step 1：本节知识点抽象，不易学习和理解。教师在课堂中需逐个讲解 OSI 模型的物理层、链路层、网络层、传输层、会话层、表示层、应用层的定义和功能。 Step 2：教师在教学过程中参考 OSI 七层模型。该模型是通信过程的全局模型，层级的划分是为了规范通信过程中的网络设备、部件或应用程序对报文的封装、转换、传输等处理动作（容易引起理解偏差），通信过程是七个层级相互作用的表现形式。 Step 3：教师讲解本节知识时结合《IUV—计算机网络基础与应用》图 2-18，比较汇总每个层级的功能作用。 Step 4：教师完成教学互动及案例分析后总结，概括 OSI 参考模型七层结构的定义和功能。		
学生课前准备	1．布置学生预习本章节学习任务，使学生提前了解 OSI 参考模型七层结构及对应的功能作用。 2．课前预习考核方式：课堂中针对教学互动知识点或其他类似知识点对学生进行随机点名抽查，记录抽查效果。		
教学目的与要求	通过本章节的学习，学生需要了解掌握如下知识点： 1．掌握 OSI 参考模型的七层结构； 2．了解 OSI 参考模型的物理层的作用； 3．了解 OSI 参考模型的数据链路层的作用； 4．了解 OSI 参考模型的网络层的作用； 5．了解 OSI 参考模型的传输层的作用； 6．了解 OSI 参考模型的会话层的作用； 7．了解 OSI 参考模型的表示层的作用； 8．了解 OSI 参考模型的应用层的作用。		
章节重点	OSI 参考模型的七层结构。		
教学资源	PPT、教案等。		

续表

<table>
<tr><td>课程名称</td><td>OSI 分层结构</td><td>章节</td><td>2.2</td></tr>
<tr><td>课时安排</td><td>1 课时</td><td>教学对象</td><td></td></tr>
<tr><td>知识点
结构导图</td><td colspan="3"> 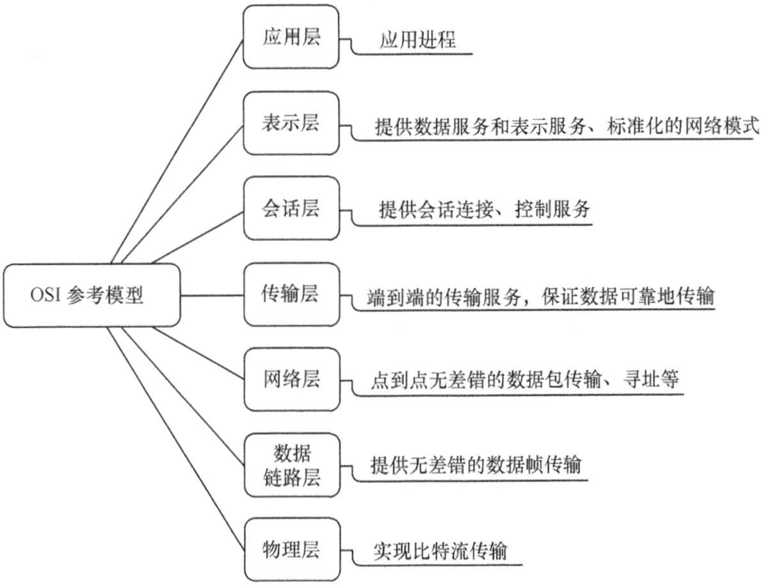OSI 参考模型
应用层：应用进程
表示层：提供数据服务和表示服务、标准化的网络模式
会话层：提供会话连接、控制服务
传输层：端到端的传输服务，保证数据可靠地传输
网络层：点到点无差错的数据包传输、寻址等
数据链路层：提供无差错的数据帧传输
物理层：实现比特流传输</td></tr>
<tr><td>教学互动</td><td colspan="3">问题 1：请简单描述物理层的作用。
物理层包括实际的传输线路、网络接口。物理层负责“0”“1”比特流与电压高低、光的闪灭之间的互相转换。通俗地讲，物理线路及传输的信号代表了物理层。
问题 2：请简单描述数据链路层的作用。
数据链路层负责物理层面上的互联、节点之间的通信传输。它将“0”“1”序列组合划分为具有意义、特定格式的数据帧并传送给对方。
一般可认为，设备网卡（网络接口卡）代表了数据链路层。它包括 PC/服务器网卡、交换机接口卡和路由器接口卡。
问题 3：请简单描述网络层的作用（建议由老师重点讲述，时长为 5 分钟）。
网络层将数据传输到特定的目的地址。目的地址可以是多个网络路由器连接而成的某一个地址，这一层主要负责寻址和路由查找选择。
网络层包含两方面的内容：其一是报文在终端设备的封装过程中增加的网络层处理过程（如增加 IP 报头等）；其二是报文在经过中间网络层设备的路由寻址过程。
问题 4：请简单描述传输层的作用。
传输层负责通信节点间（或称之为终端设备间）信息的可靠传输，不涉及中间网络设备上的处理过程。
传输层更多的是强调节点设备在通信过程中如何保障报文的有效传输，中间的网络设备不关注传输层（只在通信双方的设备中体现）。</td></tr>
</table>

续表

课程名称	OSI 分层结构	章节	2.2
课时安排	1 课时	教学对象	
教学互动	**问题 5：请简单描述会话层的作用。** 会话层负责建议和断开通信连接（通信节点间的逻辑链路）以及数据的分割等与数据传输相关的管理。会话层和传输层均是以端到端的形式建立通信关系的。 **问题 6：请简单描述表示层的作用。** 表示层将设备固有的数据格式转换为网络标准传输格式，不同设备对同一比特流的解释结果可能会不同，因此表示层保持双方格式一致。 **问题 7：请简单描述应用层的作用。** 应用层为应用程序提供服务并规定应用程序中相关的参数细节，如文件传输、电子邮件等。该层级为用户终端提供具体的应用程序接口。 **问题 8：在端到端的数据通信过程中如何理解 OSI 的七层参考模型？** OSI 参考模型是一个系统的模型结构体系，它是指两端点间的通信全过程的层级结构，包括通信的两端设备、传输链路、中间转发设备（如交换机、路由器、传输设备），每一种设备对应的网络层级可能不同。如数据传输处理过程涉及七层模型，而交换机设备只涉及物理层和链路层，路由器设备涉及物理层、链路层和网络层。 所以说，OSI 参考模型是指参与通信过程的全七层模型，而不是单一设备的七层模型（这个说法不是特别严谨，真实网络中采用 TCP/IP 五层模型）。		
教学内容总结	计算机网络兴起的初期，各个计算机生产厂商都积极新建并推出具有自身特色的网络。但由于每个公司都按照自已的理解开发网络，没有统一的网络协议，各厂商新建的网络没有兼容性，且网络间不共享，这样不利于互联网的发展。基于此，ISO 致力于推出一种被行业遵循认可的标准，那么各设备厂商的产品可相互兼容，这套标准就叫 OSI 参考模型。 ISO 于 1984 年提出了 OSI 参考模型，OSI 参考模型将“服务”与“协议”结合，使得参考模型变得格外复杂，实现起来更加困难。OSI 参考模型因各种自身因素没有成为主流的协议，而 TCP/IP 从产生至今已成功主导了 Internet 的发展，但 OSI 参考模型对互联网络及协议的发展具有启发和借鉴意义（TCP/IP 比 OSI 参考模型起源更早）。 OSI 参考模型定义了网络的七层结构体系，分别为物理层、数据链路层、网络层、传输层、会话层、表示层和应用层。		
参考答案	1. OSI 参考模型有哪七层结构？ 答：物理层、数据链路层、网络层、传输层、会话层、表示层和应用层。		

续表

课程名称	OSI 分层结构	章节	2.2
课时安排	1 课时	教学对象	
参考答案	2．OSI 参考模型中定义的网络层的作用有哪些？ 答：网络层主要是指报文在传输中的寻址、转发等。 3．OSI 参考模型中定义的数据链路层的作用有哪些？ 答：OSI 参考模型中定义的数据链路层的作用主要是保证数据帧的无差错传输。 4．计算机网络中采用的是 TCP/IP 参考模型，OSI 参考模型有什么借鉴意义？ 答：OSI 参考模型没有成为主流的协议标准，但它将网络划分为七层，提出了网络层次结构的概念，对互联网络及协议的发展具有启发和借鉴意义。学生了解 OSI 参考模型有利于学习计算机网络基础。 OSI 参考模型和 TCP/IP 模型在物理层、数据链路层、网络层、传输层定义的功能属性基本相同。		

2.3 TCP/IP 协议栈

课程名称	TCP/IP 协议栈	章节	2.3
课时安排	2 课时	教学对象	
教学建议及过程	**教学建议：** 本章节授课时长建议安排为 2 课时，采用翻转课堂形式授课，培养学生的自主学习能力和学习积极性；以教学互动的形式考查学生课前预习的效果，增强学生对 TCP/IP 五层模型结构的理解。 **教学过程：** Step 1：教师参照 OSI 七层模型对比介绍 TCP/IP 协议栈五层结构及功能。 Step 2：教师在课堂中需重点讲述 TCP/IP 的网络层、传输层、应用层的具体应用和 TCP/IP 协议栈封装处理报文的过程。 Step 3：教师结合教学互动问题 6，全面描述端到端间报文通信封装/解封装、报文头处理的过程，使学生了解终端报文的处理动作。 Step 4：教师完成教学互动及案例分析后总结，概括 TCP/IP 协议栈封装过程和常见的应用协议。		

续表

课程名称	TCP/IP 协议栈	章节	2.3
课时安排	2 课时	教学对象	
教学建议及过程	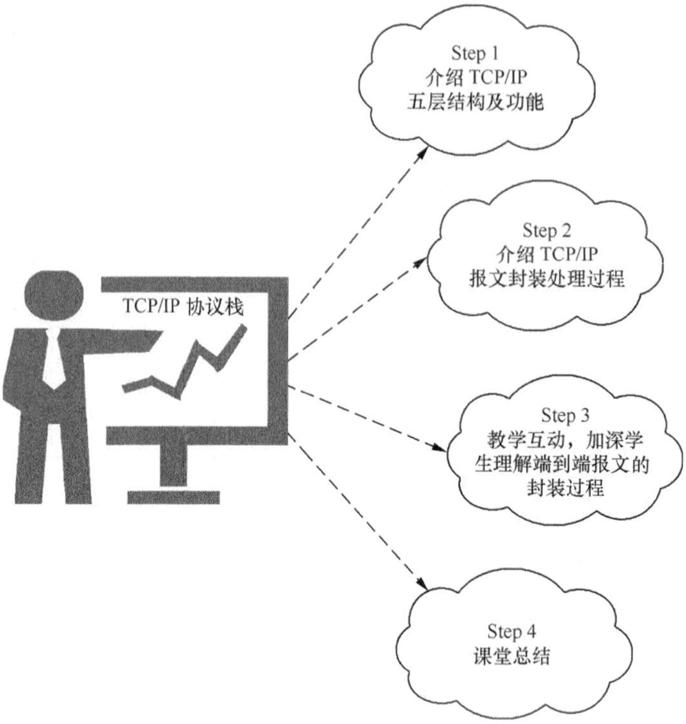 TCP/IP 协议栈 Step 1 介绍 TCP/IP 五层结构及功能 Step 2 介绍 TCP/IP 报文封装处理过程 Step 3 教学互动，加深学生理解端到端报文的封装过程 Step 4 课堂总结		
学生课前准备	1．布置学生课前预习本章节内容，使学生提前了解 TCP/IP 模型的五层结构及每个层级的作用。 2．课前预习考核方式：课堂中针对教学互动知识点或其他类似知识点对学生进行随机点名抽查，记录抽查效果。		
教学目的与要求	通过本节的学习，学生需要了解掌握如下知识点： 1．了解 TCP/IP 的起源； 2．掌握 TCP/IP 的五层体系结构； 3．了解 TCP/IP 模型和 OSI 参考模型的异同点； 4．了解常见的应用层协议及简单的工作原理； 5．掌握 TCP/IP 报文封装的层级顺序和结构特点。		
章节重点	TCP/IP 的五层结构、ARP 工作原理。		
教学资源	PPT、教案等。		
章节难点	TCP/IP 协议栈封装过程和报文处理过程。		

续表

课程名称	TCP/IP 协议栈	章节	2.3
课时安排	2 课时	教学对象	
知识点 结构导图	TCP/IP 参考模型 应用层：Telnet；FTP/TFTP；SNMP；SMTP；HTTP 等 传输层：TCP（提供端到端的传输服务，保证数据的可靠传输；流控、差分服务等）；UDP（尽力而为的传输方式） 网络层：包含 IP、ICMP、ARP、RARP 4 种主要协议，将数据传送到目的 IP 地址 网络接口层（链路层）：Internet 与网络之间的接口 物理层：传输光或电信号，实现比特流传输，与 OSI 参考模型一致		
教学互动	**问题 1：OSI 参考模型与 TCP/IP 模型在层级上的最大区别是什么？** ① TCP/IP 定义了五层结构，而 OSI 参考模型定义了七层结构，TCP/IP 中的应用层相当于 OSI 参考模型中的会话层、表示层和应用层。TCP/IP 是当前互联网的协议标准，也是具体化协议标准。 ② OSI 模型因过于抽象的标准化和复杂化，导致协议未被广泛应用。 **问题 2：请描述 ARP 的交互过程和 ARP 的作用？** ARP（地址解析协议）作为 IP 层重要的协议之一，在网络中起着非常重要的作用，每一个三层网络设备都具备发送和处理 ARP 报文的功能（二层交换机除管理接口外，一般它只能转发 ARP 报文）。教师重点讲述 ARP 的原理及功能作用，使学生掌握其原理和应用。 ARP 和 RARP（逆向地址解析协议）是某些网络接口或应用程序使用的特殊协议，被用来查找 IP 层地址和网络接口层（数据链路层）使用的 MAC 地址。图 2-1 是 ARP 报文交互的简单示意，详细说明请参考本章 2.10 地址解析协议（建议授课 15 分钟）。 ARP 报文一般由应用程序触发生成。例如，我们在 PC 中打开网页应用时，PC 上的应用程序先获取网页对应的域名（Domain Name），然后 PC 发送 DNS 报文至 DNS 服务器，其通过域名解析后获取目的端的 IP 地址。应用程序先进行应用层报文封装，然后网络层（IP 层）封装，最后进行链路层封装（添加以太网帧头），此时需要添加报文的目的 MAC 地址。如果 ARP 缓存中没有 IP 地址和 MAC 地址对应的表项，则需由 IP 层触发 ARP 请求报文，以获取对应的目的 IP 地址的 MAC 地址。PC 终端完成 ARP 交互后，ARP 表项中将存在对应的 IP 地址的 MAC 地址。PC 终端根据 ARP 缓存表进行报文的 MAC 地址填充，完成报文的封装，最后将报文发送至目的端设备，实现报文的交互。			

续表

课程名称	TCP/IP 协议栈	章节	2.3
课时安排	2 课时	教学对象	

教学互动

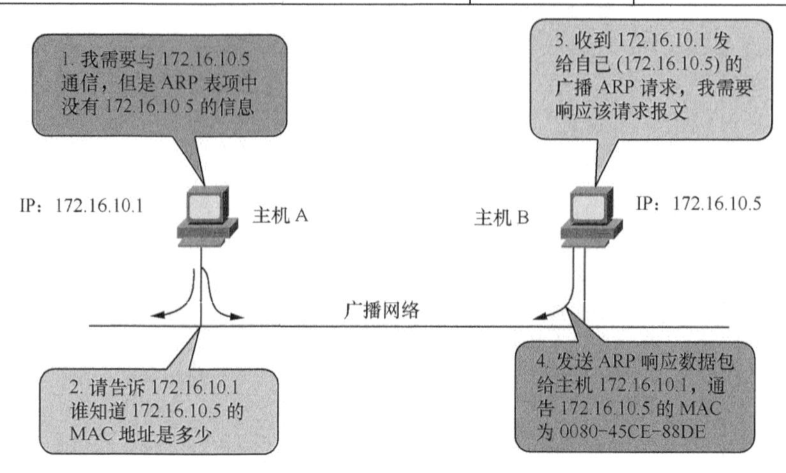

图 2-1　ARP 报文交互示意

问题 3：请简单描述 FTP。

如图 2-2 所示，文件传输协议（File Transfer Protocol，FTP）是指将保存在其他计算机（主机）或服务器硬盘上的文件转移到本地的硬盘上，或将本地硬盘上的文件传送到其他主机或服务器硬盘上。

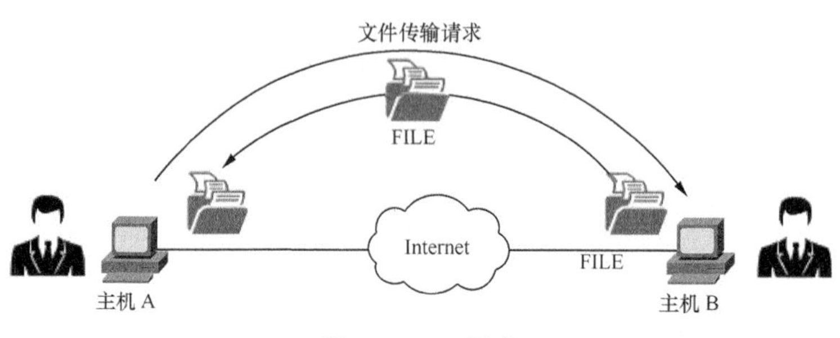

图 2-2　FTP 示意

文件传输过程使用的协议是 FTP，它是 TCP/IP 协议族中的协议之一。FTP 包括 FTP 服务器和 FTP 客户端两个组成部分。其中 FTP 服务器存储文件，用户可以使用 FTP 客户端通过 FTP 访问位于 FTP 服务器上的资源。

在默认情况下，FTP 使用 TCP 端口中的 20 和 21 端口，其中 20 传输数据，21 传输控制信息。但是，FTP 是否使用 20 作为传输数据的端口与其使用的传输模式有关，如果 FTP 采用主动模式，那么数据传输端口就是 20；如果 FTP 采用被动模式，则具体最终使用哪个端口要由服务器端和客户端协商决定。

FTP 传输文件时会建立两个 TCP 连接，分别是发出传输请求时所要用到的控制连接与实际传输数据时所用到的数据连接。

续表

课程名称	TCP/IP 协议栈	章节	2.3
课时安排	2 课时	教学对象	
教学互动	**问题 4：请简单描述远程登录协议（Telnet/SSH）。** 如图 2-3 所示，远程登录是指用户登录到远程的计算机上，并在远程主机上进行一系列操作。TCP/IP 协议族常用 Telnet 和 SSH 两种协议进行远程登录。 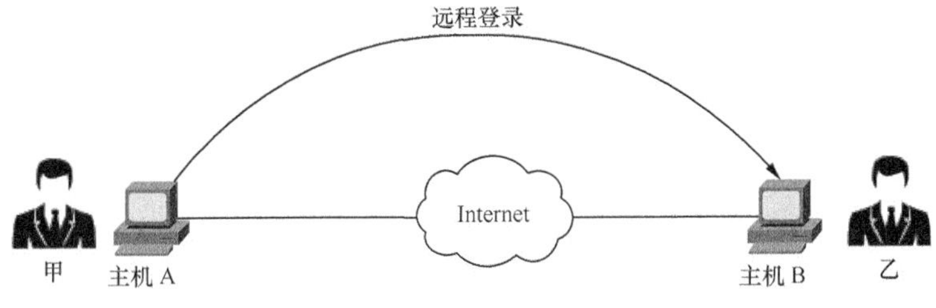 图 2-3　远程登录示意 Telnet 协议是TCP/IP 协议族中的一员，它为用户提供了在本地计算机上完成在远程主机上的工作的能力。在终端使用者的电脑主机上使用 Telnet 程序，并用它连接服务器。终端使用者可以在 Telnet 程序中输入命令，这些命令会在服务器中运行，就像直接在服务器的控制台上输入一样，在本地主机就能远程控制服务器。 SSH（Secure Shell）是由 IETF 的网络工作小组（Network Working Group）制定的。SSH 是建立在应用层和传输层基础上的安全协议，是目前较可靠，专为远程登录会话和其他网络服务提供的安全性协议。网络中使用 SSH 协议可以有效防止远程管理过程中的信息泄露问题。SSH 最初是 UNIX 系统上的一个程序，后来又被迅速扩展到其他操作平台。SSH 在正确使用时可弥补网络中的漏洞。SSH 客户端适用于多种平台，如 UNIX、Linux、AIX、Solaris、Digital 等。 **问题 5：请简单描述网络管理协议（SNMP）。** 在 TCP/IP 中管理网络设备采用的是 SNMP（Simple Network Management Protocol，简单网络管理协议）。使用 SNMP 管理的主机、交换机、路由器等被称为 SNMP 代理（Agent），而进行管理的部分则被称为管理器。SNMP 是运行在 Manager 与 Agent 之间的一种管理协议。 SNMP 的代理端保存着网络接口的信息、流量信息、设备运行信息及异常状态信息等。这些信息可以通过 MIB（Management Information Base）进行访问。因此，在 TCP/IP 的网络管理中，SNMP 属于应用层协议，MIB 属于表示层协议（网络标准格式化）。 SNMP 的部署对于网络管理人员而言是非常重要的，他们通过 SNMP 可以快速实时地掌握网络设备的运行情况，及时发现网络故障。常见的网络设备有交换机和路由器，它们均会部署 SNMP。SNMP 交互示意如图 2-4 所示。			

续表

课程名称	TCP/IP 协议栈	章节	2.3
课时安排	2 课时	教学对象	
教学互动	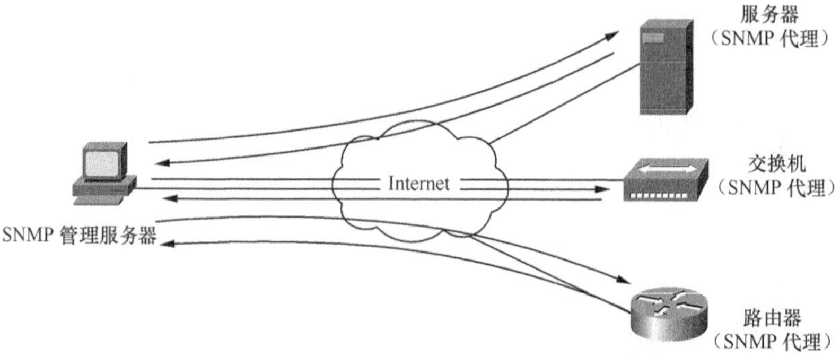 图 2-4　SNMP 管理示意 **问题 6：结合《IUV—计算机网络基础与应用》中图 2-31 重点介绍 TCP/IP 模型与通信应用示例。** 报文交互的过程详见《IUV—计算机网络基础与应用》。教学过程中应结合实例，讲述报文在每个阶段的封装处理过程，强化学生的理解，并建立层次模型。		
教学内容总结	TCP/IP 参考模型是由 ARPAnet 首先提出和使用的网络体系结构，TCP/IP 是 Transmission Control Protocol/Internet Protocol 的简写，中文名为传输控制协议/因特网互联协议，又被称为网络通信协议。TCP/IP 是计算机网络中应用最广泛的协议。 TCP/IP 参考模型共分五层结构，分别为物理层、数据链路层、网络层、传输层和应用层。 TCP/IP 没有明确定义物理层（因传输媒介因素），物理层上传输的是电或光信号。 网络接口层通常包括操作系统中设备驱动程序和计算机中对应的网络接口卡。网络接口层负责网络层和硬件间的联系，定义了 Internet 与各种物理网络之间的网络接口，指出主机必须使用某种协议与网络相连。 网络层具有更强的网际通信能力，它决定了数据包如何传送到目的地。它包含 IP、ICMP、ARP、RARP 4 个重要协议。IP 是网络层上的主要协议，同时被 TCP 和 UDP 所使用。TCP 和 UDP 的每组数据都通过端系统和每个中间路由器中的 IP 层在互联网中传输。IP 的基本任务是采用数据包方式，通过互联网传送数据，各个数据包之间互相独立。 传输层定义了两个端到端的协议，分别为传输控制协议（Transmission Control Protocol，TCP）和用户数据报协议（User Datagram Protocol，UDP）。TCP 是面向连接的协议，它提供可靠的报文传输和对上层应用的连接服务，UDP 提供无连接的端到端数据包服务。 应用层提供常用的应用程序给终端用户，如 FTP、TFTP、SNMP、SMTP、HTTP 等。		

2.4 以太网首部和 MAC 地址

<table>
<tr><td>课程名称</td><td>以太网首部和 MAC 地址</td><td>章节</td><td>2.4</td></tr>
<tr><td>课时安排</td><td>1 课时</td><td>教学对象</td><td></td></tr>
<tr><td>教学建议及过程</td><td colspan="3">教学建议：
本章节授课时长建议安排为 1 课时，采用翻转课堂形式授课，培养学生的自主学习能力和学习积极性，并以教学互动的形式考查学生课前预习的效果。本章节主要介绍了以太网帧格式和 MAC 地址组成，是学习计算机网络的基础，学生需要重点掌握。
教学过程：
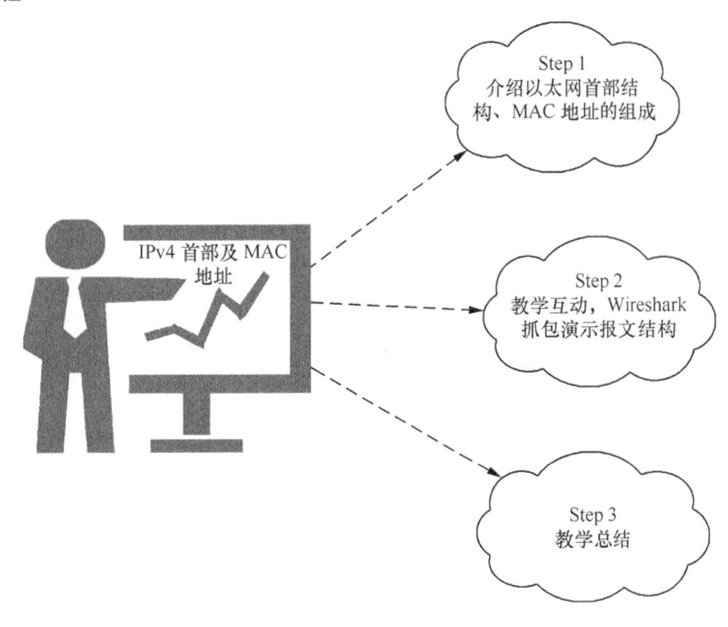

Step 1：教师课堂中介绍 Ethernet_II 帧格式（以太网首部结构）和 MAC 地址的组成。
Step 2：教学互动，教师在教学过程中结合网络抓包工具 Wireshark 演示以太网数据报文首部结构及字段。
Step 3：教师完成教学互动后总结以太网首部结构和 MAC 地址的知识点，使学生掌握对应的知识要点。</td></tr>
<tr><td>学生课前准备</td><td colspan="3">1．布置学生课前预习本章节内容，使学生提前了解链路状态路由协议适用的网络类型、协议使用范围和版本号等知识。
2．课前预习考核方式：教师在课堂中针对教学互动知识点或其他类似的知识点对学生进行随机点名抽查，记录抽查效果。</td></tr>
</table>

续表

<table>
<tr><td>课程名称</td><td>以太网首部和 MAC 地址</td><td>章节</td><td>2.4</td></tr>
<tr><td>课时安排</td><td>1 课时</td><td>教学对象</td><td></td></tr>
<tr><td>教学目的与要求</td><td colspan="3">通过本章节的学习，学生需要了解掌握如下知识点：
1．掌握以太网首部结构字段 DA 及 SA 的含义；
2．掌握数据链路层 MAC 地址的作用；
3．了解 MAC 地址字段的结构组成；
4．掌握常见的数据类型；
5．了解以太网数据帧 FCS 字段的作用及含义。</td></tr>
<tr><td>章节重点</td><td colspan="3">Ethernet_II 以太网首部及字段、MAC 地址、MAC 地址分配机构。</td></tr>
<tr><td>教学资源</td><td colspan="3">PPT、教案等。</td></tr>
<tr><td>知识点结构导图</td><td colspan="3">以太网首部 | 数据部分 | 以太网尾部
14 byte | 46 ~ 1500 byte | 4 byte
以太网帧
6 byte | 6 byte | 2 byte
目的 MAC 地址 | 源 MAC 地址 | 类型
以太网首部（Ethernet IT）</td></tr>
<tr><td>教学互动</td><td colspan="3">问题 1：以太网首部的字段有哪些，分别占用多少字节？（此处建议通过 Wireshark 演示报文结构，理论与知识具体化）。
以太网首部包含 3 个字段，分别为目的 MAC 地址、源 MAC 地址、类型，其中目的 MAC 地址、源 MAC 地址分别占用 6 个字节，类型字段占用 2 个字节。
图 2-5 为 Wireshark 抓包图，显示了 ARP 报文的以太网首部结构。
⊞ Frame 10: 42 bytes on wire (336 bits), 42 bytes captured (336 bits)
⊟ Ethernet II, Src: 64:cc:2e:fd:24:01 (64:cc:2e:fd:24:01), Dst: Broadcast (ff:ff:ff:ff:ff:ff)
⊟ Destination: Broadcast (ff:ff:ff:ff:ff:ff)
Address: Broadcast (ff:ff:ff:ff:ff:ff)
....1 .... = IG bit: Group address (multicast/broadcast)
.... ..1. .... = LG bit: Locally administered address (this is NOT the factory default)
⊟ Source: 64:cc:2e:fd:24:01 (64:cc:2e:fd:24:01)
Address: 64:cc:2e:fd:24:01 (64:cc:2e:fd:24:01)
....0 .... = IG bit: Individual address (unicast)
.... ..0. .... = LG bit: Globally unique address (factory default)
Type: ARP (0x0806)
⊞ Address Resolution Protocol (request)
图 2-5　Wireshark 抓包图
TCP 报文的以太网首部结构如图 2-6 所示。
⊞ Frame 84: 54 bytes on wire (432 bits), 54 bytes captured (432 bits)
⊟ Ethernet II, Src: 7c:7a:91:72:5e:11 (7c:7a:91:72:5e:11), Dst: 08:3f:bc:08:f8:58 (08:3f:bc:08:f8:58)
⊟ Destination: 08:3f:bc:08:f8:58 (08:3f:bc:08:f8:58)
Address: 08:3f:bc:08:f8:58 (08:3f:bc:08:f8:58)
....0 .... = IG bit: Individual address (unicast)
.... ..0. .... = LG bit: Globally unique address (factory default)
⊟ Source: 7c:7a:91:72:5e:11 (7c:7a:91:72:5e:11)
Address: 7c:7a:91:72:5e:11 (7c:7a:91:72:5e:11)
....0 .... = IG bit: Individual address (unicast)
.... ..0. .... = LG bit: Globally unique address (factory default)
Type: IP (0x0800)
⊞ Internet Protocol, Src: 172.18.18.112 (172.18.18.112), Dst: 14.215.177.39 (14.215.177.39)
⊞ Transmission Control Protocol, Src Port: 56073 (56073), Dst Port: https (443), Seq: 1, Ack: 1, Len: 0
图 2-6　TCP 报文的以太网首部结构</td></tr>
</table>

续表

课程名称	以太网首部和 MAC 地址	章节	2.4
课时安排	1 课时	教学对象	

教学互动

点评：通过 Wireshark 抓包验证，以太网报文的首部结构共占用 14 个字节，它们分别为 6 个字节的目的 MAC 地址（采用十六进制表示，共拆分为 6 个十六进制数）、6 个字节的源 MAC 地址（采用十六进制表示）和 2 个字节的类型字段（采用十六进制表示，0x 开头表示十六进制数）。

问题 2：MAC 地址的组成和作用？（建议重点介绍，10 分钟）

MAC 地址共占用 48 个比特位，前 24 个比特位由 IEEE 统一分配，后 24 个比特位由生产厂商自行分配。MAC 地址用于标识唯一数据链路层（网卡）设备，表示链路层设备在网络中的位置及远近等。它的组成如图 2-7 所示。

47 位	46 位	45—24 位	23—0 位
I/G	G/L	组织唯一标识符（OUI） 由 IEEE 分配	由生产厂商分配

图 2-7　MAC 地址结构

MAC 地址组成包括源 MAC 地址或目的 MAC 地址。MAC 地址被烧制在网络设备的网卡中，不随地理位置的变化而变化。网卡中配置的 IP 地址是可变的，IP 地址根据所接入子网的变化而变化，且网络设备接入在同一个子网中，其 IP 地址也随着网线物理线路的变化而变化（建议在教学中着重强调该知识点，很多学生容易混淆概念）。

图 2-8 为通过网络抓包工具捕获的报文，该报文对应的以太网报文头部和理论叙述包含 3 个字段。我们通过查看目的 MAC 地址或源 MAC 地址，可确认 MAC 地址组成的头部包含 I/G、L/G 位，报文的“Type”字段显示报文的类型。

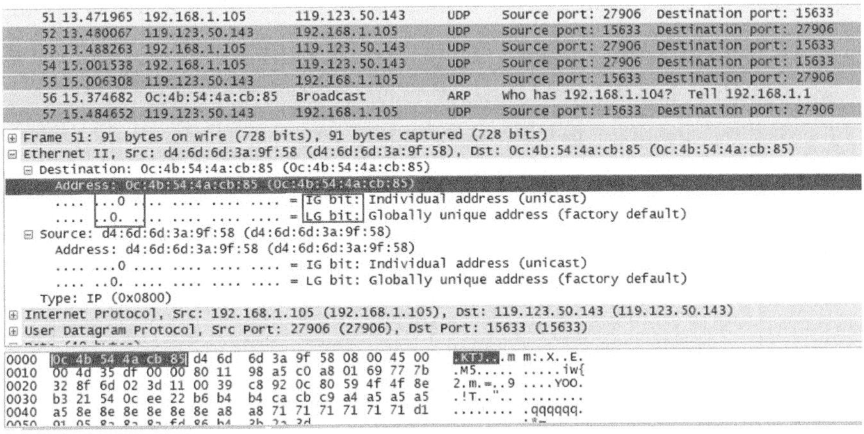

```
51 13.471965 192.168.1.105     119.123.50.143  UDP  Source port: 27906  Destination port: 15633
52 13.480067 119.123.50.143    192.168.1.105   UDP  Source port: 15633  Destination port: 27906
53 13.488263 192.168.1.105     119.123.50.143  UDP  Source port: 27906  Destination port: 15633
54 15.001538 192.168.1.105     119.123.50.143  UDP  Source port: 27906  Destination port: 15633
55 15.006308 119.123.50.143    192.168.1.105   UDP  Source port: 15633  Destination port: 27906
56 15.374682 0c:4b:54:4a:cb:85 Broadcast       ARP  Who has 192.168.1.104?  Tell 192.168.1.1
57 15.484652 119.123.50.143    192.168.1.105   UDP  Source port: 15633  Destination port: 27906

⊞ Frame 51: 91 bytes on wire (728 bits), 91 bytes captured (728 bits)
⊟ Ethernet II, Src: d4:6d:6d:3a:9f:58 (d4:6d:6d:3a:9f:58), Dst: 0c:4b:54:4a:cb:85 (0c:4b:54:4a:cb:85)
  ⊟ Destination: 0c:4b:54:4a:cb:85 (0c:4b:54:4a:cb:85)
      Address: 0c:4b:54:4a:cb:85 (0c:4b:54:4a:cb:85)
      .... ...0 .... .... .... .... = IG bit: Individual address (unicast)
      .... ..0. .... .... .... .... = LG bit: Globally unique address (factory default)
  ⊟ Source: d4:6d:6d:3a:9f:58 (d4:6d:6d:3a:9f:58)
      Address: d4:6d:6d:3a:9f:58 (d4:6d:6d:3a:9f:58)
      .... ...0 .... .... .... .... = IG bit: Individual address (unicast)
      .... ..0. .... .... .... .... = LG bit: Globally unique address (factory default)
    Type: IP (0x0800)
⊞ Internet Protocol, Src: 192.168.1.105 (192.168.1.105), Dst: 119.123.50.143 (119.123.50.143)
⊞ User Datagram Protocol, Src Port: 27906 (27906), Dst Port: 15633 (15633)

0000  0c 4b 54 4a cb 85 d4 6d  6d 3a 9f 58 08 00 45 00   .KTJ...m m:.X..E.
0010  00 4d 35 df 00 00 80 11  98 a5 c0 a8 01 69 77 7b   .M5..... .....iw{
0020  32 8f 6d 02 3d 11 00 39  c8 92 0c 80 59 4f 4f 8e   2.m.=..9 ....YOO.
0030  b3 21 54 0c ee 22 b6 b4  b4 ca cb c9 a4 a5 a5 a5   .!T..".. ........
0040  a5 8e 8e 8e 8e 8e 8e a8  a8 71 71 71 71 71 71 d1   ........ .qqqqqq.
```

图 2-8　网络抓包工具捕获的报文

续表

<table>
<tr><td>课程名称</td><td>以太网首部和 MAC 地址</td><td>章节</td><td>2.4</td></tr>
<tr><td>课时安排</td><td>1 课时</td><td>教学对象</td><td></td></tr>
<tr><td>教学互动</td><td colspan="3">**问题 3：常见的以太网类型字段及含义？**

常见的以太网字段如 0x0800，该字段表示普通 IPv4 数据包；0x0806 表示 ARP 数据包；0x8864 表示 PPPOE 数据包；0x8100 表示 802.1Q 数据包；0x8847 表示携带 MPLS 标签的数据包。

抓包工具显示的结果可证实 ARP 报文的类型字段为 0x0806（十六进制表示），IPv4 报文类型为 0x0800（十六进制表示）。

图 2-9 为 Wireshark 抓包工具显示的 ARP 报文，类型字段为 0x0806。 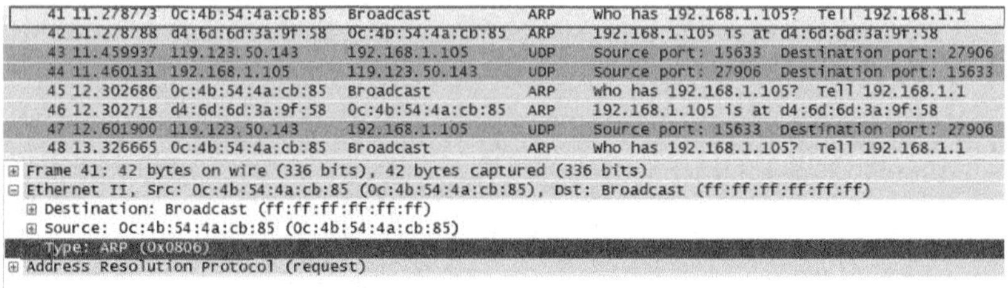

41 11.278773 0c:4b:54:4a:cb:85 Broadcast ARP Who has 192.168.1.105? Tell 192.168.1.1
42 11.278788 d4:6d:6d:3a:9f:58 0c:4b:54:4a:cb:85 ARP 192.168.1.105 is at d4:6d:6d:3a:9f:58
43 11.459937 119.123.50.143 192.168.1.105 UDP Source port: 15633 Destination port: 27906
44 11.460131 192.168.1.105 119.123.50.143 UDP Source port: 27906 Destination port: 15633
45 12.302686 0c:4b:54:4a:cb:85 Broadcast ARP Who has 192.168.1.105? Tell 192.168.1.1
46 12.302718 d4:6d:6d:3a:9f:58 0c:4b:54:4a:cb:85 ARP 192.168.1.105 is at d4:6d:6d:3a:9f:58
47 12.601900 119.123.50.143 192.168.1.105 UDP Source port: 15633 Destination port: 27906
48 13.326665 0c:4b:54:4a:cb:85 Broadcast ARP Who has 192.168.1.105? Tell 192.168.1.1
⊞ Frame 41: 42 bytes on wire (336 bits), 42 bytes captured (336 bits)
⊟ Ethernet II, Src: 0c:4b:54:4a:cb:85 (0c:4b:54:4a:cb:85), Dst: Broadcast (ff:ff:ff:ff:ff:ff)
⊞ Destination: Broadcast (ff:ff:ff:ff:ff:ff)
⊞ Source: 0c:4b:54:4a:cb:85 (0c:4b:54:4a:cb:85)
Type: ARP (0x0806)
⊞ Address Resolution Protocol (request)

图 2-9　Wireshark 抓包工具显示的 ARP 报文

图 2-10 为 Wireshark 抓包工具显示的 UDP（IP）报文，类型字段为 0x0800。 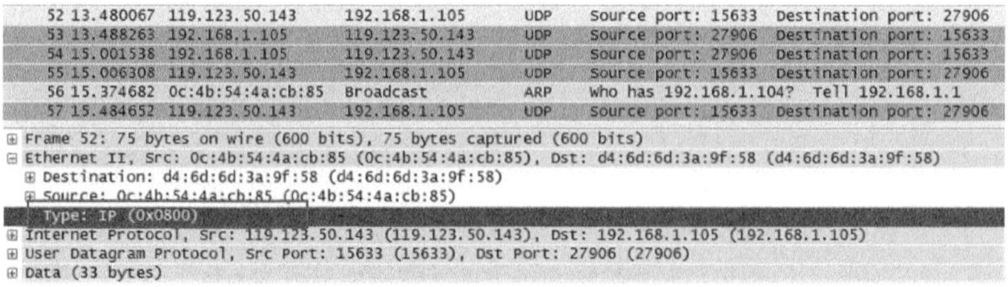

52 13.480067 119.123.50.143 192.168.1.105 UDP Source port: 15633 Destination port: 27906
53 13.488263 192.168.1.105 119.123.50.143 UDP Source port: 27906 Destination port: 15633
54 15.001538 192.168.1.105 119.123.50.143 UDP Source port: 27906 Destination port: 15633
55 15.006308 119.123.50.143 192.168.1.105 UDP Source port: 15633 Destination port: 27906
56 15.374682 0c:4b:54:4a:cb:85 Broadcast ARP Who has 192.168.1.104? Tell 192.168.1.1
57 15.484652 119.123.50.143 192.168.1.105 UDP Source port: 15633 Destination port: 27906
⊞ Frame 52: 75 bytes on wire (600 bits), 75 bytes captured (600 bits)
⊟ Ethernet II, Src: 0c:4b:54:4a:cb:85 (0c:4b:54:4a:cb:85), Dst: d4:6d:6d:3a:9f:58 (d4:6d:6d:3a:9f:58)
⊞ Destination: d4:6d:6d:3a:9f:58 (d4:6d:6d:3a:9f:58)
⊞ Source: 0c:4b:54:4a:cb:85 (0c:4b:54:4a:cb:85)
Type: IP (0x0800)
⊞ Internet Protocol, Src: 119.123.50.143 (119.123.50.143), Dst: 192.168.1.105 (192.168.1.105)
⊞ User Datagram Protocol, Src Port: 15633 (15633), Dst Port: 27906 (27906)
⊞ Data (33 bytes)

图 2-10　Wireshark 抓包工具显示的 UDP（IP）报文

点评：Type 字段主要标识数据报文的类型及后续关联的处理动作。</td></tr>
<tr><td>教学内容总结</td><td colspan="3">以太网是当前局域网采用的最通用的通信协议标准，以太网技术促进了互联网的发展。在链路层中传输、处理的报文都是以太网首部封装的数据报文，链路层设备通过报文首部携带的关键字段转发或处理报文。

以太网首部定义了 4 部分的字段，分别为以太网前导码、目的 MAC 地址、源 MAC 地址和数据类型。其中，前导码字段的格式固定，被用于定界数据帧的开始或结束，一般不作为特殊字段呈现。本节不介绍前导码的内容，其内容请参考《IUV-计算机网络基础与应用》第 3.1.2 节。

源 MAC 地址和目的 MAC 地址表示报文从源端数据链路层设备发往目的端数据链路层设备。MAC 地址是数据链路层设备的唯一标识符，它由 48 个比特位组成，前 24 个比特位由 IEEE 统一分配，后 24 个比特位由设备生产厂商自行分配。

类型字段定义了该报文的类型及上送至 TCP/IP 第三层的处理方式。</td></tr>
</table>

续表

课程名称	以太网首部和 MAC 地址	章节	2.4
课时安排	1 课时	教学对象	

参考答案

1. MAC 地址由多少位比特位组成及其结构？

答：如图 2-11 所示，MAC 地址共占用 48 个比特位，前 24 个比特位由 IEEE 分配，后 24 个比特位由设备生产厂商分配。

47 位	46 位	45—24 位	23—0 位
I/G	G/L	组织唯一标识符（OUI） 由 IEEE 分配	由生产厂商分配

图 2-11　MAC 地址结构

2. TCP/IP 协议栈的哪一层使用 MAC 地址？

答：TCP/IP 数据链路层使用 MAC 地址，MAC 地址标识报文发出的源端和发往的目的端。

2.5　IPv4 首部结构

课程名称	IPv4 首部结构	章节	2.5
课时安排	1 课时	教学对象	

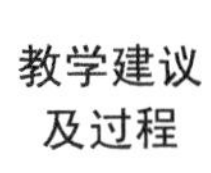

教学建议及过程

教学建议：

本章节为基础原理性概述，建议授课时长为 1 课时。建议由教师系统性讲解 IPv4 首部结构。

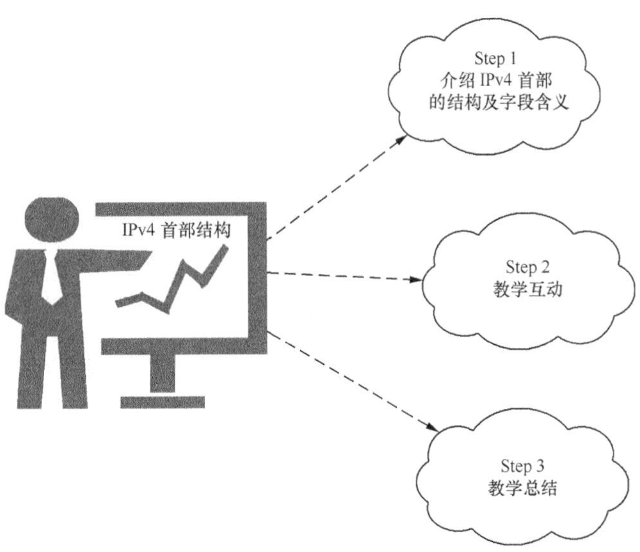

续表

<table>
<tr><td>课程名称</td><td>IPv4 首部结构</td><td>章节</td><td>2.5</td></tr>
<tr><td>课时安排</td><td>1 课时</td><td>教学对象</td><td></td></tr>
<tr><td>教学建议及过程</td><td colspan="3">教学过程：
Step 1：教师在课程中重点介绍 IPv4 首部的结构及字段含义。
Step 2：教师组织教学互动，使学生加深对 IPv4 首部结构中 Flags、Flagment offset、TTL、Source Address、Destination Address 等字段的理解，使学生掌握 IPv4 首部的结构及对应字段的作用。
Step3：教师完成教学互动及案例分析后总结课堂，概括梳理 IPv4 首部结构知识。</td></tr>
<tr><td>学生课前准备</td><td colspan="3">1. 布置学生课前预习本章节内容，使学生提前了解 IPv4 首部结构及相关字段的含义。
2. 课前预习考核方式：课堂中针对教学互动知识点或其他类似知识点对学生进行随机点名抽查，记录抽查效果。</td></tr>
<tr><td>教学目的与要求</td><td colspan="3">通过本章节的学习，学生需要了解掌握以下知识点：
1. 了解 IPv4 首部结构的字段；
2. 了解 IPv4 源地址和目的地址占用比特位的长度；
3. 掌握 IPv4 字段 TTL 的作用；
4. 了解 IPv4 字段 Head Checksum 的作用；
5. 了解 IPv4 字段 Flags 的作用。</td></tr>
<tr><td>章节重点</td><td colspan="3">IP 首部结构组成、TTL 字段含义、Flags 字段含义、Source Address 字段含义、Destination Address 字段含义和 Flagment offset 字段含义。</td></tr>
<tr><td>教学资源</td><td colspan="3">PPT、教案等。</td></tr>
<tr><td>知识点结构导图</td><td colspan="3"> 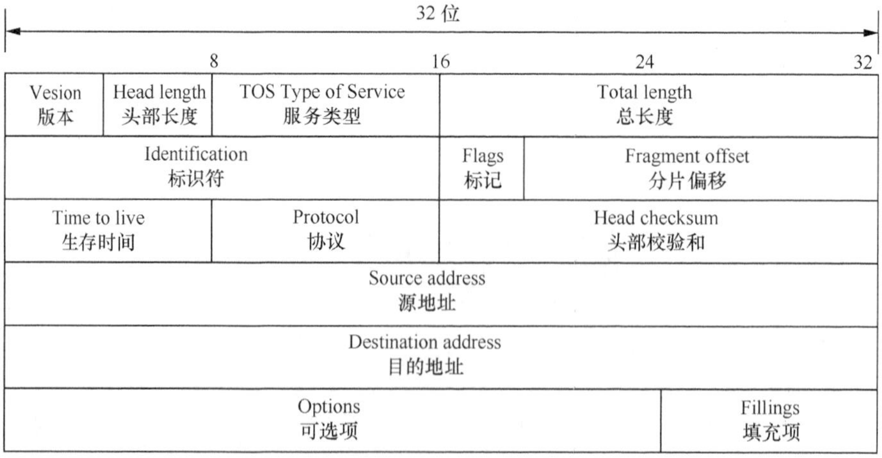32 位
8 16 24 32
<table>
<tr><td>Vesion
版本</td><td>Head length
头部长度</td><td colspan="2">TOS Type of Service
服务类型</td><td colspan="2">Total length
总长度</td></tr>
<tr><td colspan="4">Identification
标识符</td><td>Flags
标记</td><td>Fragment offset
分片偏移</td></tr>
<tr><td colspan="2">Time to live
生存时间</td><td colspan="2">Protocol
协议</td><td colspan="2">Head checksum
头部校验和</td></tr>
<tr><td colspan="6">Source address
源地址</td></tr>
<tr><td colspan="6">Destination address
目的地址</td></tr>
<tr><td colspan="5">Options
可选项</td><td>Fillings
填充项</td></tr>
</table></td></tr>
</table>

续表

课程名称	IPv4 首部结构	章节	2.5
课时安排	1 课时	教学对象	

教学互动

问题 1：TOS Type of Service 字段的作用？

TOS Type of Service（服务类型）的长度为 8 位，该字段包括一个 3 位的优先权字段（COS，Class of Service），4 位 TOS 字段和 1 位未用位。4 位 TOS 字段分别代表最小时延、最大吞吐量、最高可靠性和最少费用。

问题 2：TTL 字段的作用？

TTL 表示报文经过路由器网关等设备转发的最大跳数（报文每经过一个设备被转发一次称为一跳）。TTL 也称为报文生存的时间，报文每经过一个路由器设备被转发后，TTL 值减 1。协议规定，当报文的 TTL 值为 0 时，则不能被转发而会被丢弃。TTL 值防止路由环路及一些网络控制报文等（如 Traceroute）。

报文的 TTL 值经过二层设备（如二层交换机、网桥）或集线器（HUB）转发时值不会被改变。

wireshark 抓包工具获取的报文结构如图 2-12 所示，由此可知 TTL 字段在 IPv4 首部结构中的位置。

```
⊞ Frame 120: 1223 bytes on wire (9784 bits), 1223 bytes captured (9784 bits)
⊞ Ethernet II, Src: cc:b8:a8:b8:00:6e (cc:b8:a8:b8:00:6e), Dst: Broadcast (ff:ff:ff:ff:ff:ff)
⊟ Internet Protocol, Src: 172.18.18.114 (172.18.18.114), Dst: 172.18.18.255 (172.18.18.255)
    Version: 4
    Header length: 20 bytes
  ⊞ Differentiated Services Field: 0x00 (DSCP 0x00: Default; ECN: 0x00)
    Total Length: 1209
    Identification: 0x49fb (18939)
  ⊞ Flags: 0x02 (Don't Fragment)
    Fragment offset: 0
    Time to live: 255
    Protocol: UDP (17)
  ⊞ Header checksum: 0xafa2 [correct]
    Source: 172.18.18.114 (172.18.18.114)
    Destination: 172.18.18.255 (172.18.18.255)
⊞ User Datagram Protocol, Src Port: mdns (5353), Dst Port: mdns (5353)
```

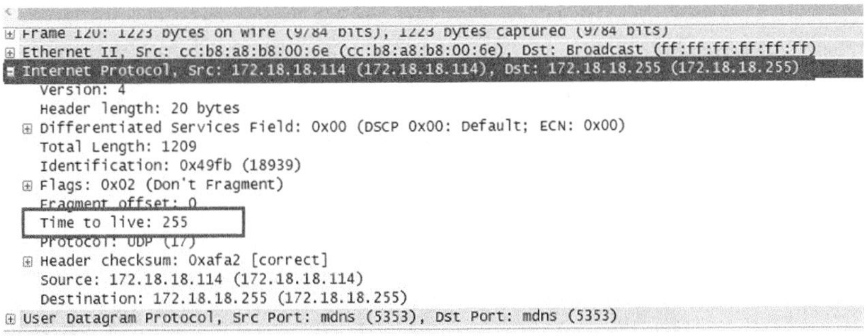

图 2-12　TTL 字段在 IPv4 首部结构中的位置

问题 3：Head Checksum 字段作用？

报文经过设备间传输时，有可能因为传输线路的质量因素或外界干扰而引起误码，IPv4 报文用报文头部检错该字段（该检错不包括检验报文的数据字段，报文经过路由器时会修改部分字段）。接收端收到报文后，根据报文的头部信息计算出校验和字段值，然后比较两者，如果校验和字段值相同，则该报文可用，否则被丢弃。

点评：Head Checksum 字段可以确保接收端收到的报文头部是完整无误的信息（从概率上说，可以认为报文是没有问题的）。该字段的作用类似以太网数据帧中的 FCS 字段。

续表

课程名称	IPv4 首部结构	章节	2.5
课时安排	1 课时	教学对象	

教学互动

问题 4：Fragment Offset 字段的作用？

当较大字节报文被传输至设备时，因设备端口 MTU 值的限制导致需要分片处理报文。Fragment Offset 字段用于报文的分片及重组，它能确认报文的偏移量，偏移量长度为 13 位，并以 8 个八位组为单位。

问题 5：一个 IP 数据报文长度为 8000 字节，通过接口 MTU=1500 的网络设备，报文该如何分片？给出每个分片长度及分片偏移（建议给出详细讲解分析过程）。

Total Length 总长度为 16 比特位，而 Flagment Offset 总长度为 13 比特位，所以偏移比为 $2^{16}/2^{13}=2^3=8$ 个八位组。

报文的 MTU 为 1500 字节，那么 IP 数据包的数据部分为 1480 字节（IP 首部长度为 20 字节）。因此，分片报文大小为 1480、1480、1480、1480、1480、600 共 6 个分片。

分片的偏移计算方法为 1480/8=185，所以第一个分片偏移 Flagment offset=0，第二个分片偏移量为 185，第三个分片偏移量为 185+185=370，第四个分片偏移量为 185+185+185=555，

第五个分片偏移量为 185+185+185+185=740，第六个分片偏移量为 185+185+185+185+75=815。

如果报文被分片后，在该分片报文后还存在其他分片报文，则 MF（More Flagment）为 1。如果是最后的一个分片，则 MF 字段为 0。

图 2-13 为 PC 终端进行 ping 打包的测试，增加一个-f 参数，表示不分片数据报文。

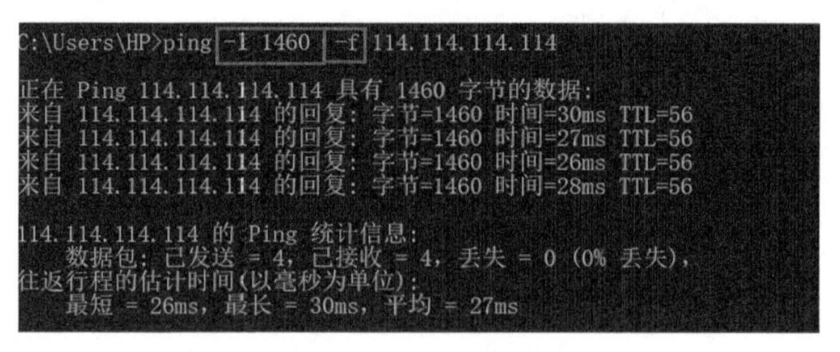

图 2-13　ping 打包测试

我们通过 wireshark 工具对网口抓包，可见 IPv4 报文头 Flags 字段中第二位为 1，这表示报文不分片，如图 2-14 所示。

续表

课程名称	IPv4 首部结构	章节	2.5
课时安排	1 课时	教学对象	
教学互动	问题 6：IPv4 首部结构中定义的 Source Address 和 Destination Address 的作用。 任何 IP 报文都会携带 Source Address 和 Destination Address，它们分别表示报文源 IP 地址和目的 IP 地址，即报文的发送方向是从源设备发往目的设备的。 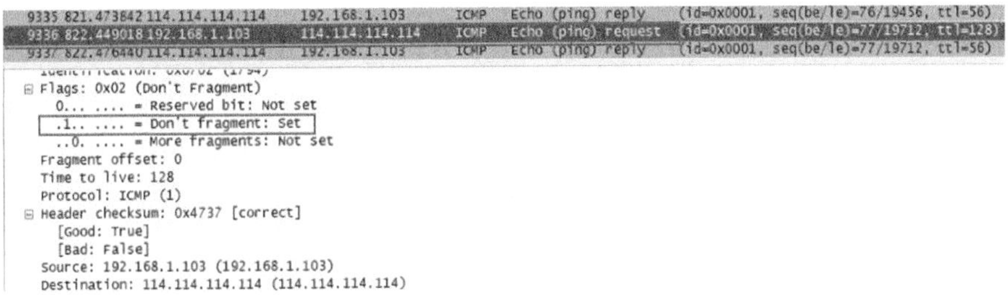 9335 821.473842 114.114.114.114　192.168.1.103　ICMP　Echo (ping) reply　(id=0x0001, seq(be/le)=76/19456, ttl=56) 9336 822.449018 192.168.1.103　114.114.114.114　ICMP　Echo (ping) request　(id=0x0001, seq(be/le)=77/19712, ttl=128) 9337 822.476440 114.114.114.114　192.168.1.103　ICMP　Echo (ping) reply　(id=0x0001, seq(be/le)=77/19712, ttl=56) Flags: 0x02 (Don't Fragment) 0... .... = Reserved bit: Not set .1.. .... = Don't fragment: Set ..0. .... = More fragments: Not set Fragment offset: 0 Time to live: 128 Protocol: ICMP (1) Header checksum: 0x4737 [correct] [Good: True] [Bad: False] Source: 192.168.1.103 (192.168.1.103) Destination: 114.114.114.114 (114.114.114.114) 图 2-14　Wireshark 工具对网口的抓包 Source Address 和 Destination Address 分别占用 32 个比特位，一般我们也简称 Source Address 和 Destination Address 为 IP 地址。它们一般用点分十进制表示。		
教学内容总结	本节主要介绍 IPv4 首部结构及对应的组成字段。学生通过学习 IPv4 首部结构，了解 IP 报文在封装过程中填充的字段内容、传输过程中的报文检错方法和环路控制方法。		
参考答案	1．IP 报文的 IP 首部定义的 Flags 字段的第 1 位为 1 表示什么意思？ 答：Flags 的第 1 位为 DF（don't flag）标识，如果为 1 则表示报文不允许分片。 2．IP 首部的 TTL 字段有什么作用？ 答：TTL 字段表示报文允许经过的最大转发跳数，它一般防止路由环路和差错控制。 3．请描述 IP 首部校验和字段的作用。 答：该字段检验报文头部携带的信息在传输过程中是否受损以此确认报文的完整性。如果报文头受损说明报文不可用，则丢弃该报文。 4．请简单描述一台路由器收到一个业务包的处理流程。 答：当路由器收到一个数据报文后，首先检测报文头部的完整性，如果头部校验和通过，则继续处理报文，否则丢弃该报文。		

续表

课程名称	IPv4 首部结构	章节	2.5
课时安排	1 课时	教学对象	
参考答案	然后，检查报文的目的 IP 地址是否为本路由器的 IP 地址，如果是本路由器的 IP 地址，则表示报文是发给本路由器的，那么将报文交由 IP 模块处理或上送至传输层处理。 如果报文不是发给本路由器的，则进行路由寻址，查找报文的下一跳和出接口，如果可匹配，则将报文的 TTL 值减 1 并转发至对应的出接口。如果报文的 TTL 值变成 0，则丢弃该报文，同时向上源设备发送 TTL 超时报文。如果查找不到路由出接口，则丢弃该报文。		

2.6 IPv4 地址

<table>
<tr><td>课程名称</td><td>IPv4 地址</td><td>章节</td><td>2.6</td></tr>
<tr><td>课时安排</td><td>1 课时</td><td>教学对象</td><td></td></tr>
<tr><td>教学建议及过程</td><td colspan="3">

教学建议：

本章节授课时长建议安排为 1 课时，采用翻转课堂形式授课，培养学生的自主学习能力和学习积极性，并用教学互动的形式考查学生课前预习的效果。

教学过程：

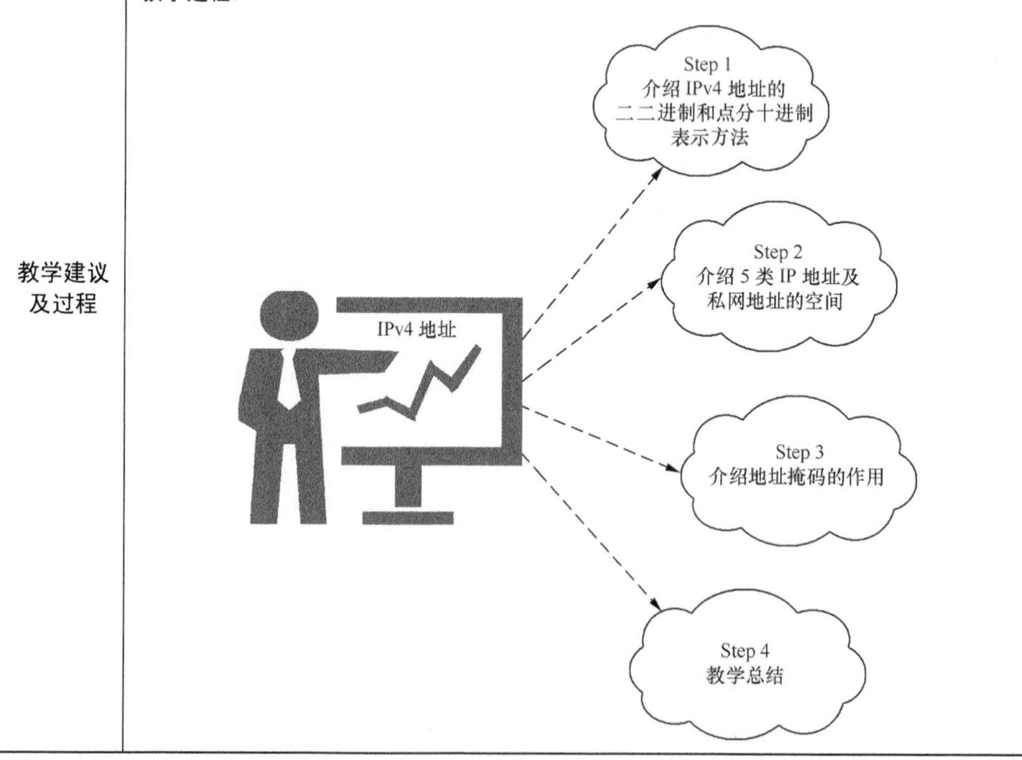

</td></tr>
</table>

续表

课程名称	IPv4 地址	章节	2.6
课时安排	1 课时	教学对象	
教学建议及过程	Step 1：计算机内部采用二进制表示 IPv4 地址，为了更方便学生记忆，则需进行 IP 地址规划，需要将地址转换为点分十进制的形式，课堂中，教师需结合 2.1 节介绍地址转换方法。 Step 2：建议教师详细讲解教学互动问题 3，介绍 5 类地址范围及 A、B、C 类内网 IP 地址空间，以及地址组成部分的网络号及主机号，使学生掌握 IP 地址的分类和范围。 Step 3：课堂中需要结合 A、B、C 类地址介绍地址掩码的作用，使学生更深刻地理解 IP 地址的组成。 Step 4：完成教学互动后进行课堂总结，概括 IPv4 的知识要点。		
学生课前准备	1．布置学生课前预习本章节内容，使学生提前掌握 IPv4 地址的分类、范围及地址掩码的概念（相对于子网掩码而言）。 2．课前预习考核方式：课堂中针对教学互动知识点或其他类似知识点对学生进行随机点名抽查，记录抽查效果。		
教学目的与要求	通过本节的学习，学生需要了解掌握以下知识点： 1．了解 IPv4 的地址空间； 2．掌握 IPv4 地址点分十进制表示方法； 3．掌握 IPv4 5 类地址（A、B、C、D、E 类）的范围； 4．掌握常见的 3 个网段内网地址； 5．掌握地址掩码的概念。		
章节重点	IPv4 地址网络号（Net-id）、主机号（Host-id）、A/B/C 类地址掩码（Address Mask）。		
教学资源	PPT、教案等。		
知识点结构导图	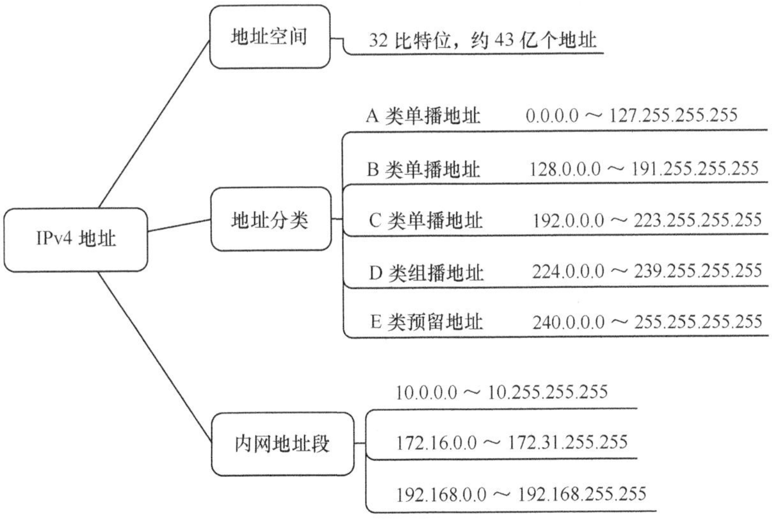 IPv4 地址 地址空间：32 比特位，约 43 亿个地址 地址分类： A 类单播地址　0.0.0.0 ～ 127.255.255.255 B 类单播地址　128.0.0.0 ～ 191.255.255.255 C 类单播地址　192.0.0.0 ～ 223.255.255.255 D 类组播地址　224.0.0.0 ～ 239.255.255.255 E 类预留地址　240.0.0.0 ～ 255.255.255.255 内网地址段： 10.0.0.0 ～ 10.255.255.255 172.16.0.0 ～ 172.31.255.255 192.168.0.0 ～ 192.168.255.255		

续表

<table>
<tr><td>课程名称</td><td>IPv4 地址</td><td>章节</td><td>2.6</td></tr>
<tr><td>课时安排</td><td>1 课时</td><td>教学对象</td><td></td></tr>
<tr><td>教学互动</td><td colspan="3">

问题 1：如果 IP 报文的源 IP 地址段的二进制位为 01111001001000100010001001010100，请问该 IP 地址转换为点分十进制为多少（考查 IP 地址由二进制转换为点分十进制方法）？

分析：转换为人们习惯的点分十进制数，将 32 位划分为 8 位一组，如，01111001　00100010　00100010　01010100，再转换成点分十进制数为 121.34.34.84。

问题 2：A 类地址 127.0.0.1 有什么作用？

127.0.0.1 表示本机网卡的环回地址或回送地址，一般被用来发送自发自收检测报文。

问题 3：如何认识和理解 IP 地址网络号和主机号（10 分钟）？

A、B、C 类 IP 地址的组成分为固定位+网络号+主机号三部分：网络号（Net-ID）和 IP 地址的分类相关，它表示一个 IP 地址前缀固定部分；而主机号表示 IP 地址的动态可变部分，它是一个范围。

其中，A 类地址网络号占用 7 个比特位，主机号占用 24 个比特位；B 类地址网络号占用 14 个比特位，主机号占用 16 个比特位；C 类地址网络号占用 21 个比特位，主机号占用 8 个比特位。

而 D 类广播地址、E 类预留地址，没有网络号和主机，IP 地址分类如图 2-15 所示。

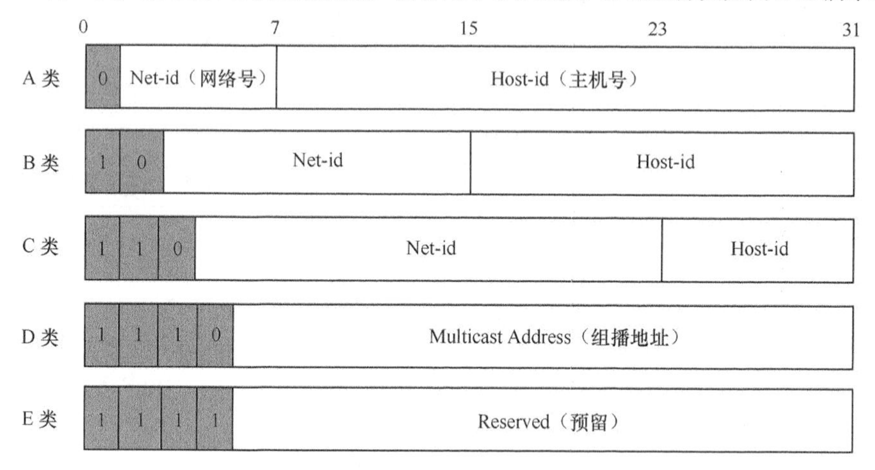

图 2-15　五类 IP 地址

问题 4：什么是地址掩码？如果一个地址掩码为 255.255.0.0，它表示的网络号有多少位，对应的主机位是多少？

地址掩码（Address Mask）表示整个数据链路的地址，是非特指某台主机的网络地址，可以用 IP 地址的网络部分表示，其中主机位全部为 0。

地址掩码为 255.255.0.0，表示的是 B 类地址，其网络号 16–2=14 位（2 表示 B 类地址高位前两位中“1”及“0”两个比特位是固定不变的），主机位为 32–16=16 位。

</td></tr>
</table>

续表

课程名称	IPv4 地址	章节	2.6
课时安排	1 课时	教学对象	
教学互动	**问题 5：地址掩码是否会出现在 IP 报文的字段中？** 地址掩码及子网掩码表示整个数据链路的地址，该字段仅出现在设备的网卡中，不会出现在 IP 报文字段中。 地址掩码主要被用于报文封装或传输处理的过程中，确认网络的出接口。当网络支持 VLSM 后，地址掩码则与子网掩码功能一致。 **问题 6：如果一个企业内部有大量的主机需要连接互联网，但是只向电信运营商申请了少量的外网 IP 地址，如果你是网络管理员，该如何规划企业内部网络？** 在 A、B、C 类地址中定义了 3 个网段的内网地址，它们分别为 10.0.0.0～10.255.255.255、172.16.0.0～172.31.255.255、192.168.0.0～192.168.255.255。这 3 个内网地址的使用是不受网络限制的，在不同的局域网内可重复使用，增加了网络规划设计的灵活性。 如果一个企业内部有大量的主机需要连接互联网，但企业只申请了少量的外网 IP 地址，企业内部必然使用内网地址，所以在企业出口设备配置 NAT 功能（专用设备），从而实现内网向外网的转换，内部主机则可顺利连接互联网。 点评：企业内部一般都采用内网地址组建局域网，在出口路由器中或防火墙配置 NAT 功能，实现内网地址到外网地址的转换映射。		
教学内容总结	本章节主要介绍了 IPv4 地址和地址掩码。在 2.5 节 IPv4 首部结构中，已知 IPv4 地址共占用 32 个比特位，根据 IPv4 地址设计特点，共计约 43 亿地址空间。 A 类地址，最高位固定为 0、网络位占用 7 位、主机位占用 24 位，其地址范围为 0.0.0.0～127.255.255.255。 B 类地址，最高位固定为 10、网络位占用 6 位、主机位占用 16 位，其地址范围为 128.0.0.0～191.255.255.255。 C 类地址，最高位固定为 110、网络位占用 21 位、主机位占用 8 位，其地址范围为 192.0.0.0～223.255.255.255。 D 类地址，最高位固定为 1110、主播地址位占有 28 位，其地址范围为 224.0.0.0～239.255.255.255。 E 类地址，最高位固定为 1111、网络位占用 4 位、主机位占用 8 位，所以地址范围为 240.0.0.0～255.255.255.255。 从 A/B/C 类地址中选出 3 个网段地址用于内网（局域网）使用，分别为 10.0.0.0～10.255.255.255、172.16.0.0～172.31.255.255、192.168.0.0～192.168.255.255，这部分地址只出现在局域网中，不对外网发布。在不同的局域网内可使用相同的地址空间。 地址掩码用于表示数据链路的地址，其表示类似于 IPv4 地址的网络部分全 1，主机部分全 0，对应的 A、B、C 类地址的地址掩码分别为 255.0.0.0、255.255.0.0、255.255.255.0。		

续表

课程名称	IPv4 地址	章节	2.6
课时安排	1 课时	教学对象	
参考答案	1．IPv4 地址分为几类？每一类的地址范围是多少？ 答：分 A、B、C、D、E 5 类，A 类 0.0.0.0～127.255.255.255，B 类 128.0.0.0～191.255.255.255，C 类 192.0.0.0～223.255.255.255，D 类 224.0.0.0～239.255.255.255，E 类 240.0.0.0～255.255.255.255 2．常用的内网地址有哪几个网段？ 答：共 3 个内网地址，分别为 10.0.0.0～10.255.255.255、172.16.0.0～172.31.255.255、192.168.0.0～192.168.255.255。		

2.7 IPv4 子网和子网掩码

课程名称	IPv4 子网和子网掩码	章节	2.7
课时安排	1 课时	教学对象	
教学建议及过程	**教学建议：** 本章节授课时长建议安排为 1 课时，采用翻转课堂形式授课，培养学生的自主学习能力和学习积极性，并用教学互动的形式考查学生课前预习的效果。 **教学过程：**  Step 1：建议在课堂中，教师结合教学互动问题 1～3、教学案例 1 重点介绍子网及子网掩码的概念，划分子网的作用目的及子网规划方法。 Step 2：完成教学互动及案例分析后进行课堂总结，概括子网划分方法。		
学生课前准备	1．布置学生课前预习本章节内容，使学生提前了解 IPv4 子网的概念及子网划分的方法。 2．课前预习考核方式：课堂中针对教学互动知识点或其他类似知识点对学生进行随机点名抽查，记录抽查效果。		

续表

<table>
<tr><td>课程名称</td><td>IPv4 子网和子网掩码</td><td>章节</td><td>2.7</td></tr>
<tr><td>课时安排</td><td>1 课时</td><td>教学对象</td><td></td></tr>
<tr><td>教学目的与要求</td><td colspan="3">通过本章节的学习，学生需要了解掌握以下知识点：
1．掌握 IPv4 子网和子网掩码的概念；
2．了解 VLSM 的概念；
3．掌握子网划分方法。</td></tr>
<tr><td>章节重点</td><td colspan="3">子网、子网掩码、VLSM 的概念。</td></tr>
<tr><td>章节难点</td><td colspan="3">子网的划分。</td></tr>
<tr><td>教学资源</td><td colspan="3">PPT、教案等。</td></tr>
<tr><td>知识点结构导图</td><td colspan="3"> 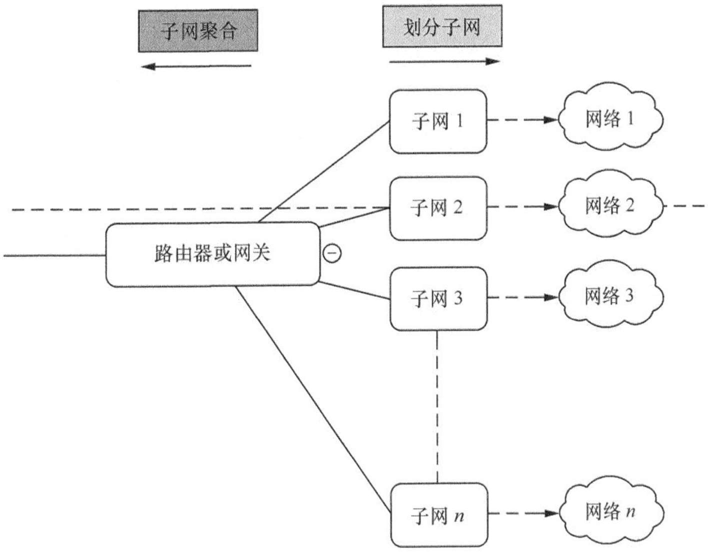子网聚合
划分子网
子网 1
网络 1
子网 2
网络 2
路由器或网关
子网 3
网络 3
子网 n
网络 n</td></tr>
<tr><td>教学互动</td><td colspan="3">问题 1：子网定义
子网是将 A、B、C 类 IP 地址划分为更小的地址单元，以便更加灵活地应用于网络地址分配及使用，减少 IP 地址的浪费。
问题 2：子网掩码定义
子网掩码是 A、B、C 类 IP 地址划分为子网后与地址掩码相对应的概念，它打破了地址掩码 255.0.0.0、255.255.0.0 及 255.255.255.0 位数的限制。其与子网结合，用于确认子网号、广播地址、主机地址等。
点评：子网掩码不再是固定长度，地址掩码向主机位借位从而变成了子网掩码。如一个 C 类地址，原有的地址空间为 256-2=254 个主机地址，实现子网划分后，假设地址掩码向主机位借 N 位，那么，可用的子网数为 2^N 个，可用的地址空间为 $256-2\times2^N=256-2^{N+1}$。如果借 1 位，分为 2 个子网，共有 252 个地址可用（每个子网共 126 个主机</td></tr>
</table>

续表

课程名称	IPv4 子网和子网掩码	章节	2.7
课时安排	1 课时	教学对象	

教学互动

地址，除了子网络号、广播地址）。如果借位 2 位，共分 4 个子网，共有 256−8=248 个主机地址（每个子网共 62 个主机地址）。依次类推，最多借位 6 位，主机地址共 256−128=128 个（每个子网共 2 个主机地址）。

划分子网后，可以在牺牲少量地址的情况下较充分地利用地址空间。否则会引起地址浪费或地址冲突。

问题 3：VLSM 的定义，它有什么作用？

VLSM 即可变长子网掩码，它打破了 IP 地址掩码为固定位的限制。它扩展 A、B、C 类地址的地址掩码，支持将大的网段划分为更多更小的网段，将 IP 地址的范围进行调整以适合网络的大小，而不会浪费 IP 地址空间。

如图 2-16 所示的组网中，若路由器间接口分配一个 C 类 IP 地址进行互联。如果路由器 R2 不支持 VLSM 技术，那么在路由器 R2 中必须配置两个 C 类网段的地址。因为同个网段内的地址只能在同一设备出现一次，如果设备需要配置多个接口地址，必须配置不同的网段。

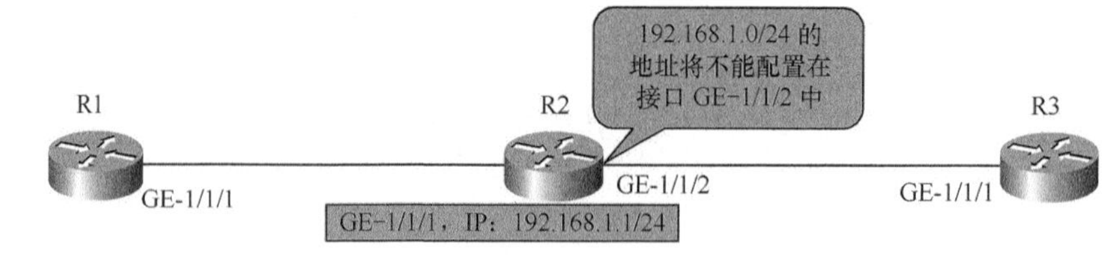

图 2-16　路由器组网结构

若路由器支持 VLSM 技术，可以将 C 类地址 192.168.1.0/24 划分子网，设备互联接口只需要配置两个 IP 地址（主机地址），那么主机位可分配 2 位（主机可用地址为 $2^2-2=2$），刚好满足要求，子网号为 8−2=6 位。由此，分配出来的地址段为：

192.168.1.0～192.168.1.3

192.168.1.4～192.168.1.7

192.168.1.8～192.168.1.11

……

192.168.1.252～192.168.1.255

此后，再将这些地址配置在 3 台路由器中，选取前两个网段的地址如图 2-17 所示（去除网络号和广播地址）。

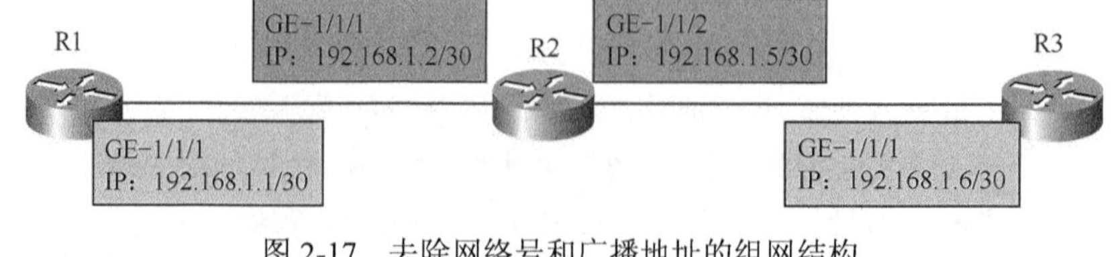

图 2-17　去除网络号和广播地址的组网结构

续表

课程名称	IPv4 子网和子网掩码	章节	2.7
课时安排	1 课时	教学对象	

教学案例分析

如果一所学校向电信运营商申请了一个 C 类的外网地址（202.102.203.0/24），学校内共有 5 个部门需要分配使用这些地址，后勤部需要 100 个外网地址，教务处需要 50 个外网地址，财务部需要 10 个外网地址，行政部需要 30 个外网地址，教研组需要 12 个外网地址，请问如何规划子网？

这个网络规划比前面讲述的稍微复杂，因为分配的外网地址数有限，所以要进行多次划分。

一个 C 类的外网地址除去网络号和广播地址共有 253 个可用地址。由于后勤部需要分配 100 个外网地址，所以它占用了半个 C 类的地址。所以，划分地址时，后勤部分半个 C 类的地址，后 4 个部门再划分半个 C 类的地址。（主机位地址空间为 $2^{8-1}-2=2^7-2=126>100$，所以子网掩码位为 24+1=25，网络位向主机借 1 变成子网掩码位；主机位为 8–1=7 位）。由此可划分出后勤部的地址为：202.102.203.0/25 或 202.102.203.0/255.255.255.128，剩余子网地址为 202.102.203.128/25。

剩余 4 个部门再划分 202.102.203.128/25，教务处需要 50 个地址。那么，它需要 $2^{7-1}-2=62>50$。教务处分配的地址为：202.102.203.128/26，剩余子网地址 202.102. 203.192/26。

剩余 3 个部门再划分 202.102.203.192/26，行政部共需要 30 地址，$2^{6-1}-2=30$，所以子网位为 27 位。因此行政部划分的地址为：202.102.203.192/27，剩余子网地址为 202.102.203.224/27。

财务部和教研组分别需要 10 个和 12 个地址，子网位向主机号借 1 位，主机位地址空间 $2^{5-1}-2=14>12$，子网位为 27+1=28 位。财务部和教研组分配的子网地址为 202.102.203.224/28 和 202.102.203.240/28。

由上述可列出地址规划见表 2-1。

表 2-1　IP 规划表

部门	子网号	子网掩码	主机地址
后勤部	202.102.203.0	255.255.255.128	202.102.203.1～202.102.203.126
教务处	202.102.203.128	255.255.255.192	202.102.203.129～202.102.203.190
行政部	202.102.203.192	255.255.255.224	202.102.203.193～202.102.203.222
财务部	202.102.203.224	255.255.255.240	202.102.203.225～202.102.203.238
教研组	202.102.203.240	255.255.255.240	202.102.203.241～202.102.203.254

总结：子网划分是一个相对复杂且灵活的过程，一般按地址空间大小依次划分。子网划分通过地址掩码位向主机位借位，使 IP 地址网段划分为更多的小空间子网地址集合。

续表

<table>
<tr><td>课程名称</td><td>IPv4 子网和子网掩码</td><td>章节</td><td>2.7</td></tr>
<tr><td>课时安排</td><td>1 课时</td><td>教学对象</td><td></td></tr>
<tr><td>教学内容总结</td><td colspan="3">本章节主要介绍 IPv4 子网、子网掩码的概念和子网的划分方法。传统的 A、B、C 类单播地址主机位较长（地址掩码位较短），地址空间较大。如果小型网络使用 A、B、C 类地址会严重浪费 IPv4 地址，引起地址空间不够用的问题。为了解决该问题，人们提出了 VLSM（可变长掩码）的概念，支持将大的 A、B、C 类地址划分为更小的子网。划分时 IP 地址的网络位向主机位借位，大的地址段划分为更多的小的地址段。对外部网络发布子网段地址时，又可将小的网络地址进行路由聚合。</td></tr>
<tr><td>参考答案</td><td colspan="3">1. 为什么要使用子网和子网掩码或者说使用可变长子网掩码？

答：A、B、C 类地址主机位较长，地址空间较大，如果将一个 A 类、B 类或 C 类地址给一个小型网络使用，将会导致 IP 地址的严重浪费，所以，引入子网及子网掩码。

2. 一个小型企业内有 4 个部门，产品部、市场部、运维部和财务部。其中产品部工作人员最多，分配了 24 台办公 PC 和 3 台服务器，其他部门的办公设备均在 20 台以内，这些设备都需要分配 IP 地址连接网络（最后通过防火墙 NAT 转换出去）。如果是网络规划人员，如何使用内网地址 192.168.100.0/24 给 4 个部门合理规划 IP 地址且不浪费地址空间？请列出规划过程。

答：C 类内网地址 192.168.100.0/24，可用地址为 254 个，$2^4<24<2^5$（$16<24<32$），那么主机位可选为 5 位，网络=$2^{(32-24-5)}=2^3=8>4$，所示子网号划分如图 2-18 所示（前面的地址段，没有用到的暂不罗列）。 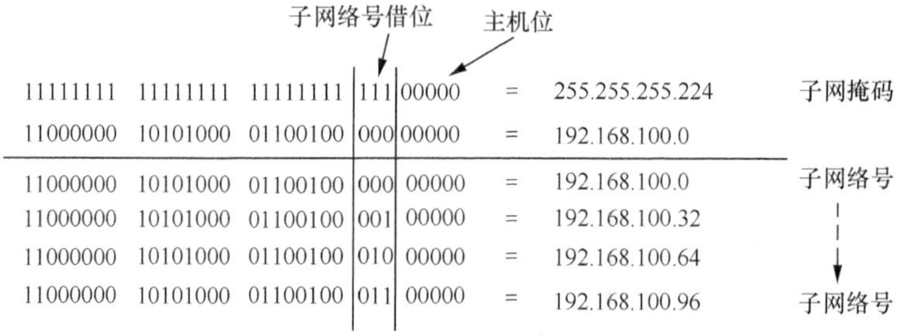

子网络号借位　主机位
11111111 11111111 11111111 111 00000 = 255.255.255.224　子网掩码
11000000 10101000 01100100 000 00000 = 192.168.100.0
11000000 10101000 01100100 000 00000 = 192.168.100.0　子网络号
11000000 10101000 01100100 001 00000 = 192.168.100.32
11000000 10101000 01100100 010 00000 = 192.168.100.64
11000000 10101000 01100100 011 00000 = 192.168.100.96　子网络号

图 2-18　子网划分

可知，这 4 个网段地址分别为：
① 192.168.100.0～192.168.100.31 或表示为 192.168.100.0/27
② 192.168.100.32～192.168.100.63 或表示为 192.168.100.32/27
③ 192.168.100.64～192.168.100.95 或表示为 192.168.100.64/27
④ 192.168.100.96～192.168.100.127 或表示为 192.168.100.96/27
上述答案不唯一。</td></tr>
</table>

2.8 传输层协议

<table>
<tr><td>课程名称</td><td>传输层协议</td><td>章节</td><td>2.8</td></tr>
<tr><td>课时安排</td><td>3课时</td><td>教学对象</td><td></td></tr>
<tr><td>教学建议
及过程</td><td colspan="3">教学建议：
本章节授课时长建议安排3课时，采用翻转课堂形式授课，培养学生的自主学习能力和学习积极性，并以教学互动的形式考查学生课前预习的效果。
教学过程：
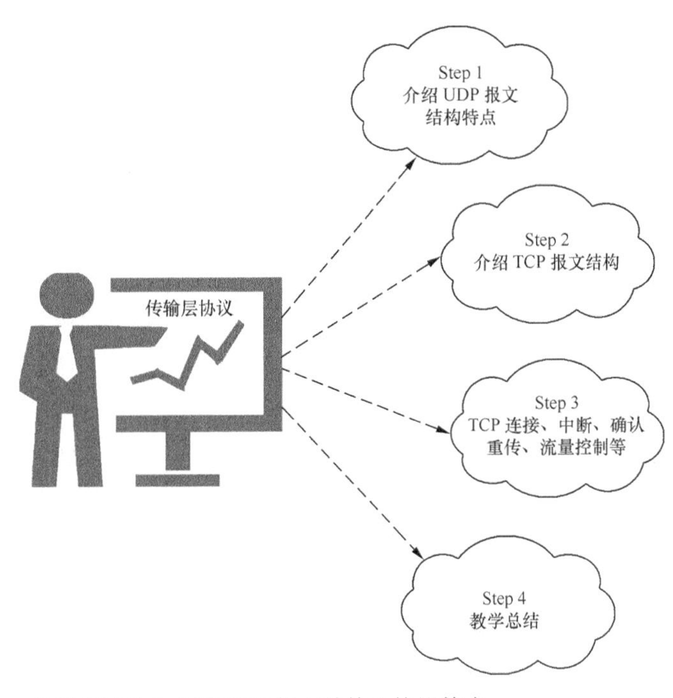

Step 1：教师在课堂中介绍UDP报文结构及协议特点。
Step 2：课堂中介绍TCP报文结构及字段作用。
Step 3：结合教学案例1～4重点介绍端到端的TCP连接的建立过程、释放过程、确认响应/报文重传机制、流量控制/拥塞控制机制，使学生掌握TCP的特点及实现稳定传输的机制。
Step 4：完成教学互动及案例分析后进行课堂总结，概括传输层TCP/UDP知识要点，使学生掌握TCP/UDP特点及报文封装格式。</td></tr>
<tr><td>学生课前
准备</td><td colspan="3">1．布置学生课前预习本章节的内容，使学生提前了解UDP/TCP报文格式及特点。掌握TCP建立连接的三次握手、中断连接的四次挥手过程。掌握TCP协商的确认响应、重传及流量控制机制。
2．课前预习考核方式：课堂中针对教学互动知识点或其他类似知识点对学生进行随机点名抽查，记录抽查效果。</td></tr>
</table>

续表

<table>
<tr><td>课程名称</td><td>传输层协议</td><td>章节</td><td>2.8</td></tr>
<tr><td>课时安排</td><td>3 课时</td><td>教学对象</td><td></td></tr>
<tr><td>教学目的与要求</td><td colspan="3">通过本章节的学习，需要学生了解掌握以下知识点：
1．了解计算机网络中常用的两种传输层协议 TCP、UDP 及优缺点比较；
2．掌握 TCP 的建立连接的三次握手过程、释放连接的四次挥手过程。
3．掌握 TCP 确认机制进行报文的可靠传输。
4．掌握 TCP 滑动窗口机制进行传输流量控制。
5．掌握 TCP MSS 协议过程。
6．了解 TCP 的拥塞控制机制。</td></tr>
<tr><td>章节重点</td><td colspan="3">UDP 特点、TCP 特点、TCP 连接建立过程、TCP 中断连接过程、TCP MSS 协商过程、TCP 确认/重传机制。</td></tr>
<tr><td>章节难点</td><td colspan="3">TCP 滑动窗口与流量控制机制、滑动窗口、接收窗口。</td></tr>
<tr><td>教学资源</td><td colspan="3">PPT、教案等。</td></tr>
<tr><td>知识点结构导图</td><td colspan="3"> 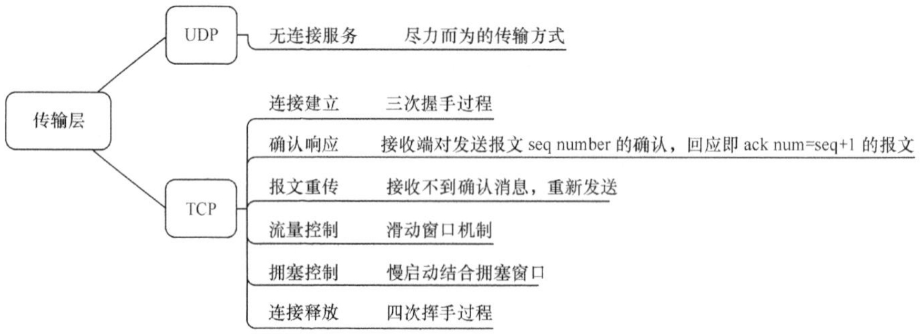传输层
UDP　无连接服务　尽力而为的传输方式
TCP
连接建立　三次握手过程
确认响应　接收端对发送报文 seq number 的确认，回应即 ack num=seq+1 的报文
报文重传　接收不到确认消息，重新发送
流量控制　滑动窗口机制
拥塞控制　慢启动结合拥塞窗口
连接释放　四次挥手过程</td></tr>
<tr><td>教学互动</td><td colspan="3">问题 1：为什么说 UDP 提供的是不可靠传输？
如图 2-19 所示，UDP 报文格式简单，报文通过目的端口字段确认上层应用程序。报文格式中没有设计专门用于连接和确认的字段，即端与端间报文传输过程中不需要进行连接和确认。数据字段相对于协议字段而言，报文的有效负载高。因此，UDP 提供一种尽力而为的传输机制，不需要两端进行协商，传输效率高；但是不能保证传输的稳定性。
问题 2：TCP 通过什么机制实现可靠的传输（建议由老师讲解）？
在图 2-20 所示的 TCP 报文结构中，TCP 相对于 UDP 而言，它增加了序列号、确认号、URG、ACK、PSH、RST、SYN、FIN、Options 等，这些字段传输协商控制报文，使端到端间的报文传输不再是一种尽力而为的方式，两端间需要进行协商才能保证数据有效及稳定的传输。</td></tr>
</table>

续表

课程名称	传输层协议	章节	2.8
课时安排	3 课时	教学对象	

教学互动

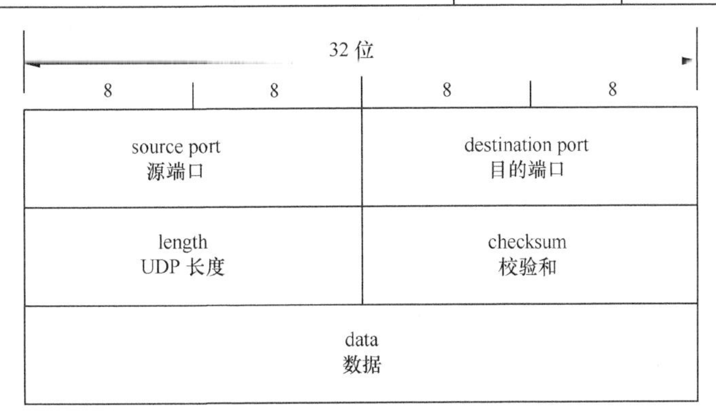

图 2-19　UDP 报文结构

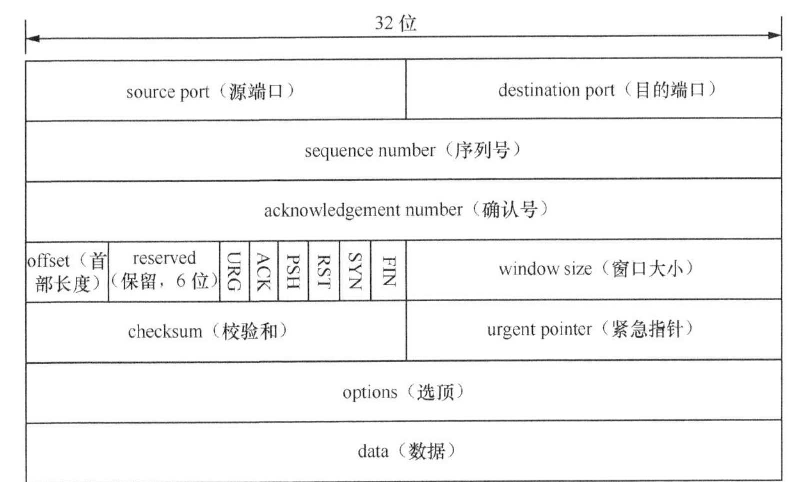

图 2-20　TCP 报文结构

首先，TCP 要求报文的发送端和接收端在发送数据前先建立连接，只有连接建立成功后，才可传输数据报文，这是一种有序控制的交互行为。

其次，发送端在逐个发送数据报文时，只有收到接收端回送的确认响应后才可继续发送下一个报文；如果在等待超时响应时长后仍没有收到确认响应报文，则发送端启动重传机制，重新发送未确认的数据。从整个过程来看，TCP 提供了可靠的连接服务。

教学建议及过程：建议老师结合《IUV-计算机网础基础与应用》，讲解 TCP 报文结构。如报文的序列号和确认号有何关系；两端间进行报文协商时，SYN、ACK、FIN 字段如何置位。

续表

<table>
<tr><td>课程名称</td><td>传输层协议</td><td>章节</td><td>2.8</td></tr>
<tr><td>课时安排</td><td>3 课时</td><td>教学对象</td><td></td></tr>
<tr><td>教学互动</td><td colspan="3">
问题 3：MTU 和 MSS 是否是同一个概念？TCP 通过什么报文协商 MSS 值？
MTU 和 MSS 不是同一个概念。MTU 指的是转发设备接口的最大传输单元，单位为 byte；MSS（Maximum Segment Size）表示每次能够传输的最大数据分段。一般来说，它们存在这样的对应关系，MTU=以太网首部+IP 首部+TCP 首部+MSS。
MTU 值是设备端口的固定属性，而 MSS 是在 TCP 建立连接时双方通过 SYN 报文协商可传输的最大数据单元。
问题 4：TCP 报文格式中的 sequence number 和 acknowledgement number 字段有关联关系吗？它们的主要作用是什么？
对于数据的发送方而言，本端的 sequence number 和 acknowledgement number 字段没有关联关系。sequence number 为发送序列号，表示数据发送顺序；acknowledgement number 为确认序号，用于对另一端发送数据的确认响应。
若同时考虑发送方和接收方数据报文，它们存在一定的关系，接收端的 acknowledgement number=发送端的 sequence number+1。
问题 5：请根据 TCP/UDP 的特点，说明为什么 DNS 采用 UDP 报文传输？
首先，DNS 提供的是一种查询请求和响应的服务，报文交互过程相对简单。采用 UDP 封装可满足 DNS 请求和响应服务，即使报文在传输过程中丢失，也不太影响用户感知，只需要客户端重新发送 DNS 请求即可。
其次，DNS 服务随着计算机网络的普及，联网的终端数量巨大，同时在线用户数可能有数十万、数百万，甚至数千万，网页浏览都需要 DNS 解析，采用 TCP 进行封装及传输交互显然不现实，DNS 服务器无法同时提供这么多的连接。
</td></tr>
<tr><td>教学案例分析</td><td colspan="3">
1．请简单描述 TCP 建立连接的三次握手过程。
TCP 建立连接的三次握手过程为“SYN”→“SYN/ACK”→“ACK”的交互过程。SYN 过程由发送端发送建立连接的同步请求，报文的 SYN 位置 1；接收端在收到同步请求报文后，向发送端回应 SYN/ACK 报文，将报文的 SYN 位及 ACK 位均置 1；发送端收到 SYN/ACK 位均置 1 的报文，确认接收端可建立连接请求，回应报文，将报文的 ACK 置 1，确认 TCP 连接建立。此后，应用程序将监控连接所分配的端口号以便数据通信。
流程如图 2-21 所示。
2．请简单描述 TCP 释放连接的四次挥手过程。
TCP 释放连接的四次挥手过程为“FIN”→“ACK”→“FIN”→“ACK”的交互过程。
第一步，当发送端无数据发送时，发送中断连接请求 FIN 报文，将报文的 FIN 置 1。
</td></tr>
</table>

续表

<table>
<tr><td>课程名称</td><td>传输层协议</td><td>章节</td><td>2.8</td></tr>
<tr><td>课时安排</td><td>3 课时</td><td>教学对象</td><td></td></tr>
<tr><td>教学案例分析</td><td colspan="3">

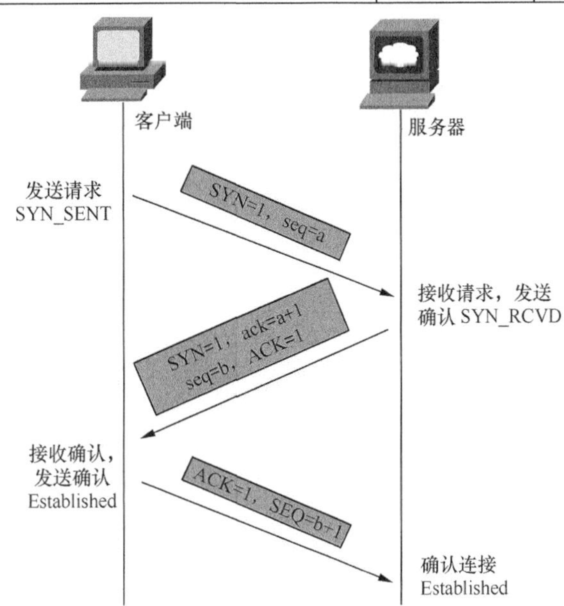

图 2-21　TCP 连接建立过程

第二步，接收端接收中断请求报文后，进入关闭等待状态 1，并向发送端回应 ACK 报文（报文 ACK 位置 1），如果接收端仍有数据传送则继续发送数据，接收端发送完数据后再发送中断连接 FIN 报文。

第三步，发送端收到 ACK 位置 1 的报文后进入关闭等待状态 2，等待接收方继续发送数据直至收到接收端的 FIN 报文，发送端发送中断确认 ACK 报文，发送端中断连接。

第四步，接收端收到中断确认 ACK 报文，连接中断，释放本端应用程序占用的资源及端口。流程如图 2-22 所示。

3. 请描述 TCP 确认及重传机制（建议老师在讲述时，介绍序列号和确认号的关系）。

确认机制发生在 TCP 报文交互过程中，当发送的数据到达目的主机时，接收主机会返回一个已收到的确认消息，这个消息称为确认应答（ACK）。

如图 2-23 所示，当客户端向服务器发送数据时，假设报文的序列号为 1000，服务器收到该数据后，会向客户端发送一个确认应答消息，该应答消息置 ACK=1，ack=1001（确认序列号，由接收报文的序列号 Seq=1000 加 1）。客户端收到字段值 ACK=1、ack=1001 的 TCP 应答消息，则确认服务器已收到数据包，继续发送数据报文。

TCP 的确认应答机制保障了信息传送的可靠性，以下内容我们将介绍发送端无法接收确认响应消息的重传机制。

</td></tr>
</table>

续表

<table>
<tr><td>课程名称</td><td>传输层协议</td><td>章节</td><td>2.8</td></tr>
<tr><td>课时安排</td><td>3 课时</td><td>教学对象</td><td></td></tr>
<tr><td>教学案例分析</td><td colspan="3">

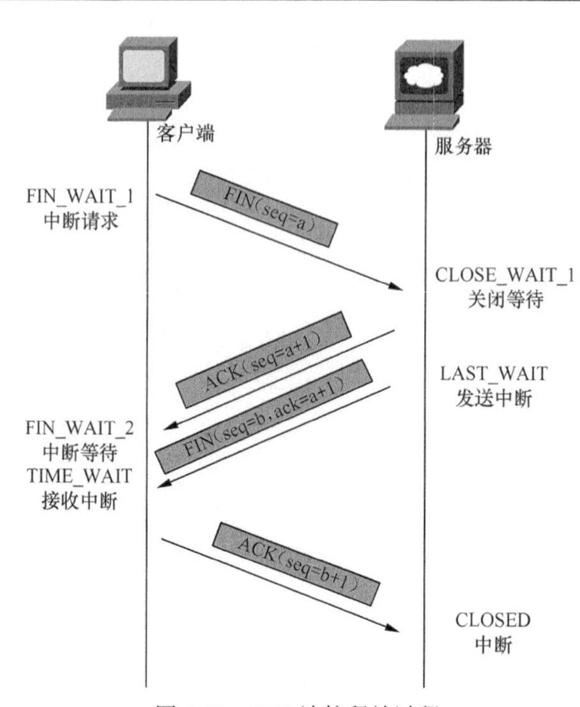

图 2-22　TCP 连接释放过程

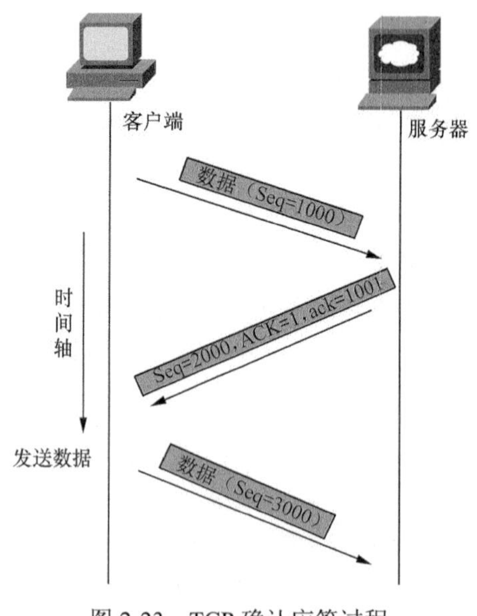

图 2-23　TCP 确认应答过程

</td></tr>
</table>

续表

<table>
<tr><td>课程名称</td><td>传输层协议</td><td>章节</td><td>2.8</td></tr>
<tr><td>课时安排</td><td>3 课时</td><td>教学对象</td><td></td></tr>
<tr><td>教学案例分析</td><td colspan="3">

TCP 重传机制以图 2-23 客户端和服务器 TCP 数据连接为例。如果在客户端向服务器发送数据的过程中，受干扰等因素导致报文被丢弃（错包校验不通过则被丢弃），服务器没有收到数据包，则不会发送确认报文。在超过既定时间后，如果客户端没有收到确认报文将重新发送相同的数据包。TCP 重传机制过程如图 2-24 所示。

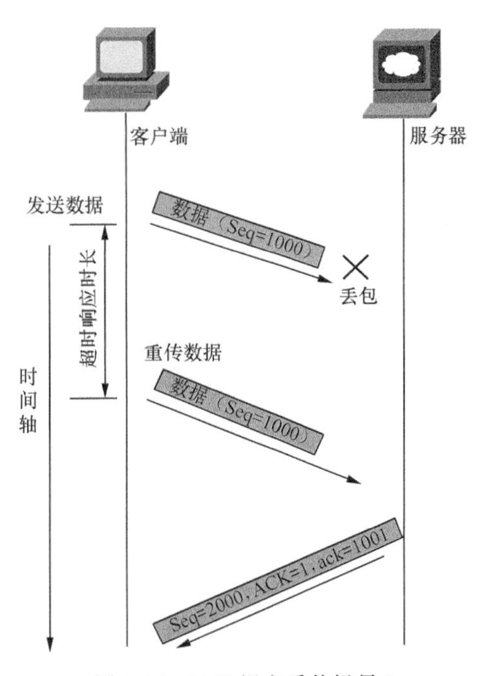

图 2-24　TCP 报文重传场景 1

图 2-24 所示为服务器没有收到客户端发送数据的场景，客户端启动数据重传机制。现实场景的另一种情况即服务器收到客户端发送的数据，且发送了应答信息，但是在传输的过程中数据被丢弃，导致客户端无法收到数据。此时，客户端会在等待超时响应后，重新发送一个数据给服务器，如图 2-25 所示。

TCP 通过确认应答（ACK）机制实现了可靠的数据传输，发送端发送数据后会等待对端的应答消息。如果发送端成功收到确认应答消息，则表示数据已成功送达到对端设备。反之，数据则可能在传输过程中丢失，接收端在等待超时时长后，发送端重新发送一份相同的数据给对端设备。

TCP 重传超时时长设置需要综合考虑各方面的因素，如链路拥塞、设备性能下降和网络存在异常攻击等。一般 TCP 重传超时时长由数据包的往返时间戳(发送和确认响应)确认。

</td></tr>
</table>

续表

课程名称	传输层协议	章节	2.8
课时安排	3 课时	教学对象	

教学案例分析

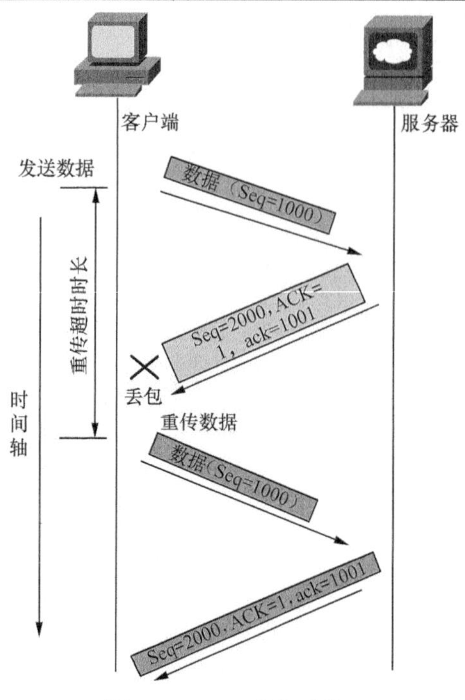

图 2-25　TCP 报文重传 2

4．请简单描述 TCP 滑动窗口机制。

滑动窗口由接收窗口和发送窗口共同决定。接收窗口内数据段分为以下 3 个部分：①数据段表示已经接收且确认，但是暂未被上层应用程序调用；②数据段表示已接收待确认；③数据段表示空位段，即还没有被接收的数据段（此段数据空间为接收端可接收数据的窗口）。由此窗口可确定接收端的接收数据的能力，并通过确认响应（ACK）报文的窗口传送给发送端，如图 2-26 所示。

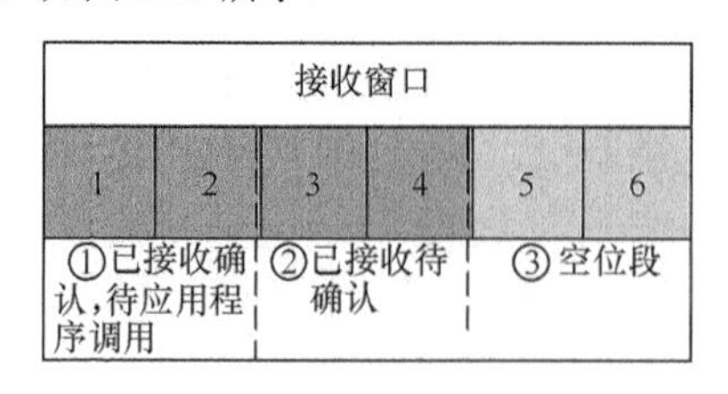

图 2-26　接收端窗口

发送端的窗口控制数据段可分为以下 4 类：①数据段表示已经发送并得到确认的数据段；②数据段表示已发送等待接收端确认的数据段；③数据段表示正待发送的数据段；④数据段表示未在窗口内暂不能发送的数据段，如图 2-27 所示。

续表

课程名称	传输层协议	章节	2.8
课时安排	3 课时	教学对象	
教学案例分析	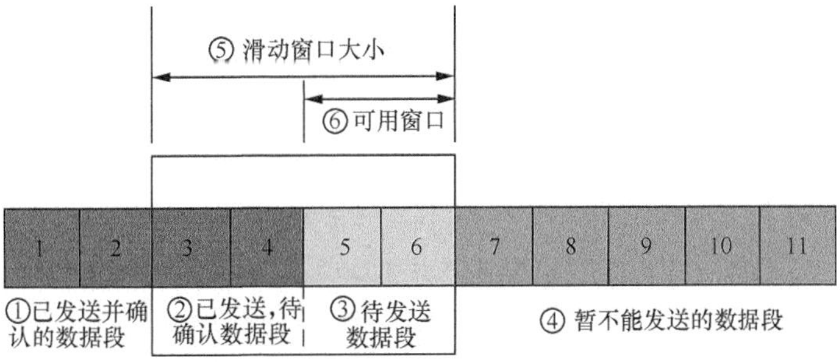 ⑤ 滑动窗口大小 ⑥ 可用窗口 1 2 3 4 5 6 7 8 9 10 11 ①已发送并确认的数据段　②已发送，待确认数据段　③ 待发送数据段　④ 暂不能发送的数据段 图 2-27　发送端 TCP 滑动窗口 由接收端发送确认响应消息携带的窗口大小传递给发送端，发送端通过可用窗口控制数据发送的速率实现流量控制。		
教学内容点总结	本章节主要介绍 TCP/IP 传输层 TCP 及 UDP。传输层是 TCP/IP 协议栈中最重要、最关键的一层，是唯一负责数据传输和数据控制的一层，传输层为端到端连接提供传输服务。 UDP 提供面向无连接的服务。在这种机制下，报文发送不需要端与端之间的有效确认，UDP 提供不可靠的传输。由于 UDP 报文头结构占用字节小，在传输链路及网络性能优良的情况下，网络可以采用 UDP 可高效地传输数据。基于此，UDP 仍有广泛的利用场景。 TCP 提供面向连接的服务。面向连接是端与端之间首先需要建立 TCP 连接，其次报文在传输时需要经历确认响应、流量控制、拥塞控制等过程，数据传输完成后，端与端之间的连接释放。TCP 提供了可靠的传输过程，基于 TCP 的优点，大部分应用层程序都会采用 TCP 报文封装。 学习 TCP 需要掌握 TCP 连接建立、确认响应、报文重传、滑动窗口、拥塞控制、连接释放等状态机制，这是学习的难点，也是学习的重点。		
参考答案	1．采用 UDP 方式报文交互有什么特点？ 答：UDP 是提供面向无连接的传输过程，报文传输是尽力而为的、不可靠的。但 UDP 报文格式简单，报文头字节开销小，传输效率较高。在传输线路质量较好的情况下，UDP 仍可提供高可靠的服务。 2．上层应用程序如何区分具体应用？ 答：上层应用程序通过 TCP/UDP 中的端口号识别具体应用。 3. TCP 报文首部结构中的 Window size 占用多少位，它在数据传输中有什么作用？ 答：Window size 占用 16 位。它决定了 TCP 占用缓存的最大字节长度为 65535，该字段用于 TCP 报文传输过程的流量控制等。		

续表

课程名称	传输层协议	章节	2.8
课时安排	3 课时	教学对象	
参考答案	4．MSS 字段在 TCP 首部结构的什么字段中被定义的，它在什么报文中出现？ 答：MSS 字段在 TCP 报文结构中的 options 字段中定义的，MSS 仅在建立 TCP 连接的 SYN 报文中出现，通常取两端携带 MSS 参数的最小值。 5．请描述 TCP 建立连接的过程和交互报文的特点。 答：TCP 建立连接的三次握手过程为“SYN”→“SYN/ACK”→“ACK”的交互过程。SYN 过程是由发送端发送连接建立的同步请求，报文的 SYN 位置 1；接收端在收到同步请求报文后，向发送端回应 SYN/ACK 报文，将报文的 SYN 位及 ACK 位均置 1；发送端收到 SYN/ACK 位均置 1 的报文，确认接收端可建立连接请求，回应报文后，将报文的 ACK 位置 1，确认 TCP 连接建立。此后，应用程序将监控连接所分配的端口号以便数据通信。 6．请描述 TCP 释放连接的过程和交互报文的特点。 答：TCP 释放连接的四次挥手过程为“FIN”→“ACK”→“FIN”→“ACK”的交互过程。 第一步，当发送端无数据发送时，则发送中断连接请求的 FIN 报文，将报文的 FIN 位置 1。 第二步，接收端在接收中断请求报文后，进入关闭等待状态 1，向发送端回应 ACK 报文（报文 ACK 位置 1），如接收端仍有数据传送则继续发送数据，接收端在发送完数据后再发送中断连接 FIN 报文。 第三步，发送端收到 ACK 位置 1 的报文进入关闭等待状态 2，等待接收方继续发送数据直至收到接收端的 FIN 报文，发送端发送中断确认 ACK 报文，发送端中断连接。 第四步，接收端收到中断确认 ACK 报文，连接中断。释放本端应用程序占用的资源及端口。 7．TCP 通过什么机制保证数据传输的可靠性？ 答：TCP 通过面向连接的过程，以及确认响应和重传机制保证数据传输的可靠性。 8．TCP 通过什么机制实现流量控制？ 答：TCP 通过滑动窗口实现流量控制。 9．什么是 TCP 滑动窗口和可用窗口？ 答：TCP 滑动窗口是指由接收端发送的可用窗口而确定的发送端动态滑动窗口。滑动窗口包括已发送待确认数据段和待发送数据段，待发送数据段大小又称为可用窗口。		

2.9 ICMP

<table>
<tr><td>课程名称</td><td>ICMP</td><td>章节</td><td>2.9</td></tr>
<tr><td>课时安排</td><td>1 课时</td><td>教学对象</td><td></td></tr>
<tr><td>教学建议
及过程</td><td colspan="3">

教学建议：

本章节授课时长建议安排为 1 课时，采用翻转课堂形式授课，培养学生的自主学习能力和学习积极性，并以教学互动的形式考查学生课前预习的效果。

教学过程：

Step 1，课堂中介绍 ICMP 报文的作用、报文格式、常见类型及代码字段的定义，加深学生对 ICMP 中 Ping 请求和响应报文中的类型（type）、代码（code）字段的理解和掌握。

Step 2，需重点介绍 ICMP 中 Ping 和 Traceroute 的实现原理及作用。强调 Ping 的主要功能是探测目标网络是否可达，Traceroute 用于探测到达目标网络所经过的网络节点（结合教学互动问题 4 及教学案例 1）。

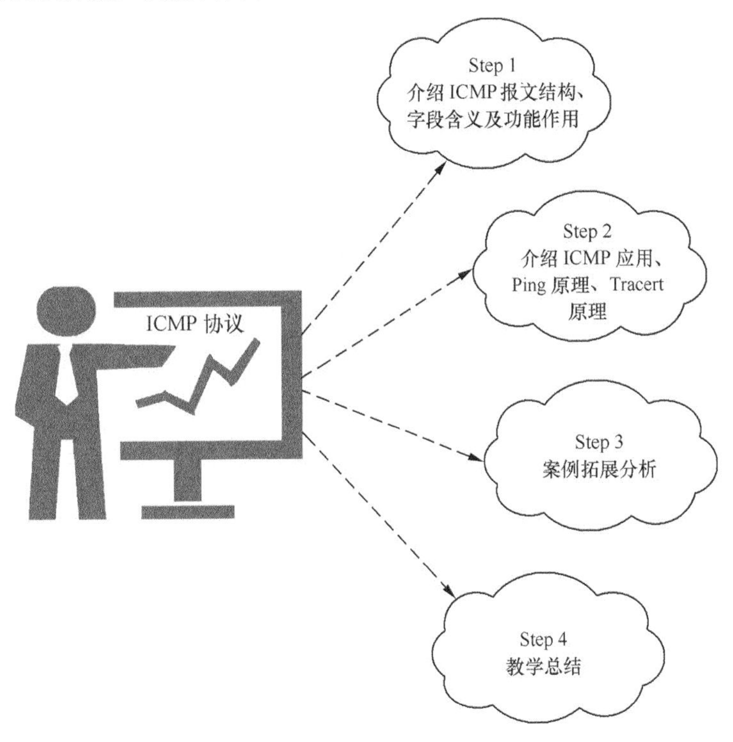

Step 3，结合教学案例分析中的两个实用案例，提升学生对 ICMP 的理解和解决分析问题的能力。

Step 4，完成教学互动及案例分析后，做课堂总结，概括 ICMP 知识要点。

</td></tr>
</table>

续表

课程名称	ICMP	章节	2.9
课时安排	1 课时	教学对象	
学生课前准备	1. 布置学生课前预习本章节的内容，使学生提前了解链路状态路由协议适用的网络类型、协议使用范围、版本号等知识。 2. 课前预习考核方式：课堂中针对教学互动知识点或其他类似知识点对学生进行随机点名抽查，记录抽查效果。		
教学目的与要求	通过本章节的学习，需要学生了解掌握以下两个知识点： 1. 掌握 Ping 原理； 2. 掌握 Traceroute 原理。		
章节重点	ICMP 作用、ICMP 报文结构、ICMP 报文字段代码、Ping 过程原理。		
章节难点	Traceroute 原理。		
教学资源	PPT、教案等。		
教学互动	**问题 1：ICMP 在计算机网络中的作用是什么？** ICMP（Internet Control Message Protocol，Internet 控制报文协议）。ICMP 是 TCP/IP 协议簇中的一个子协议，在 IP 主机、路由器之间传递控制消息。控制消息是指网络是否通畅、主机是否可达、路由是否可用等网络本身的消息。这些控制消息虽然并不传输用户数据，但是对于用户数据的传递起着重要的作用。 ICMP 是一种面向无连接的协议（一般采用 UDP 封装），用于传输出错报告控制信息。 **问题 2：Ping 请求报文对应的 type 和 code 值分别为多少？** Ping 请求报文的 type 值为 8、code 值为 0。 **问题 3：Ping 响应报文对应的 type 和 code 值分别为多少？** Ping 请求报文的 type 值为 0、code 值为 0。 **问题 4：Ping 命令有什么作用？请描述 Ping 交互的过程。** Ping 属于 ICMP 控制协议命令，在 Ping 后加目的 IP 地址，可用于测试目的 IP 地址是否可达，通过 Ping 结果（是否可达及时延大小），网络管理人员可大致判断网络的运行状况。 Ping 报文交互流程如图 2-28 所示。当主机 A 需要检测主机 B 是否可达及网络时延时，主机 A 发送 echo request 单播查询报文（type=8，code=0），中间 Internet 收到该报文时，解析报文的目的 IP 地址，通过路由寻址查找出接口和下一跳，最终将报文转发给主机 B。主机 B 收到 echo request 报文后，向主机 A 发送 echo reply 报文（type=0，code=0）。主机 A 在收到主机 B 的 echo reply 报文后，确认主机 B 可达。同时，通过 request 报文和 reply 报文携带的时间戳，计算出网络的时延，网络时延=(echo reply 时间戳- echo reply 时间戳）/2。		

续表

<table>
<tr><td>课程名称</td><td>ICMP</td><td>章节</td><td>2.9</td></tr>
<tr><td>课时安排</td><td>1 课时</td><td>教学对象</td><td></td></tr>
<tr><td>教学互动</td><td colspan="3">
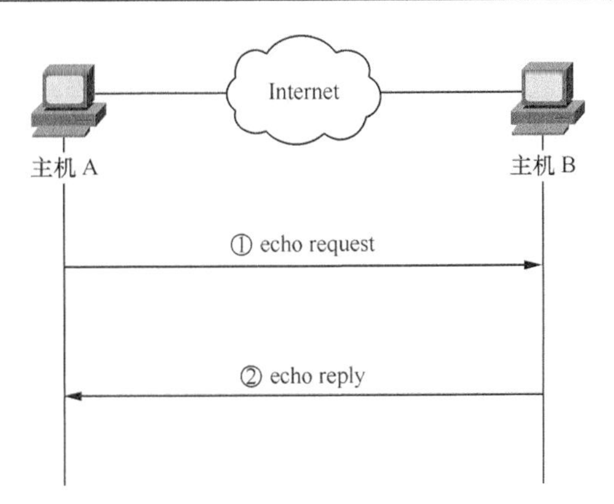

图 2-28　Ping 交互过程

问题 5：Traceroute 命令有什么作用？

Traceroute 命令被用于探测目标 IP 地址的距离跳数，或当目标 IP 地址不可达时用于检测网络断点情况。
</td></tr>
<tr><td>教学案例分析</td><td colspan="3">
1．Traceroute 过程原理：假设主机 A 和 DNS 服务器间有 3 台路由器，从主机 A Traceroute DNS 服务器。

报文示意如图 2-29 所示，交互流程如下。

① 主机 A 连续发送三个 TTL=1 的 ICMP echo request 报文，目的地址为 114.114.114.114，当转发节点 1 收到该报文后，将报文的 TTL 值减 1，因报文的 TTL 值变 0，则丢弃该查询报文，同时向主机 A 发送 Time-to-live exceeded（TTL exceeded）报文，主机 A 获取第一个转发节点地址。

② 主机 A 连续发送三个 TTL=2 的 ICMP echo request 报文，目的地址为 114.114.114.114，当转发节点 1 收到该报文后，将报文的 TTL 值减 1，通过路由寻址转发报文至转发节点 2；当转发节点 2 收到该报文后，将报文的 TTL 值减 1，因报文的 TTL 值变 0，则丢弃该查询报文，同时向主机 A 发送 TTL exceeded 报文，主机 A 获取第二个转发节点地址。

③ 主机 A 连续发送三个 TTL=3 的 ICMP echo request 报文，目的地址为 114.114.114.114，当转发节点 1 收到该报文后，TTL 值减 1 后，通过路由寻址报文将发送给转发节点 2；转发节点 2 收到该报文后，将报文的 TTL 值减 1，通过路由寻址转发报文至下一个转发节点 3；当转发节点 3 收到该报文后，将报文的 TTL 值减 1，因报文的 TTL 值变 0，则丢弃该查询报文，同时向主机 A 发送 TTL exceeded 报文，主机 A 获取第三个转发节点地址。
</td></tr>
</table>

续表

课程名称	ICMP	章节	2.9
课时安排	1 课时	教学对象	

教学案例分析

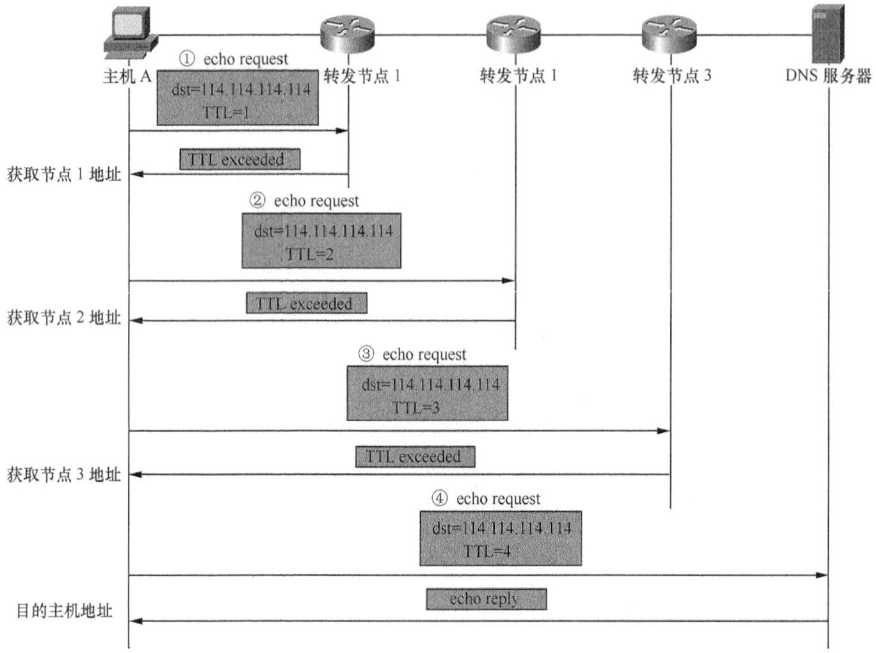

图 2-29　Traceroute 报文交互过程

④ 主机 A 连续发送三个 TTL=4 的 ICMP echo request 报文，目的地址为 114.114.114.114，转发节处理流程如上述 3 个步骤，最后报文转发至 DNS 服务器。DNS 服务器在接收 echo request 报文后，分别解析以太网报文头部和 IP 头部确认报文发回给 DNS 服务器，最后向主机回送 echo reply 报文。主机 A 接收到 DNS 服务器的 echo reply 报文后，获取所有的转发节点信息，并停止发送 echo request 查询报文，流程完毕。

当中间转发节点增多的情况下，主机发送 echo request 报文的机制类似，TTL 值增加直至收到目的回应报文。如果 TTL 增加到 255，仍未收到目的主机的回应报文，最后返回结果将提示目标地址超时。

图 2-30 所示在 PC 终端显示 tracert 114.114.114.114 结果。

```
C:\Users\Administrator>tracert 114.114.114.114
通过最多 30 个跃点跟踪
到 public1.114dns.com [114.114.114.114] 的路由:
  1     6 ms     4 ms     5 ms  172.18.18.1
  2     7 ms    17 ms    10 ms  100.64.0.1
  3   425 ms    24 ms    78 ms  161.185.37.59.broad.dg.gd.dynamic.163data.com.cn [59.37.185.161]
  4     8 ms    14 ms     *     202.105.158.50
  5     *        *        *     请求超时。
  6   180 ms    32 ms    41 ms  222.190.59.62
  7     *        *        *     请求超时。
  8    37 ms    27 ms    27 ms  public1.114dns.com [114.114.114.114]
```

图 2-30　PC 终端显示的信息

续表

<table>
<tr><td>课程名称</td><td>ICMP</td><td>章节</td><td>2.9</td></tr>
<tr><td>课时安排</td><td>1 课时</td><td>教学对象</td><td></td></tr>
<tr><td>教学案例分析</td><td colspan="3">
总结：Traceroute 命令结果显示为本机到目标 IP 地址所经过的路由节点，可判断本机离目标 IP 地址的距离跳数。

2．如果你是学校的网络管理人员，某天有学生反馈无法访问互联网，你该如何快速定位哪个网络节点出现了故障（网络攻击的情况除外，网络示意如图 2-31 所示）？

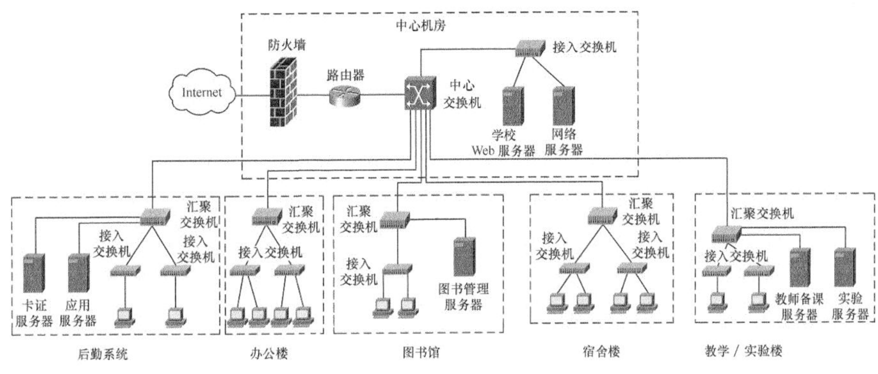

图 2-31　校园网示意

首先，判定故障范围。如果是个例问题，有可能是学生电脑问题或网络问题，可通过查看确定网络连接状态是否正常。如果网络连接状态异常，则说明是网卡问题或网线问题，可通过更换网线快速定位是网卡还是网络问题。

其次，如果确认是大面积故障。此时，可在测试终端中 Ping 网关，确认网关地址是否可达。如果网关地址不可达，问题为网关设备问题或终端至网关间的链路故障。如果网关地址可达，则排除网关设备及以内的链路问题，需要继续定位是否为网关上层设备的问题。

最后，如果确认问题在网关上层设备，可在终端设备 Traceroute（或 tracert）一个外网 IP 地址（如 IP 地址 114.114.114.114）。通过 Traceroute 确认从什么节点开始反馈“* * *”结果，由此可大致确认网关的断点发生在什么设备上。
</td></tr>
<tr><td>教学内容总结</td><td colspan="3">本章节主要介绍 ICMP 的功能。ICMP 的常见应用有 Ping 和 Traceroute。Ping 用于检测定位目的网络是否可达，进而可判定网络中是否存在故障或丢包问题。Traceroute 用于检测到目的网络经过的转发设备，一般用于确认目标网络的距离（非实际线路距离）等。Ping 和 Traceroute 工作原理和使用方法是学习计算机网络必须掌握的知识。</td></tr>
<tr><td>参考答案</td><td colspan="3">1．请详细描述 Ping 报文交互流程及其报文对应的 type 字段？

答：如主机 A 需要检测主机 B 是否可达时，主机 A 发送 echo request 单播查询报文（type=8，code=0），中间互联网收到该报文后，解析报文的目的 IP 地址，通过路由寻址</td></tr>
</table>

续表

<table>
<tr><td>课程名称</td><td>ICMP</td><td>章节</td><td>2.9</td></tr>
<tr><td>课时安排</td><td>1 课时</td><td>教学对象</td><td></td></tr>
<tr><td>参考答案</td><td colspan="3">

查找出接口和下一跳，最终将报文转发给主机 B。主机 B 收到 echo request 报文后，向主机 A 发送 echo reply 报文（type=0，code=0）。主机 A 收到主机 B 的 echo reply 报文后，确认主机 B 可达。从上述流程可知，Ping 过程涉及 echo request 和 echo reply 两类报文，交互过程如图 2-32 所示。

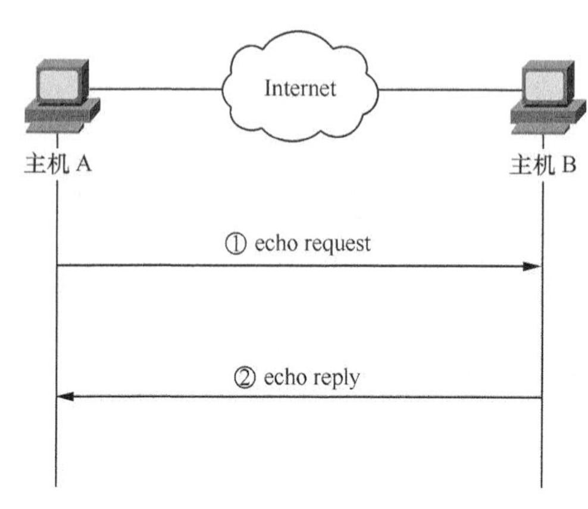

图 2-32　Ping 交互过程

2．在网络设备中执行 Traceroute 的特定 IP 地址，显示的结果是什么？

答：Traceroute 显示的结果是中间转发设备的 IP 地址，即报文到目标设备经过的转发节点。

3．请描述 Traceroute 过程的原理。

答：Traceroute 探测原理为：首先目的主机/网络发送三个 TTL=1 的请求报文，第一个转发节点收到该报文后，将把报文的 TTL 减 1，当报文的 TTL 值为 0 以后，转发节点将丢弃该报文，同时产生一个主机不可达的 ICMP 数据报给主机，此时主机记录显示的第一个转发节点的 IP 地址；主机收到这个数据报以后再发三个 TTL=2 的 UDP 数据报给目的主机/网络，当请求报文转发至第二个转发节点后，报文的 TTL 值变为 0，转发节点丢弃该报文，同时产生一个主机不可达的 ICMP 数据报给主机，此时主机记录第二个节点的 IP 地址。如此往复，直至到达目的主机，这样 Traceroute 就学习到了所有的转发节点的 IP 地址。

4．为什么会出现可 Ping 通目标 IP 地址，而执行 Traceroute 目标 IP 地址后，却无法显示具体的转发节点的 IP 地址？

答：对于电信运营商而言，其城域网设备（路由器、BRAS：宽带业务接入服务器）都暴露在外网环境中，如果用户恶意采用 Traceroute 扫描转发节点 IP 地址信息会发引网络攻击，进而可能会引起网络故障。因此，当网络设备配置安全策略后，可以屏蔽 traceroute 扫描结果。

</td></tr>
</table>

2.10 地址解析协议（ARP）

<table>
<tr><td>课程名称</td><td>地址解析协议（ARP）</td><td>章节</td><td>2.10</td></tr>
<tr><td>课时安排</td><td>1 课时</td><td>教学对象</td><td></td></tr>
<tr><td>教学建议
及过程</td><td colspan="3">

教学建议：

本章节授课时长建议安排 1 课时，采用翻转课堂形式授课，培养学生的自主学习能力和学习积极性，并以教学互动的形式考查学生课前预习的效果。

教学过程：

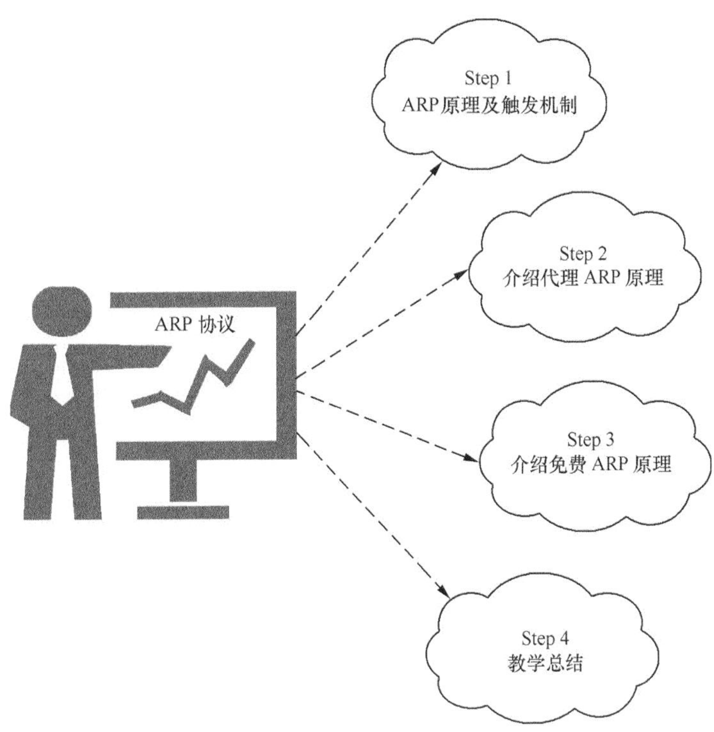

Step 1．重点介绍 ARP 的实现原理及作用，在什么情况下网络设备会触发 ARP 请求（结合教学互动问题 1）。

Step 2．介绍代理 ARP 的作用，在什么情况下网络设备会使用代理 ARP。代理 ARP 在 PON 网络中使用频繁，建议介绍其触发原因（如教学内容及互动问题 1，重点讲解教学案例分析 2）。

Step 3．简单介绍免费的 ARP 功能和使用场景（如教学内容问题 3）。

Step 4．完成教学互动及案例分析后进行课堂总结，概括本章节要点。

</td></tr>
<tr><td>学生课前
准备</td><td colspan="3">1．布置学生课前预习本章节的内容，使学生提前了解链路状态路由协议适用的网络类型、协议使用范围、版本号等知识。</td></tr>
</table>

续表

<table>
<tr><td>课程名称</td><td>地址解析协议（ARP）</td><td>章节</td><td>2.10</td></tr>
<tr><td>课时安排</td><td>1 课时</td><td>教学对象</td><td></td></tr>
<tr><td>学生课前准备</td><td colspan="3">2. 课前预习考核方式：课堂中针对教学互动知识点或其他类似知识点对学生进行随机点名抽查，记录抽查效果。</td></tr>
<tr><td>教学目的与要求</td><td colspan="3">通过本章节的学习，需要学生了解掌握以下知识点：
1. 掌握 ARP 报文的交互原理和作用；
2. 了解代理 ARP 的作用；
3. 了解免费 ARP 的作用。</td></tr>
<tr><td>章节重点</td><td colspan="3">ARP 原理及作用、免费 ARP 及作用、代理 ARP 及作用、反向 ARP。</td></tr>
<tr><td>教学资源</td><td colspan="3">PPT、教案等。</td></tr>
<tr><td>知识点结构导图</td><td colspan="3"> 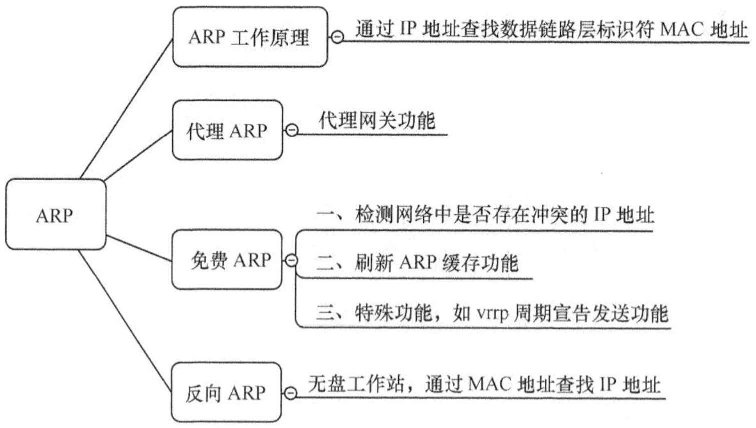ARP
ARP 工作原理：通过 IP 地址查找数据链路层标识符 MAC 地址
代理 ARP：代理网关功能
免费 ARP：一、检测网络中是否存在冲突的 IP 地址；二、刷新 ARP 缓存功能；三、特殊功能，如 vrrp 周期宣告发送功能
反向 ARP：无盘工作站，通过 MAC 地址查找 IP 地址</td></tr>
<tr><td>教学互动</td><td colspan="3">问题 1：地址解析协议（ARP）的作用？
由 TCP/IP 协议栈的内容可知，计算机进行通信的信息被封装在固定格式的报文中。报文经过网络层和数据链路层封装时，必须填充目的 IP 地址和目的 MAC 地址。通信的计算机在初始时刻，没有记录目的 IP 地址和目的 MAC 地址的关系表项，需要通过 ARP 报文来获取 IP 地址和 MAC 地址的对应关系。
简单地说，应用程序触发 ARP 报文交互，获取目的 IP 地址和目的 MAC 地址的对应表项，并进行报文封装。
问题 2：什么是代理 ARP？
代理 ARP 也称为 arp-proxy，它一般配置在网络的出口设备中，当局域网中的主机未指定网关时，代理 ARP 设备收到 ARP 请求时，将统一回复 ARP 响应报文（将自己的 MAC 地址和对应的目标 IP 地址绑定）。此时主机发送到目的 IP 地址的报文均由代理网关设备转发。
代理 ARP 一般被用在局域网中，尤其在 PON 接入网络中使用较多。</td></tr>
</table>

续表

课程名称	地址解析协议（ARP）	章节	2.10
课时安排	1 课时	教学对象	

教学互动

问题 3：免费 ARP 的定义。

主机或网络设备定期向外发送以自己的 IPv4 地址作为目标地址的特定 ARP 请求报文，这种报文被称为免费 ARP 报文。

免费 ARP 报文主要检测网络中是否存在冲突的 IP 地址及向网络中及时刷新对应的 ARP 或 MAC 地址表项。

问题 4：简单介绍 ARP 报文结构（建议由老师讲解）。

ARP 报文结构如图 2-33 所示（请注意，该结构只是 ARP 报文的结构，不包含以太网报文头）。

32 位

8	8	8	8
硬件类型		协议类型	
硬件地址长度	协议地址长度	操作	
发送者硬件地址（第 0 至 3 个 8 位组字节）			
发送者硬件地址（第 4 至 5 个 8 位组字节）		发送者 IP 地址（第 0 至 1 个 8 位组字节）	
发送者 IP 地址（第 2 至 3 个 8 位组字节）		目标硬件地址（第 0 至 1 个 8 位组字节）	
目标硬件地址（第 2 至 5 个 8 位组字节）			
目标 IP 地址			

图 2-33　ARP 报文结构

硬件类型（Hardware Type）指定了硬件的类型，计算机网络发展至今，其常见的代码为 1（以太网）和 6（IEEE 802 网络）。

协议类型（Protocol Type）指定了发送 ARP 报文设备映射到数据链路标识符的网络协议类型，IP 报文对应为 0x0800。

硬件地址长度（Hardware Address Length）指数据链路标识符的长度（MAC 地址），单位为 8 位组（1 个字节），MAC 地址长度为 6 个字节。

协议地址长度（Protocol Address Length）指网络层地址长度，单位是 8 位组（1 个字节）。IPv4 地址的长度为 4。

操作（Operation）指明一个数据包是 ARP 请求报文（操作码为 1）、ARP 响应报文（操作码为 2）、反向请求 ARP 报文（操作码为 3）、反向响应 ARP 报文（操作码为 4）、反转 ARP 请求报文（操作码为 8）或反转 ARP 响应报文（操作码为 9）。

续表

<table>
<tr><td>课程名称</td><td>地址解析协议（ARP）</td><td>章节</td><td>2.10</td></tr>
<tr><td>课时安排</td><td>1 课时</td><td>教学对象</td><td></td></tr>
<tr><td>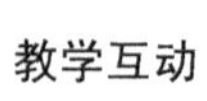
教学互动</td><td colspan="3">

发送者的硬件地址（Sender MAC Address）指发送ARP报文的数据链路标识符（MAC地址），长度为6个字节。图2-33为了显示方便、以4个字节为单位一行显示，将发送者的硬件地址、发送者的IP地址、目标硬件地址、目标IP地址进行了显示拆分，实际报文是串行传送，请不要理解错误。

发送者IP地址（Sender IP Address）指发送者的IPv4地址，地址长度为4个字节。

目标硬件地址（Target MAC Address）指发送或响应时的目标数据链路标识符，长度为6个字节，请求报文的目标硬件地址为0000-0000-0000，响应报文的目标硬件地址为真实的目标链路标识符（MAC 地址）。此处 ARP 请求报文内部的目标硬件地址为0000-0000-0000和以太网封装的目标MAC地址不是同一概念，需要注意。

目标IP地址（Target IP Address）指目标IPv4地址，长度为4个字节。

1. 请问在图2-34所示的组网中，SW1和SW2为LAN交换机，交换机间通过路由互联。如果PC1和PC3的ARP表项为空。从PC1 Ping PC3的地址，请问PC3能否收到PC1始发的ARP报文？为什么？

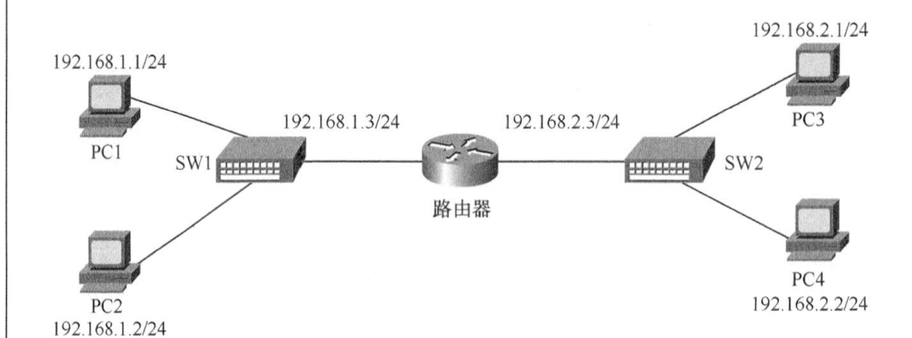

图 2-34　组网连接

不能。因为PC1的IP地址为192.168.1.1/24，PC3的地址为192.168.2.1/24，它们的IP地址不在同一网段内。所以在PC1发起Ping请求时，确认目的地址不是本网段地址，PC1将发送请求网关192.168.1.3的ARP请求报文（PC1中进行路由查找，确认下一跳为网关IP地址，所以触发网关ARP请求）。网关设备（路由器）收到发给自己的ARP请求，所以不会将ARP请求再转发给其他网段设备。

但是网关设备收到 Ping 报文后，通过路由匹配查找下一跳和出接口后，需要发送ARP请求报文查询下一跳对应的MAC地址，并发送ARP请求报文。但此时的ARP请求报文的始发设备已是路由器了，不再是始发设备PC1了。

2. 图2-35是电信运营商组建的PON接入网络，OLT内部相同的VLAN间IP业务是相互隔离的（OLT是一种特殊的以太网二层设备，类似于二层交换机，OLT内部相同

</td></tr>
</table>

续表

<table>
<tr><td>课程名称</td><td>地址解析协议（ARP）</td><td>章节</td><td>2.10</td></tr>
<tr><td>课时安排</td><td>1 课时</td><td>教学对象</td><td></td></tr>
<tr><td>教学案例分析</td><td colspan="3">的 VLAN 间业务是隔离的）。假如 OLT 下有两个 PON 接口配置了相同的 VLAN 10，两台 ONU 下分别接了两台智能 IP 电话，ONU 中配置 H.248 协议（一种 VOIP），实现电话终端在语音网关的注册。如果这两台电话间要实现通信，怎么解决 OLT 内部转发隔离的问题呢？

已知：ONU 配置 H.248 协议后，终端拨打电话业务流分为信令流和媒体流。信令流是 ONU 和语音网关间的控制信号；媒体流是电话终端间直接通信的话音信号。

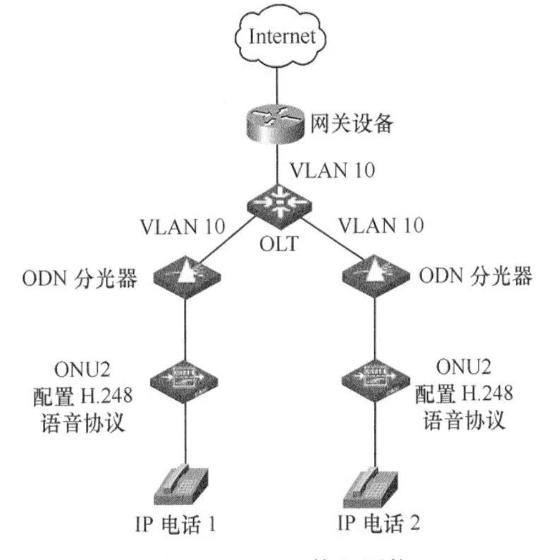

图 2-35　PON 接入网络

如图 2-36 所示，因 OLT 的特性决定了相同 VLAN 内的报文不能二层互通，导致两台 ONU 下挂的电话终端间的语音媒体流是相互隔离的，不能互相通信（当两台 ONU 配置的 VOIP 媒体的 IP 地址是同一网段内的地址，语音媒体流直接在 ONU 间交互，而不需要经过媒体网关设备处理。如果不进行特殊处理，OLT 限制了相同 VLAN 内的报文通信，导致电话通信无法正常进行）。

此时，为了保证 ONU 和 ONU 间承载的业务可正常通信，可以在网关设备中配置代理 ARP。此后，ONU1 发送 ARP 请求解析 ONU2 的媒体 MAC 地址报文被网关设备收到后，网关回应自己的 MAC 地址给 ONU1；同样，ONU2 发送 ARP 请求解析 ONU1 的媒体 MAC 地址报文被网关设备收到后，网关回应自己的 MAC 地址给 ONU2。所以，ONU1 发往 ONU2 的业务报文先转发至网关设备，然后由网关设备再次转给 ONU2，以此实现业务互通，如图 2-37 所示。

总结：代理 ARP 机制通过网关设备回应自己的 MAC 地址给请求设备，使报文发送给网关设备，然后由网关设备转发处理。在原理上，代理 ARP 引导报文转发，类似于三层路由功能。</td></tr>
</table>

续表

<table>
<tr><td>课程名称</td><td>地址解析协议（ARP）</td><td>章节</td><td>2.10</td></tr>
<tr><td>课时安排</td><td>1 课时</td><td>教学对象</td><td></td></tr>
<tr><td>教学案例分析</td><td colspan="3">
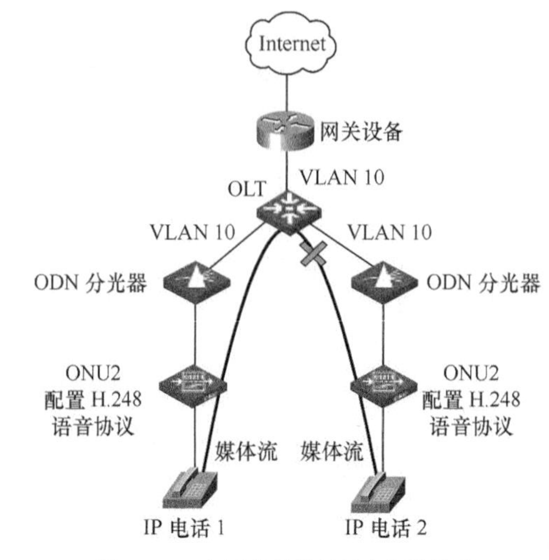

图 2-36　电话终端间的语音媒体流

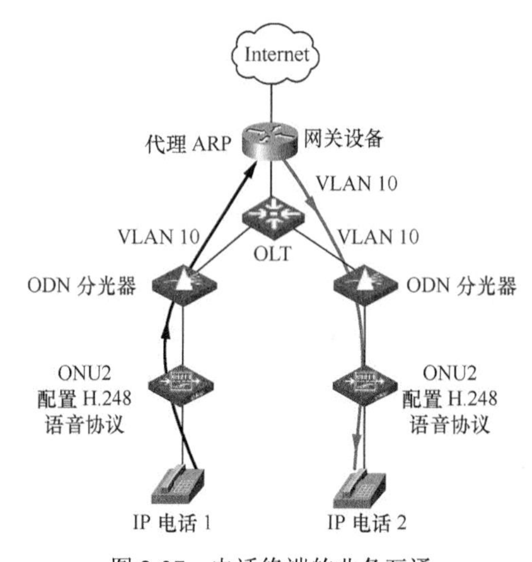

图 2-37　电话终端的业务互通
</td></tr>
<tr><td>教学内容总结</td><td colspan="3">
在 IPv4 网络中，ARP 报文无处不在。ARP 报文用于确认目的 IP 地址和链路层标识符 MAC 地址的对应关系。设备或主机在进行封装报文时，需要查找 ARP 表以填充以太首部 MAC 地址字段。如果在查找 ARP 表项时，没有匹配的 ARP 表项则会触发 ARP 请求报文，由网段内目标主机或网关回应 ARP 请求。可以说，设备或主机由应用程序触发 ARP 请求。

ARP 的延伸有免费 ARP、代理 ARP 及反向 ARP。免费 ARP 主要检测网络中是否存在冲突地址，同时向外主动宣告 ARP 的关系。代理 ARP 在出口路由器充当默认网关功能。反向 ARP 要通过 MAC 地址主动查询 IP 地址的关系，目前应用较少。
</td></tr>
</table>

续表

课程名称	地址解析协议（ARP）	章节	2.10
课时安排	1 课时	教学对象	

参考答案

1．请描述图 2-38 组网中，终端 A Ping 终端 B 的报文完整交互过程。

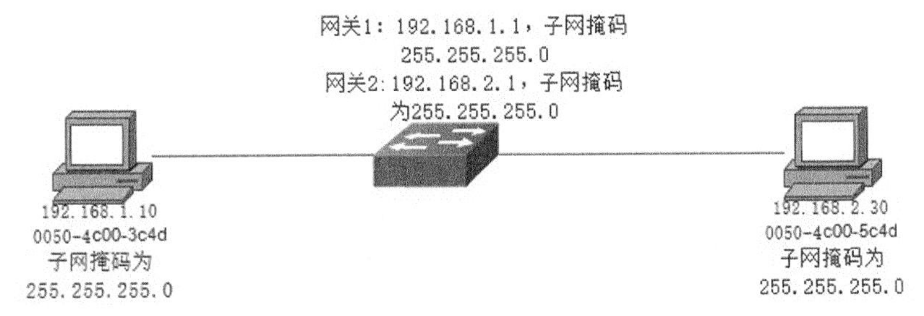

图 2-38　终端组网连接示意

答：① 终端 A 触发 ARP 广播请求报文，请求网关 192.168.1.1 的 MAC 地址。

② 网关收到 ARP 请求后，通过解析报文的目的 IP 地址，确认报文发给自己，将源 IP 地址和源 MAC 地址的对应表项，加入到 ARP 缓存中。然后封装 arp reply 单播报文，将报文源 MAC 地址设置为网关接口 MAC 地址、源 IP 地址设置为网关 IP 地址、目的 IP 地址为 192.168.1.10、目的 MAC 地址为终端 A 的 MAC 地址，然后将 arp reply 报文通过网卡发送到对应的链路并传送到终端 A 中。

③ 终端 A 收到网关的 arp reply 报文，解析报文的源 IP 地址和源 MAC 地址，将对应关系记录到 ARP 缓存中。然后发送 Ping 请求（icmp-request）报文，icmp-request 报文封装目的地址为 192.168.2.30、目地 MAC 地址为网关 192.168.1.1 的 MAC 地址，然后通过网卡发送到线路中传输给网关。

④ 网关收到 icmp-request 报文后，解析二层报文头的目的 MAC 地址及类型（type）字段，确认报文为 IPv4 报文，然后上送 IP 层处理。IP 层通过解析报文的目的地址确认报文是发送给其他设备的，然后在路由表中查找路由。确认出接口为直连接口，然后触发 ARP 学习（假设交换机中没有终端 B 的 ARP 表项），查找目的地址 192.168.2.30 的 MAC 地址。

⑤ 终端 B 接收到网关发送的 ARP 请求，确认报文是发送给自己的，然后回应 ARP reply 报文。

⑥ 网关收到终端 B 发送的 ARP reply 报文后，解析该 ARP replay 报文，将对应源 IP 地址和源 MAC 地址的关系加入到 ARP 缓存中。网关转发 icmp-request 报文，并将报文的 TTL 值减 1，然后替换二层报文头源 MAC 地址和目的 MAC 地址，将源 MAC 地址替换为网关 192.168.2.1 的接口 MAC 地址、目的 MAC 地址为终端 192.168.2.30 的 MAC 地址，完成 MAC 地址替换后，将报文通过网卡发送到对应链路并传送到终端 B。

续表

课程名称	地址解析协议（ARP）	章节	2.10
课时安排	1 课时	教学对象	
参考答案	⑦ 终端 B 接收到的 ICMP request 报文后，解析二层报文头的目的 MAC 地址，确认报文是发送给自己的，然后上送 IP 层处理，经 IP 层处理后，确认为 ICMP-request 报文后，回送 icmp-reply 报文，将报文的目的 MAC 地址设置为网关的 MAC 地址，目的地址为 192.168.1.10，通过网卡发送到对应的链路并传送到网关设备。 ⑧ 网关接收到 icmp-reply 报文后，解析目的 IP 地址确认报文不是发给本设备的后，进行路由查找，确认转发接口为直连接口（终端 A 直连至网关设备），然后将 icmp-reply 报文的 TTL 值减 1，将二层报文头的源 MAC 地址替换为网关 192.168.1.1 的 MAC 地址、目的 MAC 地址为 192.168.1.10（查换之前建立的 ARP 表项而得），然后将报文通过网卡发送到对应的链路并传送到终端 A。 ⑨ 终端 A 接收到 icmp-reply 报文，解析二层帧头部的目的 MAC 地址确认报文是发送给本网卡的，然后通过类型字段将报文上送至 IP 层，交由 IP 层处理，通过接收的 ICMP 报文的类型、代码确认为 ICMP-reply 报文，确认 Ping 正常，显示 Ping 测试结果。然后重复 3 次发送请求报文（过程不再重复描述）。 2．在 PC 终端中如何查看 ARP 表项？ 答：在运行下执行 CMD，打开 DOS 窗口；然后输入命令 arp -a 后，执行回车命令，则可查询 PC 中的 arp 表项。 3．在 PC 终端中如何清除 ARP 表项？ 答：在运行下执行 CMD，打开 DOS 窗口；然后输入命令 arp -d 后，执行回车命令，则可清除 PC 中的 arp 表项。 4．请描述免费 ARP 的作用。 答：ARP 的作用是检查网络是否存在重复的 IP 地址、自动刷新 ARP 表项以及应用于某些协议。网关设备会定期向外免费通告 ARP 报文。 5．请描述代理 ARP 的作用。 答：当网络中的设备没有指定出口网关时，在路由器设备（或其他三层设备）配置代理 ARP 后，可由路由器充当网关功能，路由器收到 ARP 请求报文后，把自己的 MAC 地址充当其他设备的 MAC 地址并回应 ARP 请求。此后，所有的报文将发送到代理路由器设备上，实现业务转发。 6．代理 ARP 一般配置在什么设备上？ 答：一般配置在局域网的出口路由器或网关设备上。 7．请简单描述反向 ARP 报文的作用。 答：反向 ARP 根据源设备的 MAC 地址通过广播获取 IP 地址。		

2.11 DNS 域名解析服务

<table>
<tr><td>课程名称</td><td>DNS 域名解析服务</td><td>章节</td><td>2.11</td></tr>
<tr><td>课时安排</td><td>1 课时</td><td>教学对象</td><td></td></tr>
<tr><td>教学建议
及过程</td><td colspan="3">

教学建议：

本章节授课时长建议安排为 1 课时，采用翻转课堂形式授课，培养学生的自主学习能力和学习积极性，并以教学互动的形式考查学生课前预习的效果。

教学过程：

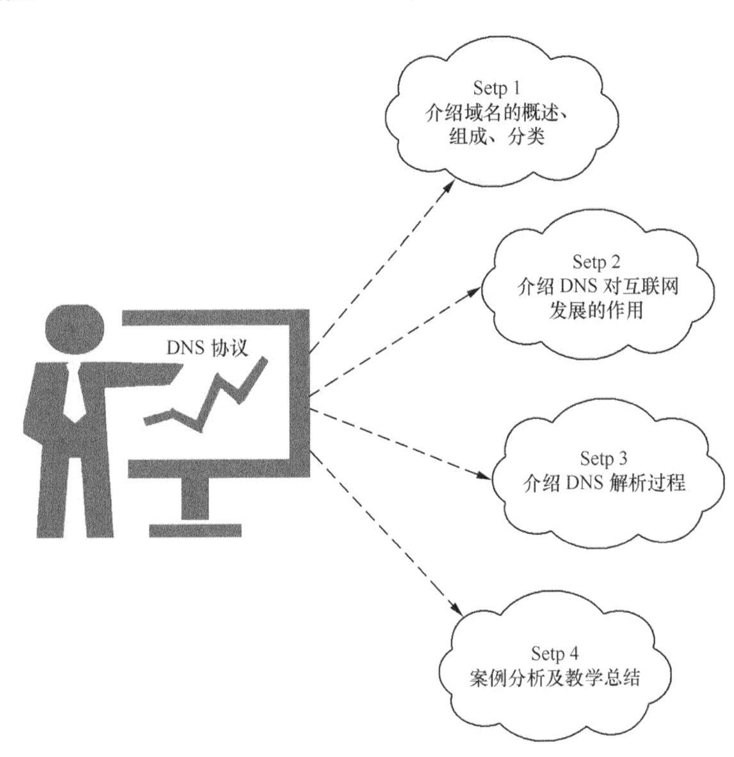

Step 1．在教学过程中应结合互联网的发展引入域名的概念及组成，介绍域名的四级组成结构，常用的顶级域名（如教学互动问题 3）。

Step 2．介绍使用域名给互联网应用发展带来的好处（如教学互动问题 1）。

Step 3．结合教学互动问题 5 介绍 DNS 服务器的类型、分类及 DNS 解析的详细过程。结合《IUV-计算机网络基础与应用》介绍 DNS 解析原理及 DNS 或网络故障判断方法。

Step 4．完成教学互动及案例分析后进行课堂总结，概括 DNS 要点。

</td></tr>
</table>

续表

课程名称	DNS 域名解析服务	章节	2.11
课时安排	1 课时	教学对象	
学生课前准备	1．布置学生课前预习本章节的内容，使学生提前了解 3 个方面的知识点：域名产生的原因、域名的组成及层级、DNS 解析原理。 2．课前预习考核方式：教师在课堂中针对教学互动知识点或其他类似知识点对学生进行随机点名抽查，记录抽查效果。		
教学目的与要求	通过本章节的学习，需要学生了解掌握以下知识点： 1．了解域名（Domain Name）产生的原因； 2．掌握域名的层级结构； 3．掌握几种常用域名； 4．掌握 DNS 解析原理； 5．了解本地 DNS 服务器和根 DNS 服务器的概念。		
章节重点	域名及组成格式、常见顶级域名、二级域名、三级域名、DNS 根节点。		
章节难点	DNS 解析过程。		
教学资源	PPT、教案等。		
知识点结构导图	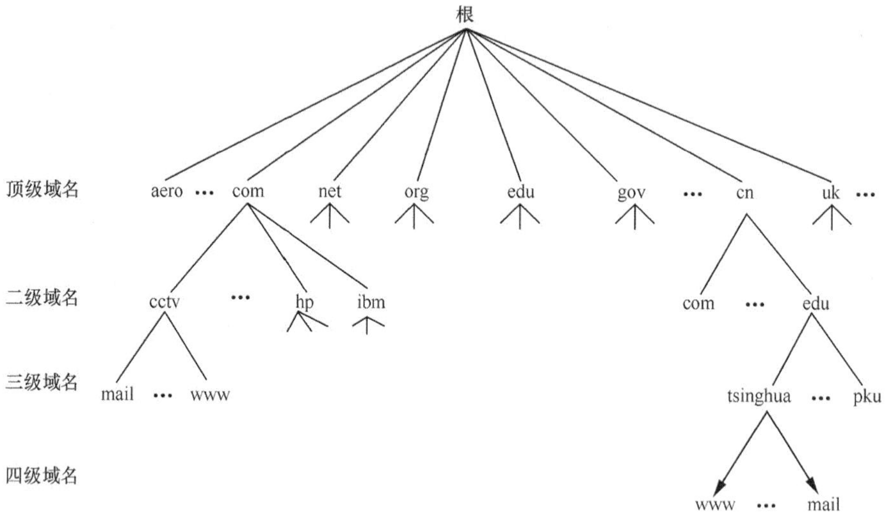 根 顶级域名　aero … com　net　org　edu　gov … cn　uk … 二级域名　cctv … hp　ibm　com … edu 三级域名　mail … www　tsinghua … pku 四级域名　www … mail		
教学互动	**问题 1：为什么在互联网中需要使用域名？** 首先，IP 地址空间大太，服务应用对应的 IP 地址没有规律可言，难以记忆； 其次，应用服务和 IP 地址没有必然的关系； 最后，域名将网络服务应用以特殊的名称显示，可实现域名和应用服务器的关联，方便人们使用。		

续表

<table>
<tr><td>课程名称</td><td>DNS 域名解析服务</td><td>章节</td><td>2.11</td></tr>
<tr><td>课时安排</td><td>1 课时</td><td>教学对象</td><td></td></tr>
<tr><td>教学互动</td><td colspan="3">

问题 2：域名由几部分组成？

域名由四级域名、三级域名、二级域名和顶级域名 4 个部分组成，各级域名以符号“.”相连。二级域名和顶级域名格式固定，三、四级域名由字母、数字或“_”符号组成。

问题 3：常见的顶级域名有哪些？

常见的顶级域名有.cn、.com、.us、.uk、.net、.org、.edu 等。

问题 4：有几种类型的 DNS 服务器？

DNS 服务器分为本地 DNS 服务器、根 DNS 服务器和专有 DNS 服务器。

问题 5：举例说明客户端访问 www.163.com DNS 服务器报文交互的过程，如图 2-39 所示。

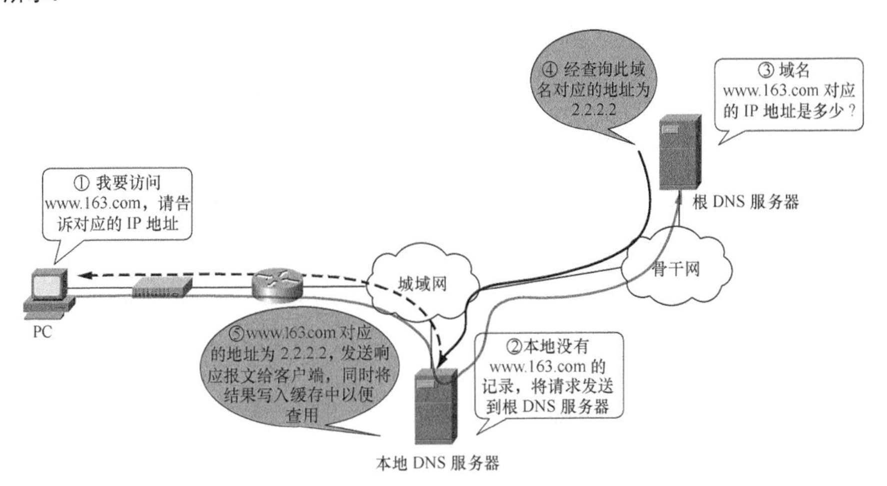

图 2-39　DNS 解析过程

① 客户端发起 DNS 请求查询报文，发送给城域网的本地 DNS 服务器，如果本地存在域名和 IP 地址的对应关系，则向客户端发送 DNS 响应报文。

② 如果本地 DNS 服务器不存在域名和 IP 地址的映射关系，则本地 DNS 服务器将请求查询报文发送给根 DNS 服务器（如果根 DNS 服务器不存在对应的映射关系，可能还会调用其他专用 DNS 服务器）。

③ 根 DNS 服务器接收 DNS 查询报文，查询是否存在域名和 IP 地址的对应映射关系。

④ 根 DNS 服务器查找到对应的映射关系后，向本地 DNS 服务器发送 DNS 响应报文。

⑤ 本地 DNS 服务器接收该响应报文后，将映射关系写入本地缓存，然后向客户端转发响应报文。

</td></tr>
</table>

续表

<table>
<tr><td>课程名称</td><td>DNS 域名解析服务</td><td>章节</td><td>2.11</td></tr>
<tr><td>课时安排</td><td>1 课时</td><td>教学对象</td><td></td></tr>
<tr><td>教学案例分析</td><td colspan="3">如果一个企业内部，如图 2-40 所示，突然出现内网用户无法访问外部互联网网页的情况，请根据所学知识分析有可能是什么情况导致该问题？
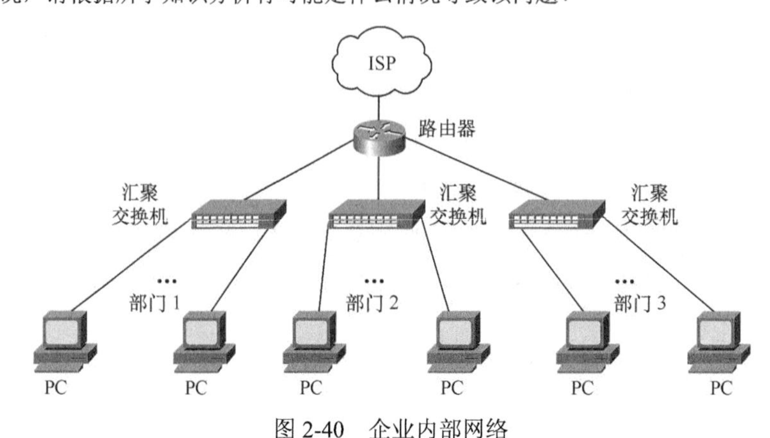

图 2-40　企业内部网络

首先，如果企业出现内部网络设备或链路问题，有可能导致无法访问外部互联，此时，可通过 Ping 命令和 Traceroute 命令确认是否是汇聚交换机、链路或路由器的问题。
其次，如果通过以上步骤确认企业内部网络设备没有问题，则可以通过 Ping DNS 服务器地址，确认 DNS 服务器是否可达。如果 DNS 服务器不可达，那么有可能是 DNS 服务器有问题或外部网络引起 DNS 服务器不可达，应尝试更换 DNS 服务器地址以确认。</td></tr>
<tr><td>教学内容总结</td><td colspan="3">本章节主要介绍两个方面的知识点，即域名和域名解析。首先介绍域名产生的背景，因为计算机通信的信息是封装在固定报文格式中，所以需要通过报文携带 IP 地址发往特定的目的主机。但是 IPv4 的地址空间多达 43 亿，IP 地址的分配也没有特定的规律可循（虽然每个国家分配的 IP 地址范围基本固定）。如 Web 服务器的地址可能变化且包含多个，要让应用访问者记住 IP 地址是一件非常困难的事情。为了解决该问题，人们设计了域名，使提供服务的网络应用和域名（名称）相关联，真实关键的 IP 地址却隐藏在后台。
域名的设计按层级划分，分为顶级域名（一级域名）、二级域名、三级域名及四级域名。顶级域名又可分为国际域名和国内域名，如.cn、.us 等；二级域名在国内或国际顶级域名下，它表示注册企业的类别符号或注册人的网上名称，例如 com、edu、gov、net 等；三级域名和四级域名，主要是和实际业务名称、服务机构名称等相关联。
使用域名后，计算机在进行通信前需要通过 DNS 服务器完成 IP 地址的解析过程。计算机中通过和指定的 DNS 服务器进行交互查询，解析出应用服务器的 IP 地址，然后进行报文交互。</td></tr>
</table>

续表

<table>
<tr><td>课程名称</td><td>DNS 域名解析服务</td><td>章节</td><td>2.11</td></tr>
<tr><td>课时安排</td><td>1 课时</td><td>教学对象</td><td></td></tr>
<tr><td>参考答案</td><td colspan="3">1．计算机网络中为什么会使用域名？
答：IP 地址空间非常大，不便于记忆，给计算机的服务应用及带普及带来困难。域名通过简单且易于记忆的符号名称表示网络的应用服务，通过 DNS 域名解析将域名和 IP 地址关联。
2．域名分为几个层级结构？
答：域名一般分为 4 个层级，分别为四级域名、三级域名、二级域名和顶级域名。
3．请描述几个常用顶级域名。
答：常见的顶级域名有.cn、.com、.us、.uk、.net、.org、.edu 等。
4．什么是 DNS？
答：DNS（Domain Name Service、域名解析）也叫域名指向、服务器设置、域名配置以及反向 IP 登记。当应用程序需要将一个主机域名映射为 IP 地址时，调用 DNS 域名解析。
5．请描述 DNS 解析过程。
答：
① 客户端发起 DNS 请求查询报文，将请求报文发送给城域网的本地 DNS 服务器，如果本地存在域名和 IP 地址的对应关系，则向客户端发送 DNS 响应报文。
② 如果本地 DNS 服务器不存在域名和 IP 地址的映射关系，则本地 DNS 服务器将请求查询报文发送给根 DNS 服务器（如果根 DNS 服务器不存在对应的映射关系，可能还会调用其他专用 DNS 服务器）。
③ 根 DNS 服务器接收 DNS 查询报文，查询是否存在域名和 IP 地址的对应映射关系。
④ 根 DNS 服务器查找到对应的映射关系后，向本地 DNS 服务器发送 DNS 响应报文。
⑤ 本地 DNS 服务器接收该响应报文后，将映射关系写入本地缓存，然后向客户端转发响应报文。</td></tr>
</table>

2.12　IPv6 简介

<table>
<tr><td>课程名称</td><td>IPv6 简介</td><td>章节</td><td>2.12</td></tr>
<tr><td>课时安排</td><td></td><td>教学对象</td><td></td></tr>
<tr><td>教学建议
及过程</td><td colspan="3">本章节作为学生能力拓展部分，建议由学生自主学习，不纳入考核范围（因 IPv6 知识点的理解需要掌握 IPv4 基础知识）。</td></tr>
</table>

续表

课程名称	IPv6 简介	章节	2.12
课时安排		教学对象	
学生课前准备	1．教师布置学生课前预习本章节的内容，使学生提前了解 IPv6 基础知识。 2．课前预习考核方式：教师在课堂中针对教学互动知识点或其他类似知识点对学生进行随机点名抽查，记录抽查效果。		
教学目的与要求	本书主要介绍 IPv4 的内容，IPv6 作为介绍性章节供学生学习。通过本章节的学习，需要学生了解以下知识点： 1．了解 IPv6 的地址位数、地址空间、结构组成； 2．了解 IPv6 的地址分类； 3．了解 IPv6 的报文格式； 4．了解 ICMPv6 报文格式及作用； 5．了解 IPv6 邻居发现机制； 6．了解 IPv6 Path MTU 机制。		
章节重点	IEEE EUI-64 转换方法、IPv6 地址分类、IPv6 报文格式、IPv6 邻居发现、PMTU 机制。		
章节难点	IPv6 邻居发现过程。		
知识点结构导图	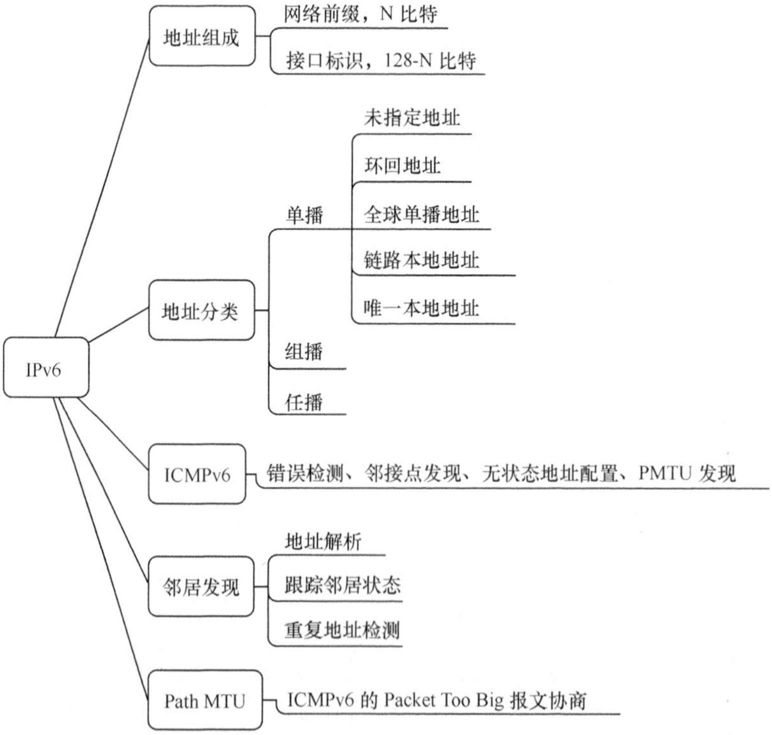 IPv6 地址组成：网络前缀，N 比特；接口标识，128-N 比特 地址分类：单播（未指定地址、环回地址、全球单播地址、链路本地地址、唯一本地地址）；组播；任播 ICMPv6：错误检测、邻接点发现、无状态地址配置、PMTU 发现 邻居发现：地址解析；跟踪邻居状态；重复地址检测 Path MTU：ICMPv6 的 Packet Too Big 报文协商		

续表

课程名称	IPv6 简介	章节	2.12
课时安排		教学对象	

教学互动

问题 1：IPv6 接口标识 IEEE EUI-64 的转换方法？

IEEE EUI-64 规范是将接口的 MAC 地址转换为 IPv6 接口标识的过程。如图 2-41 所示，MAC 地址的前 24 位（用 c 表示的部分）为公司标识，后 24 位（用 m 表示的部分）为扩展标识符。从高位数，第 7 位是 0，表示 MAC 地址本地唯一。转换的第一步是将 FFFE 插入 MAC 地址的公司标识和扩展标识符之间，第二步从高位数，第 7 位的 0 改为 1，表示此接口标识全球唯一。

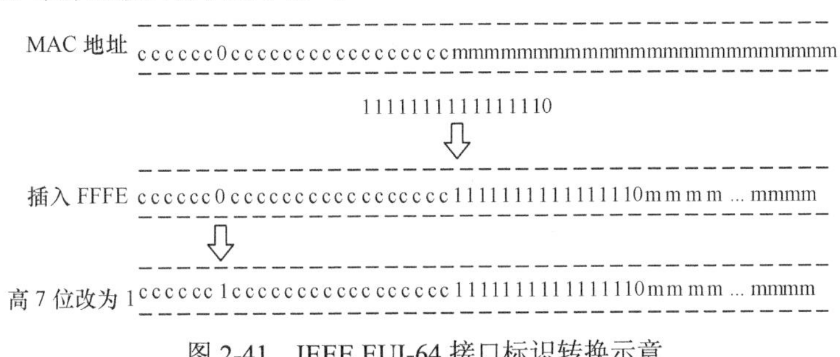

图 2-41 IEEE EUI-64 接口标识转换示意

例如，MAC 地址为 000E-0C82-C4D4，转换后为 020E:0CFF:FE82:C4D4。

这种由 MAC 地址产生 IPv6 地址接口标识的方法可以减少配置的工作量，尤其是当采用无状态地址自动配置时，只需要获取一个 IPv6 前缀就可以与接口标识形成 IPv6 地址。但是使用这种方式最大的缺点是任何人都可以通过 2 层 MAC 地址推算出 3 层 IPv6 地址。

问题 2：IPv6 如何发现邻居？

在 IPv6 基于 ND 发现邻居，NDP 本身基于 ICMPv6 实现，以太网协议类型为 0x86DD，即 IPv6 报文，IPv6 下一个报头字段值为 58，表示 ICMPv6 报文，由于 ND 协议使用的所有报文均封装在 ICMPv6 报文中。一般来说，ND 被看作第 3 层的协议。在 3 层完成地址解析，主要带来以下几个好处。

① 地址解析在 3 层完成，不同的 2 层介质可以采用相同的地址解析协议。

② 可以使用 3 层的安全机制避免地址解析攻击。

③ 使用组播方式发送请求报文，减少了 2 层网络的性能压力。

地址解析过程中使用了两种 ICMPv6 报文：邻居请求报文 NS（Neighbor Solicitation）和邻居通告报文 NA（Neighbor Advertisement）。

NS 报文：Type 字段值为 135，Code 字段值为 0，在地址解析中的作用类似于 IPv4 中的 ARP 请求报文。

NA 报文：Type 字段值为 136，Code 字段值为 0，在地址解析中的作用类似于 IPv4 中的 ARP 应答报文。

续表

课程名称	IPv6 简介	章节	2.12
课时安排		教学对象	
教学互动	地址解析的过程如图 2-42 所示。 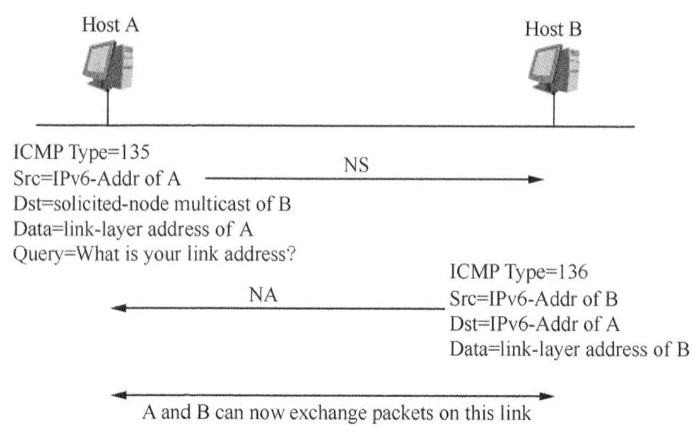 图 2-42　IPv6 邻居发现交互过程 Host A 在向 Host B 发送报文之前它必须要解析出 Host B 的链路层地址。首先，Host A 会发送一个 NS 报文，其中，源地址为 Host A 的 IPv6 地址，目的地址为 Host B 的被请求节点组播地址，需要解析的目标 IP 为 Host B 的 IPv6 地址，这表示 Host A 想要知道 Host B 的链路层地址。同时需要指出的是，在 NS 报文的 Options 字段中还携带了 Host A 的链路层地址。 当 Host B 接收到了 NS 报文之后，会回应 NA 报文，其中源地址为 Host B 的 IPv6 地址，目的地址为 Host A 的 IPv6 地址（使用 NS 报文中的 Host A 的链路层地址进行单播），Host B 的链路层地址被放在 Options 字段中。这样便完成了一个地址解析的过程。 **问题 3：IPv6 Path MTU 协商过程是什么？** PMTU 协议是通过 ICMPv6 的 Packet Too Big 报文来完成的。首先，源节点假设 PMTU 就是其出接口的 MTU，发出一个试探性的报文，当转发路径上存在一个小于当前假设的 PMTU 时，转发设备就会向源节点发送 Packet Too Big 报文，并且携带自己的 MTU 值，此后源节点将 PMTU 的假设值更改为新收到的 MTU 值继续发送报文。如此反复，直到报文到达目的地之后，源节点就能知道到达目的地的 PMTU 了。其协商过程如图 2-43 所示。 整条传输路径需要通过 4 条链路，每条链路的 MTU 值分别是 1500、1500、1400、1300，当源节点发送一个分片报文时，首先按照 PMTU 值为 1500 进行分片并发送分片报文，当报文到达 MTU 值为 1400 的出接口时，设备返回 Packet Too Big 错误，同时携带 MTU 值为 1400 的信息。源节点接收到之后会将报文按照 PMTU 值为 1400 重新进行分片并再次发送一个分片报文，当分片报文到达 MTU 值为 1300 的出接口时，同样返

续表

课程名称	IPv6 简介	章节	2.12
课时安排		教学对象	
教学互动	回 Packet Too Big 错误，携带 MTU 值为 1300 的信息。之后，源节点按照 PMTU 值为 1300 重新进行分片并发送分片报文，最终到达目的地，这样就找到了该路径的 PMTU。 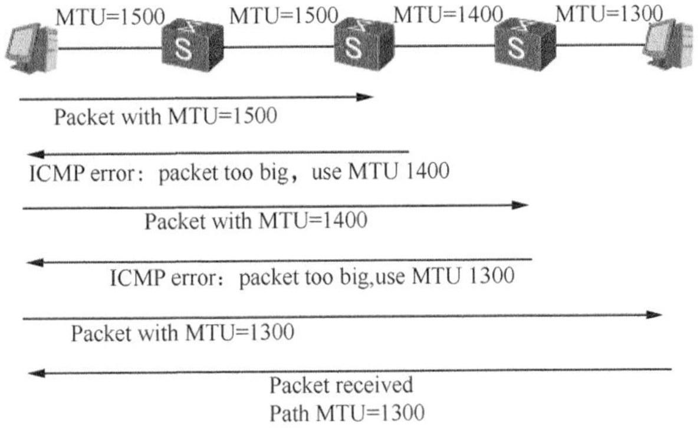 图 2-43　IPv6 Path MUT 协商过程		
教学内容总结	IPv4 地址空间约有 43 亿，但已不能满足未来新型网络发展所需要的 IP 地址数量，因此 IPv4 必然要向 IPv6 过渡。学生可以提前了解 IPv6 的基础知识。		
参考答案	1．IPv6 的地址空间大概有多少？ 答：大约有 340 万亿。 2．IPv6 接口标识有几种生成方法？ 答：接口标识可通过 3 种方法生成：手工配置、系统通过软件自动生成、IEEE EUI-64 规范生成。 3．IPv6 地址分为几大类？ 答：分为 3 类：单播、组播和任播地址。 4．IPv6 报文头占用多少字节？IPv4 报文头占用多少字节？ 答：IPv6 报文头占用 40 个字节，IPv4 报文头占用 20 个字节。 5．ICMPv6 的主要作用是什么？ 答：ICMPv6 为诊断、信息和管理目的定义了一些消息，如：目的不可达、数据包超长、超时、回应请求和回应应答、邻接点发现、无状态地址配置（包括重复地址检测）、PMTU 发现等。 6．IPv6 通过什么机制来协调 Path MTU 值？ 答：通过 ICMPv6 的 Packet Too Big 报文来完成 Path MTU 值的协商。		

思考与练习

1．将十进制数 1153 转换成二进制、十六进制结果分别是多少？

答：十进制数 1153 对应的二进制数为 010010000001，对应的十六进制数为 481。

2．十六进制数 24F 转换为十进制、二进制分别是多少？

答：十六进制数 24F 对应的十进制数为 591，二进制数为 001001001111。

3．TCP/IP 协议簇的 5 个层级分别是什么？每一层级对应的功能是什么？

答：TCP/IP 协议簇的 5 个层级分别为物理层、网络接口层（数据链路层）、网络层、传输层和应用层。

物理层没有统一的定界标准，它表示传输数据链路，用于传输光或电信号。

网络接口层负责监视数据在主机和网络之间的交换。事实上，TCP/IP 本身并未定义该层的协议，而是由参与互联的各网络使用自己的物理层和数据链路层协议，然后与 TCP/IP 的网络接入层进行连接。

网络层具有更强的网际通信能力，它决定了数据包如何传送到目的地。它包含 4 个重要的协议，即 IP、ICMP、ARP、RARP，用于路由寻址、网际控制、地址解析等。

传输层用于解决计算机程序到程序间的可靠通信问题，即通常所说的“端到端”的通信。

应用层定义提供一组常用的应用程序给终端用户。

4．IP 报文头中的 TTL 字段的用途是什么？TTL 在报文的传输过程中是否会发化？

答：TTL（Time-To-Live）指的是报文的生存周期，其最大值为 255。当一个报文经过二层交换机转发时，其 TTL 值不发生变化；当经过路由器等 3 层设备转发时，TTL 值减 1。当中间网络设备将报文的 TTL 值减 1 后降为 0 时，该报文被丢弃。

5．请画出 TCP/IP 协议栈封装报文结构及过程示意。

答：如图 2-44 所示。

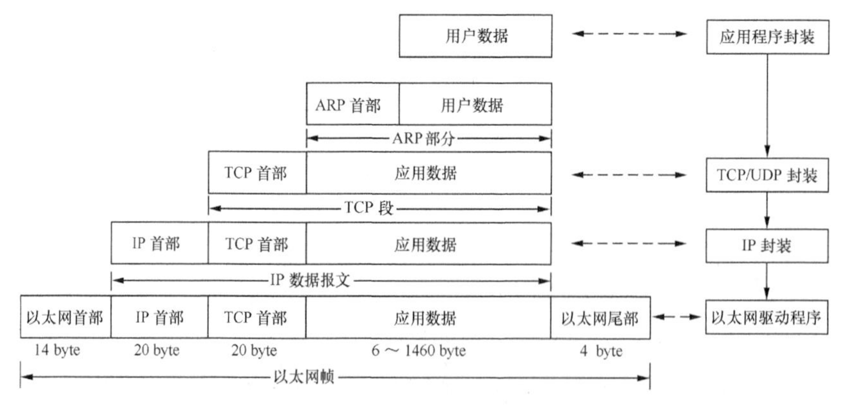

图 2-44　TCP/IP 协议栈的封装过程

续表

6．报文在什么情况下会分段？IP 报文头的哪个字段用于描述分段？

答：当报文到达一个设备的端口时，若发现端口 MTU 小于 IP 封包，就需要对报文进行分片，分片的 IP 封包会各自到达目的地，在目的地进行重组。IP 首部中字段 Flags 的 DF 位用于表示分段。

7．MAC 地址是什么？它在数据链路层中报文交互中的作用是什么？

答：MAC 地址作为设备链路层标识符（网卡），表示报文发送的源链路层设备和目的链路层设备。

8．PC 或网络设备如何通过 IP 地址获取 MAC 地址？

答：通过 ARP（Address Resolution Protocol，地址解析协议）获取 IP 地址和 MAC 地址的对应关系。

9．IP 地址表示位长有多少位？常用的表示方法是什么？

答：IP 地址占用 32 位。常用的表示方法有二进制和点分十进制。

10．常见的 IP 地址分类有几种？常用的内网地址段是哪些？

答：IP 地址共分为 5 类，分别为 A 类（1.0.0.0—126.0.0.0）、B 类（128.0.0.0—191.255.255.255）、C 类（192.0.0.0—223.255.255.255）、D 类（224.0.0.0—239.255.255.255）、E 类（240.0.0.0—255.255.255.254）。

11．什么是地址掩码？

答：地址掩码（Address Mask）用于表示整个数据链路的地址，它是非特指某台主机的网络地址，可以用 IP 地址的网络部分来表示，其中主机位全部为 0。

12．什么是子网？在 IP 环境中为什么要使用子网？

答：通过网络位向主机号借位，将大的网络划分为更多更小的网络单元，这些网络单元称为子网。

使用子网是为了打破原有的 24 位、16 位、8 位固定位长的地址掩码限制，实现 IP 地址划分的伸缩性，充分利用 IP 地址空间。如果不能进行子网划分，IPv4 地址将被快速消耗掉。

13．请描述 TCP 和 UDP 的特点。

答：UDP 是 TCP/IP 参考模型中一种无连接、尽力而为的传输层协议。UDP 不提供复杂的差错控制机制，提供面向无连接的、简单而不可靠信息传送服务。

TCP 是因特网中使用最广泛的一种传输协议，是一种面向连接（连接导向）的、可靠的、基于字节流的传输层通信协议。之所以应用广泛是由于它的可靠性、稳定性，它为通信双方提供了可靠的端到端的服务，而实现这一可靠服务的便是 TCP 所具有的可靠传输机制，其中包括重传、序号、确认号、定时、流量控制及拥塞控制。

14．请描述传输层协议 TCP 握手建立流程和断开流程。

答：TCP 建立连接的三次握手过程如下。

第一次握手：客户端主动发起连接请求，将报文的标志位 SYN 置为 1，随机产生一个值 seq=a，并将该数据包发送给服务器，客户端进入 SYN_SENT 状态，等待服务器确认。

续表

第二次握手：服务器收到数据包后，由连接报文的标志位 SYN=1 确认为客户端请求建立连接。随后，服务器回送确认响应报文，将报文的标志位 SYN 和 ACK 都置为 1，ack=a+1，随机产生一个值 seq=b，并将该数据包发送给客户端以确认连接请求，服务器进入 SYN_RCVD 状态。

第三次握手：客户端收到服务器发送的确认响应（ACK）后，检查 ack 序列号是否为 a+1、ACK 位是否置 1。如果正确则将标志位 ACK 置为 1，ack=b+1，并将该数据包发送给服务器。服务器对接收的 ACK 数据包进行检查：ack 字段是否为 b+1；ACK 是否为 1。如果正确则连接建立成功，客户端和服务器进入 Established 状态，完成三次握手，随后客户端与服务器之间就可以开始传输数据了。

TCP 断开连接的四次挥手过程如下。

第一次挥手过程：客户端发送一个 FIN 中断请求（此时客户端向服务器方向已没有数据需要传输了），用来关闭客户端到服务器的数据传送，客户端进入 FIN_WAIT_1 状态。

第二次挥手过程：服务器收到 FIN 请求后（有可能服务器还需要向客户端发送数据，服务器继续发送数据），确认发送一个 ACK 确认给客户端，确认序号为收到序号加 1（与 SYN 相同，一个 FIN 占用一个序号），当服务器不再向客户端发送数据后，服务器进入 CLOSE_WAIT 状态。

第三次挥手过程：服务器发送一个 FIN 中断请求，用来关闭服务器到客户端的数据传送，服务器进入 LAST_ACK 状态。

第四次挥手过程：客户端收到 FIN 后，进入 TIME_WAIT 状态，接着发送一个 ACK 给服务器，确认序号为收到序号加 1，服务器进入 CLOSED 状态，完成四次挥手。

15．常用的 ICMP 有哪几种？

答：常用的 ICMP 有 Ping 和 Traceroute 两种。Ping 用于检测目标 IP 地址可达性；Traceroute 用于检测到目标 IP 地址所经过的转发节点。

16．请描述 Traceroute 探测过程。

答：① 探测主机发送一个 TTL=1 的 ICMP echo request 报文，目的 IP 地址为 xx.xx.xx.xx，当中间转发节点 1 收到该报文后，将报文的 TTL 值减 1，因报文的 TTL 值变 0，丢弃该查询报文，同时向主机 A 发送 Time-to-live exceeded（TTL exceeded）报文，主机 A 获取第一个转发节点地址。

② 探测主机再次发送一个 TTL=2 的 ICMP echo request 报文，目的 IP 地址为 xx.xx.xx.xx，当转发节点 1 收到该报文后，将报文的 TTL 值减 1，通过路由寻址将报文转发至转发节点 2；当转发节点 2 收到该报文后，将报文的 TTL 值减 1，因报文的 TTL 值变 0，丢弃该查询报文，同时向主机 A 发送 TTL exceeded 报文，探测主机获取第二个转发节点地址。

③ 探测主机按如上步骤依次发送 TTL 值增加的 ICMP echo request 报文，直至目标主机回送响应报文（或 TTL 至 255 目标主机仍回包），停止发送探测报文，此时探测主机获取中间转发节点的 IP 地址。

17．什么是 ARP？

答：ARP（Address Resolution Protocol）全称为地址解析协议，它用于发现网络中另一台设备的数据链路标识符。其工作原理是通过广播方式向局域网内发送一个 ARP 请求数据包来获取对端的 IP 地址和 MAC 地址的映射关系。

续表

18．什么是免费 ARP，其作用是什么？

答：网络中会出现主机或网络设备使用自己的 IPv4 地址作为目标地址发送特定 ARP 请求报文。免费 ARP 作用如下。

① 检查网络是否存在重复的 IP 地址。一台设备可以向自己的 IPv4 地址发送 ARP 请求报文，如果收到 ARP 响应报文则认为存在重复的 IP 地址。

② 免费 ARP 还可以通告一个新的 MAC 地址，当网络中设备收到一个 ARP 请求报文后，将会刷新缓存中的 ARP 表项，即如果没有对应的 IP 地址和 MAC 地址关系表，则加入到 ARP 表中；若 ARP 表项中存在对应的 IP 地址，则更新 IP 地址对应的 MAC 地址。

③ 免费 ARP 还用于某些冗余备份协议（如 VRRP 等），用于定期发送免费 ARP 报文来刷新 ARP 缓存。

19．什么是域名？为什么会使用域名？

答：域名对应的英文名称为 Domain Name，它用于表示 WWW 网（万维网中）提供的具体应用服务，访问者只要使用域名就可以进行网页访问。

之所以使用域名是因为 IPv4 地址空间非常大且难以记忆，为此人们设计了便于记忆且遵循特定组成规律的字符来表示域名。

20．什么是 DNS？

答：DNS（Domain Name Service）即域名解析服务。域名解析也叫域名指向、服务器设置、域名配置以及反向 IP 登记等。简单地说，就是将好记的域名解析成 IP 地址，解析服务由 DNS 服务器完成，是把域名解析到一个 IP 地址，然后在此 IP 地址的主机上将一个子目录与域名绑定。

21．为什么计算机 IP 将由 IPv4 向 IPv6 过渡？

答：随着万维网的出现和计算机的普及，IPv4 地址已变得非得紧缺，网络地址资源变得非常有限，特别是新的业务应用如物联网、云平台、车载网等的兴起需要占用大量的地址，而 IPv4 地址空间已快耗尽，已严重制约了互联网的应用和发展，因此计算机使用的 IP 地址将由 IPv4 向 IPv6 过渡。

练习题：

1．如果 C 类地址有 6 位子网位，那么可以划出多少个子网？每个子网有多少个主机地址？这样的规划有实际用途吗？

答：共有 2^6=64 个子网位，每个子网主机地址个数为 2^2–2=2 个。

2．对内网地址 172.20.0.0 进行子网划分，子网掩码为 21 位，试给出每个子网的可用主机位地址（请按顺序给出）。

答：172.20.0.0—172.20.7.255

172.20.8.0—172.20.15.255

172.20.16.0—172.20.23.255

172.20.24.0—172.20.31.255

172.20.32.0—172.20.39.255

续表

172.20.40.0—172.20.47.255

172.20.48.0—172.20.55.255

…

172.20.248.0—172.20.255.255

3．请为 8.0.0.0 分配一个子网掩码，使其至少可以划分出 20000 个子网，每个子网至少有 500 个主机地址。

答：8.0.0.0 为一个 A 类地址，其默认的地址掩码为 255.0.0.0。子网个数为 20000 个$<2^{15}=32768$，主机个数 $2^{(32-8-15)}-2=510>500$。

所以其子网掩码为 255.255.254.0，其地址范围如下。

8.0.0.0—8.0.1.255

8.0.2.0—8.0.3.255

8.0.4.0—8.0.5.255

…

8.255.254.0—8.255.255.255

4．对内网地址 192.168.10.0 进行子网划分，子网掩码为 28 位，请列出所有子网和每个子网内可用的主机地址范围。

答：C 类地址的地址掩码为 255.255.255.0。如果将其进行子网划分为 28 位（我们进行子网划分时，需要向 IP 地址的主机位借高 4 位），那么共有 16 个子网，每个子网中共有 $2^4-2=14$ 个地址。

其地址范围如下。

192.168.10.0—192.168.10.15

192.168.10.16—192.168.10.31

192.168.10.32—192.168.10.47

192.168.10.48—192.168.10.63

…

192.168.10.240—192.168.10.255

第 3 章

以太网交换机及 VLAN 原理

3.1　以太网基础

课程名称	以太网基础	章节	3.1
课时安排	1 课时	教学对象	
教学建议及过程	**教学建议：** 本章节授课时长建议安排为 1 课时，采用翻转课堂形式授课，培养学生的自主学习能力和学习积极性；以教学互动的形式考查学生课前预习的效果。 **教学过程：** 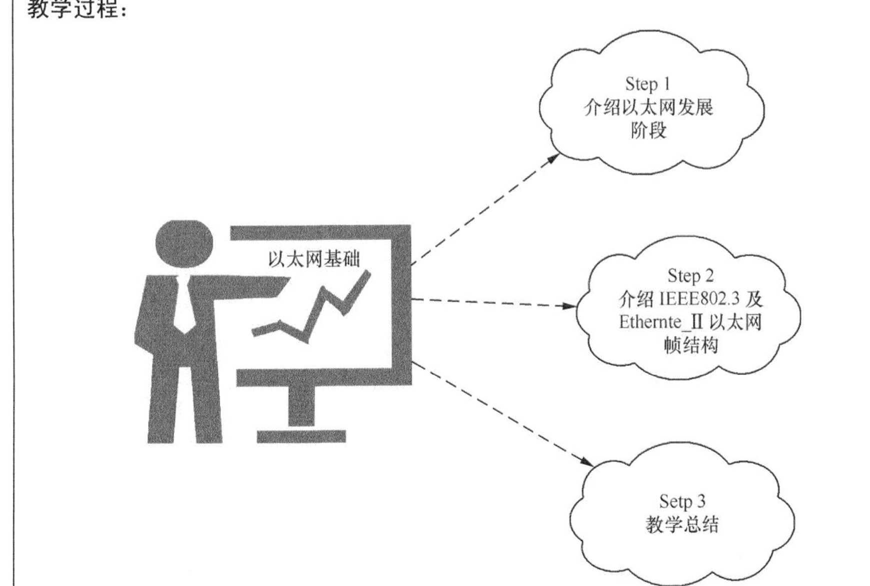 		

续表

<table>
<tr><td>课程名称</td><td>以太网基础</td><td>章节</td><td>3.1</td></tr>
<tr><td>课时安排</td><td>1 课时</td><td>教学对象</td><td></td></tr>
<tr><td>教学建议及过程</td><td colspan="3">首先，课堂中由教师简单介绍以太网的发展阶段。
其次，教学过程中结合“教学互动问题 1 及问题 2”重点介绍 Ethernet_II 前导码、数据帧格式组成，然后介绍 IEEE802.3 以太帧结构的特点和 Ethernet_II 的区别。
最后，进行课堂总结，概括以太网基础知识。</td></tr>
<tr><td>学生课前准备</td><td colspan="3">1．教师布置学生课前预习本章节内容及学习相关课件视频，使学生提前了解以太网的发展阶段及以太网帧格式。
2．课前预习考核方式：教师在课堂中针对教学互动知识点或其他类似知识点对学生进行随机点名抽查，记录抽查效果。</td></tr>
<tr><td>教学目的与要求</td><td colspan="3">通过本章节的学习，学生需要了解掌握如下知识点：
1．了解以太网发展的历史；
2．掌握以太网 Ethernet_II 标准帧格式；
3．了解 IEEE802.3 以太网帧格式。</td></tr>
<tr><td>章节重点</td><td colspan="3">Ethernet_II 的标准及帧结构、IEEE802.3 帧结构。</td></tr>
<tr><td>教学资源</td><td colspan="3">PPT、教案等。</td></tr>
<tr><td>教学互动</td><td colspan="3">问题 1：以太网前导码的作用及组成？
前导码（Preamble）由 0、1 数字交替组合而成，表示一个以太网帧的开始，也是对端设备网卡能够确保与本端设备同步的标志。前导码组成如图 3-1 所示。 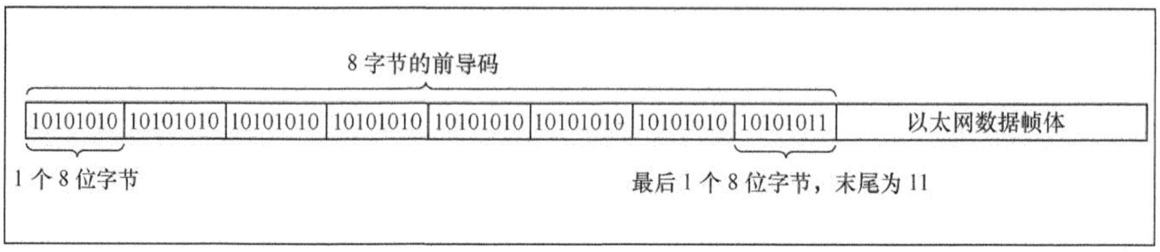

8 字节的前导码
10101010 | 10101010 | 10101010 | 10101010 | 10101010 | 10101010 | 10101010 | 10101011 | 以太网数据帧体
1 个 8 位字节　　最后 1 个 8 位字节，末尾为 11
图 3-1　以太网前导码结构

图 3-1 中，前导码末尾是一个叫作 SFD（Start Frame Delimiter，帧开始符）的域，它的值是“11”，SFD 之后的部分则为以太网帧的帧体。
问题 2：Ethernet_II 数据帧格式组成？
Ethernet_II 帧格式为“前导码+DA+SA+Type+Data+FCS”，结构如图 3-2 所示。 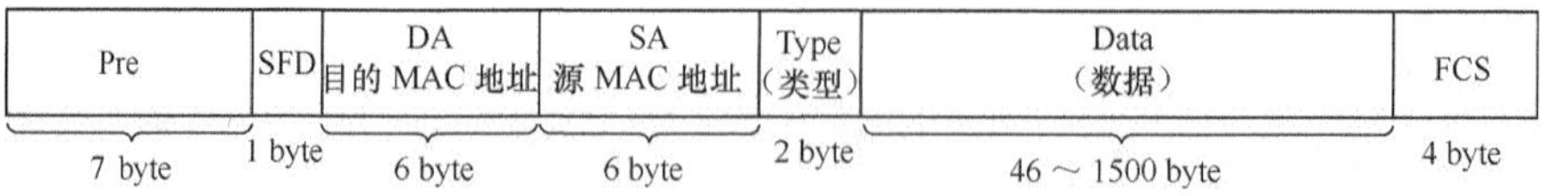

Pre | SFD | DA 目的 MAC 地址 | SA 源 MAC 地址 | Type（类型） | Data（数据） | FCS
7 byte | 1 byte | 6 byte | 6 byte | 2 byte | 46 ～ 1500 byte | 4 byte
图 3-2　以太网帧结构</td></tr>
</table>

续表

<table>
<tr><td>课程名称</td><td>以太网基础</td><td>章节</td><td>3.1</td></tr>
<tr><td>课时安排</td><td>1课时</td><td>教学对象</td><td></td></tr>
<tr><td>教学互动</td><td colspan="3">问题3：IEEE802.3数据帧格式组成？
IEEE802.3帧格式为“前导码+DA+SA+Length+LLC+SNAP+Data+FCS”，它和Ethernet_Ⅱ帧区别为Type字段改为length，增加了LLC和SNAP字段。其结构如图3-3所示。
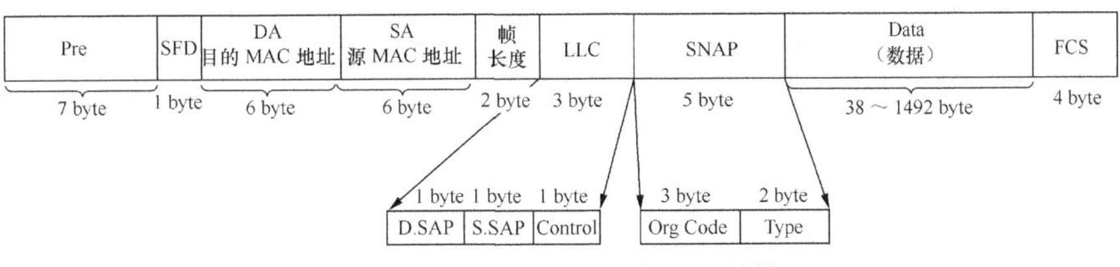

图3-3 IEEE802.3以太网帧结构
问题4：当前主流的以太网标准是什么？
Ethernet_II以太网标准是当前局域网最常用的标准。</td></tr>
<tr><td>教学内容总结</td><td colspan="3">以太网技术标准经历了以下发展阶段。
1980年，DEC、Intel、Xerox制订了Ethernet I的标准。
1982年，DEC、Intel、Xerox制订了Ehternet II的标准。
1982年，IEEE开始研究Ethernet的国际标准IEEE 802.3。
1983年，迫不及待的Novell基于IEEE的IEEE 802.3的原始版开发了专用的Ethernet帧格式。
1985年，IEEE推出IEEE 802.3规范。后来其为解决EthernetII与IEEE 802.3帧格式的兼容问题推出Ethernet SNAP格式。
EhternetII以太网首部结构由目的MAC地址、源MAC地址、协议类型、数据字段（Data）、循环冗余校验（FCS）组成。</td></tr>
<tr><td>参考答案</td><td colspan="3">1. 以太网设备通过什么字段界定不同的数据帧？
答：通过以太网前导码区分不同的数据帧。
2. 如果以太网设备收到的数据帧的Type字段为0x0806，它表示的上层协议是什么？
答：它表示的上层协议为ARP。</td></tr>
</table>

3.2 交换机基础

<table>
<tr><td>课程名称</td><td>交换机基础</td><td>章节</td><td>3.2</td></tr>
<tr><td>课时安排</td><td>1 课时</td><td>教学对象</td><td></td></tr>
<tr><td>教学建议及过程</td><td colspan="3">

教学建议：

本章节授课时长建议安排为 1 课时，采用翻转课堂形式授课，培养学生的自主学习能力和学习积极性；以教学互动的形式考查学生课前预习的效果。

教学过程：

本章节主要介绍交换机硬件基础（产生背景、发展阶段、硬件形态、接口类型、转发模式、分类），内容知识点以概念性为主，简单易学，建议学生以自学为主。课堂中由老师进行教学互动及总结点评。

</td></tr>
<tr><td>学生课前准备</td><td colspan="3">

1．教师布置学生课前预习本章节内容，使学生提前了解交换机的产生、发展、硬件组成、接口类型。

2．课前预习考核方式：教师在课堂中针对教学互动知识点或其他类似知识点对学生进行随机点名抽查，记录抽查效果。

</td></tr>
</table>

续表

课程名称	交换机基础	章节	3.2
课时安排	1课时	教学对象	
教学目的与要求	通过本章节的学习，学生需要了解掌握如下知识点： 1．了解以太网交换的产生背景； 2．了解以太网交换机的发展阶段； 3．了解以太网交换机的硬件组成部分； 4．掌握以太网交换机的接口类型。		
章节重点	以太网交换机接口类型。		
教学资源	PPT、教案等。		
知识点结构导图	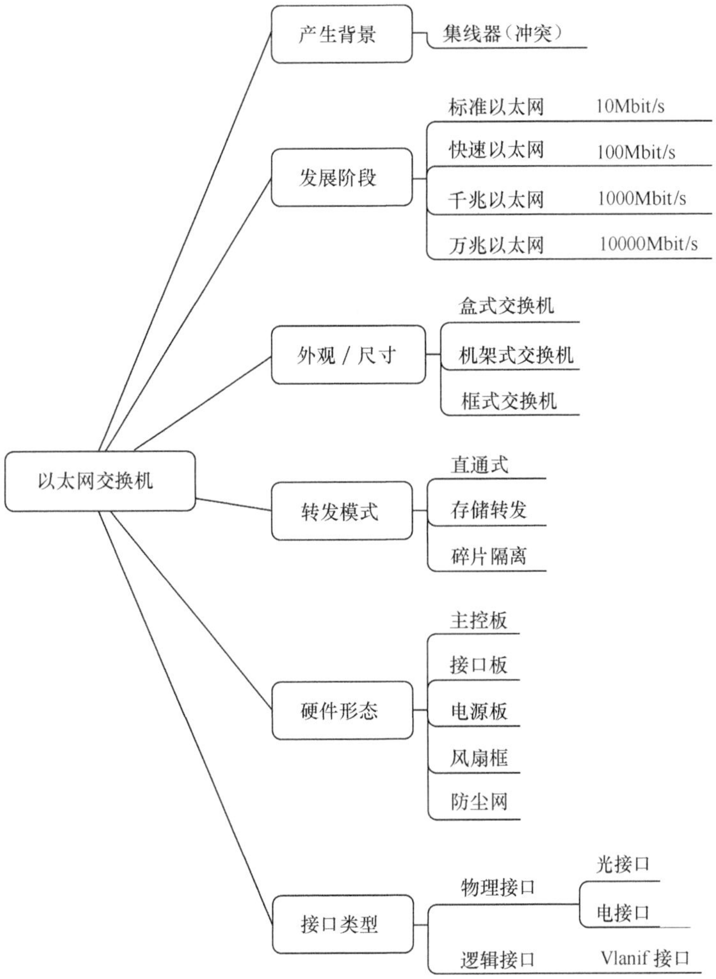 以太网交换机 　产生背景 　　集线器（冲突） 　发展阶段 　　标准以太网　10Mbit/s 　　快速以太网　100Mbit/s 　　千兆以太网　1000Mbit/s 　　万兆以太网　10000Mbit/s 　外观 / 尺寸 　　盒式交换机 　　机架式交换机 　　框式交换机 　转发模式 　　直通式 　　存储转发 　　碎片隔离 　硬件形态 　　主控板 　　接口板 　　电源板 　　风扇框 　　防尘网 　接口类型 　　物理接口 　　　光接口 　　　电接口 　　逻辑接口　Vlanif 接口		

续表

<table>
<tr><td>课程名称</td><td>交换机基础</td><td>章节</td><td>3.2</td></tr>
<tr><td>课时安排</td><td>1 课时</td><td>教学对象</td><td></td></tr>
<tr><td>教学互动</td><td colspan="3">问题 1：以太网交换机和集线器的工作模式有什么区别？
集线器工作于物理层，采用共享带宽模式，所有端口连接于内部总线节点上，整个集线器处于一个广播域和冲突域中。
以太网交换机工作于数据链路层，采用交换的模式进行数据报文的转发，冲突限制于每个端口中，对于不带 VLAN 的交换机，交换机所有端口是一个广播域。
问题 2：为什么以太网交换机普遍采用存储转发模式？
存储转发模式的特点是当交换机接口收到数据帧后，先将数据存储起来，然后进行 CRC 校验，当数据帧校验通过后，通过查找交换机的 MAC 地址表找到对应的出接口，然后将报文发往对应的出接口。这种转发方式是先对报文进行 CRC 校验，保证了数据传输的准确性，特别是随着电子技术的发展，存储读取的时间对报文转发时间可忽略不计。
分片隔离模式对报文的长度做了限制，不对数据做 CRC 校验，容易出错。同时，分片隔离对报文的长度进行了限制，对小于 64 字节的报文直接丢弃，容易引起业务异常问题。实际场景中存在字节数小于 64 字节的报文，如 ARP 报文。
直通式要求交换机将所有端口内部全连接（full-mesh）。全连接方式在交换机内部设计实现上非常复杂，不便于端口扩展，成本非常高。
问题 3：以太网技术的发展经历了几个阶段？
经历的阶段有：标准以太网、快速以太网、千兆以太网、万兆以太网。
问题 4：以太网交换机按照硬件形态划分，可分为几种类型的交换机和使用场景？
以太网交换机从硬件形态上分为盒式交换机、机架式交换机和框式交换机。盒式交换机一般用于小型办公网络，机架式交换机一般用于接入机房，而框式交换机一般用于汇聚机房。</td></tr>
<tr><td>教学内容总结</td><td colspan="3">在计算机网络发展的初期阶段，人们用集线器组建局域网实现计算机的互联通信。由于集线器工作于物理层，且集线器的各个接口共享一个冲突域和广播域，传输的效率低，不能满足计算机网络的发展。为此，引入交换的方式解决共享模式带来的冲突问题，便产生了以太网交换机。同时，以太网交换机将冲突域限制在端口内。
以太网交换机工作模式分为直通式、存储转发式和碎片隔离式 3 种。直通式交换机内部端口全互联，报文到达端口后，通过查找目的 MAC 地址匹配出接口，实现报文快速转发；存储转发模式先存储输入端口的数据包，后进行 CRC 校验，在对数据包处理后才取出数据包的目的地址，通过查找表转换成输出端口送出包；碎片隔离方式是介于直通式和存储转发式之间的一种设计解决方案，它检查数据包的长度是否达到 64 个字节，如果小于 64 个字节，则丢弃；大于 64 个字节则不检查直接转发。</td></tr>
</table>

续表

课程名称	交换机基础	章节	3.2
课时安排	1 课时	教学对象	
教学内容总结	以太网交换机普遍采用存储转发模式。它的发展经历了快速以太网交换机（100Mbit/s）、千兆以太网交换机（1000Mbit/s）、万兆以太网交换机（10000Mbit/s）等几个阶段。 交换机在硬件形态及体积大小上又分为盒式交换机、机架式交换机和框式交换机。盒式交换机主控单元和接口板集成在一起。机架式交换机和框式交换机在功能模块上又可分为主控板、风扇单元、防尘网、接口板及电源板等。 交换机的接口是实现其与外部设备通信的单元。交换机接口又分为物理接口和逻辑接口，物理接口按接收信号又分为电接口和光接口。交换机的逻辑接口是通过 VLAN 技术扩展而来的，它用于终结 VLAN 数据，实现交换机与其他设备间的三层互通。逻辑接口可用于业务网关、管理地址及三层互通。		
参考答案	1．交换机有几种转发模式？相应的特点是什么？ 答：交换机的转发模式分为直通式、存储转发模式和碎片隔离方式 3 种。 直通式交换机内部端口全互联（full-mesh 结构），当端口接收到报文后，直接解析报文的目的地址然后进行转发，报文转发效率高。 存储转发模式交换机接收到数据报文后先将其存储起来，然后进行 CRC 校验，解析报文的目的地址查询匹配报文的出接口，然后发送出去。 碎片隔离方式检查数据包的长度是否达到 64 个字节，如果小于 64 个字节则丢弃该包；如果大于 64 个字节，则发送该包。 2．以转发速率区分，交换机的发展经历了哪些形态？ 答：标准以太网交换机、快速以太网交换机、千兆以太网交换机和万兆以太网交换机。 3．交换机按硬件大小可分为几种类型？ 答：分为盒式交换机、机架式交换机和框式交换机。 4．交换机物理接口有几种类型？ 答：交换机物理接口分为光接口和电接口，根据接口速率又分为 10Mbit/s 电接口、100Mbit/s 光/电接口、1000Mbit/s 光/电接口、10000Mbit/s 光接口。 5．交换机的逻辑接口作用是什么？ 答：交换机的逻辑接口主要指 Vlanif 接口，它主要用于终结 VLAN 报文，充当业务网关角色，用于设备管理、三层互通等。 6．SIMNET 平台交换机物理接口命名方式是什么？ 答：物理接口命名方式和对应的单板槽位、子卡号、端口相关。一般采用二维或三		

续表

课程名称	交换机基础	章节	3.2
课时安排	1 课时	教学对象	
参考答案	维命名方式，如二维命名有 FE-X/N 或 GE-X/N，FE 表示端口为百兆以太网接口，GE 表示端口为千兆以太网接口，X 表示为槽位号，N 表示为端口号。三维方式命名有 FE-X/Y/N 或 GE-X/Y/N，X 表示槽位号，Y 表示子卡号，N 表示端口号。		

3.3 交换机原理

课程名称	交换机原理	章节	3.3
课时安排	1 课时	教学对象	
教学建议及过程	**教学建议：** 本章节授课时长建议安排为 1 课时，采用翻转课堂形式授课，培养学生的自主学习能力和学习积极性；以教学互动的形式考查学生课前预习的效果。 **教学过程：** 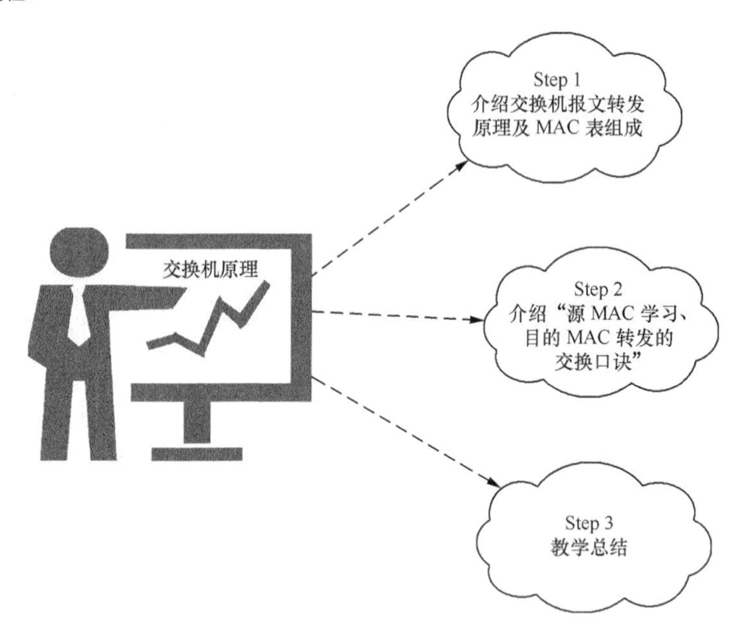 首先，介绍以太网交换机报文转发原理，建议先结合“教学互动问题 1”重点讲述“MAC 地址表”组成和 MAC 地址表的动态维护机制。 其次，建议结合“教学互动问题 1 及问题 3”重点介绍交换机报文转发处理采用的“源 MAC 地址学习、目的 MAC 地址转发”机制及首包广播转发模式。 最后，完成教学互动及案例分析后进行课堂总结，概括以太网交换机报文转发原理。		

续表

<table>
<tr><td>课程名称</td><td>交换机原理</td><td>章节</td><td>3.3</td></tr>
<tr><td>课时安排</td><td>1 课时</td><td>教学对象</td><td></td></tr>
<tr><td>学生课前准备</td><td colspan="3">1．教师布置学生课前预习本章节内容，使学生提前掌握 MAC 地址表概念及二层交换原理。
2．课前预习考核方式：教师在课堂中针对教学互动知识点或其他类似知识点对学生进行随机点名抽查，记录抽查效果。</td></tr>
<tr><td>教学目的与要求</td><td colspan="3">通过本章节的学习，学生需要了解掌握如下知识点：
1．掌握交换机 MAC 地址表组成；
2．掌握交换机 MAC 地址表维护机制；
3．掌握交换机报文转发机制；
4．掌握以太网 LAN 技术对于共享网络的改进和 LAN 存在的缺点。</td></tr>
<tr><td>章节重点</td><td colspan="3">MAC 地址表组成、MAC 地址表生成/维护机制、LAN 交换机广播域、交换机报文转发机制。</td></tr>
<tr><td>章节难点</td><td colspan="3">LAN 交换机广播域。</td></tr>
<tr><td>教学资源</td><td colspan="3">PPT、教案等。</td></tr>
<tr><td>知识点结构导图</td><td colspan="3">以太网交换机 — MAC 地址表 — 动态老化机制
源 MAC 学习
目的 MAC 转发
首包广播</td></tr>
<tr><td>教学互动</td><td colspan="3">问题 1：为什么说交换机对收到的首个数据包以广播形式发送（建议由老师结合课本案例重点讲述交换机转发原理，10 分钟）？
交换机在初始状态下（重启或初次上电），MAC 地址表为空。交换机收到的过路报文（过路报文是指交换机转发的报文，不是发给交换机的报文），在 MAC 地址表项中无法查找到对应的目的 MAC 地址，为了保证报文不被交换机丢弃，则交换机以广播方式向所有端口发送报文（报文的源接收端口除外）。
如果交换机 MAC 地址表中已有部分表项，但是对于新接收的报文而言，其目的 MAC 地址仍然在 MAC 地址表中无法查找到，此时仍需以广播方式发送。此时新接收的数据报文可以被认为是首包。
如果交换机 MAC 地址表中的表项在老化后，再次收到数据包，此数据包仍可认为是首个数据包。首包的概念不是严格意义上的第一个数据包，而是对于交换机 MAC 地址表中是否建立了表项关系而言。
结合课本案例讲述交换机对报文的处理过程。我们以图 3-4 组网来说明交换机的工作原理，假设 PC1、PC2、PC3 分别连接在交换机的 3 个端口 Port-1、Port-2、Port-3 中，</td></tr>
</table>

续表

课程名称	交换机原理	章节	3.3
课时安排	1 课时	教学对象	

教学互动

3 台 PC 的 IP 地址/MAC 地址如图 3-4 所示。

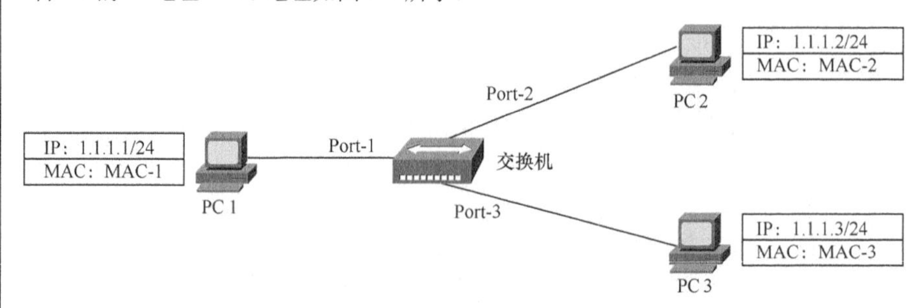

图 3-4　交换机组建局域网

假设 PC1 需要和 IP 地址为 1.1.1.3 的 PC3 进行通信（设备只识别 IP 地址，是不能区分终端名称的，终端名称是人为添加的），PC 和交换机的报文处理流程如下。

① PC1 发送 ARP 广播请求报文，在网络中查找 1.1.1.3（PC3）对应的 MAC 地址，如图 3-5 所示。

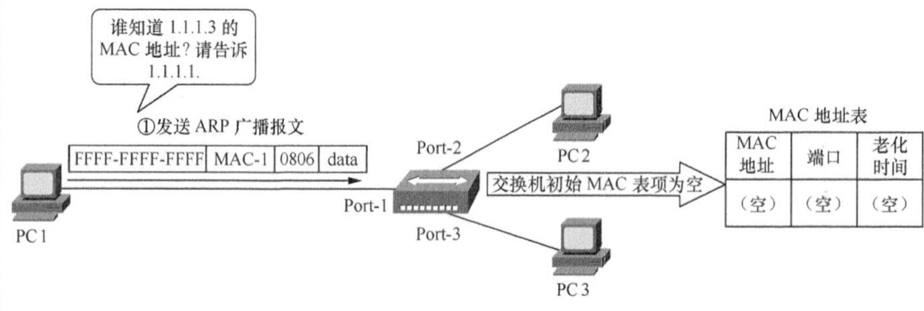

图 3-5　PC1 发送 ARP 广播请求

② 交换机接收到 PC1 发送的 ARP 广播请求报文，解析报文中携带的源 MAC 地址（即 MAC-1），将 MAC-1 和端口 Port-1 的对应关系加入 MAC 地址表项中（刷新 MAC 地址表）。然后向 Port-2 和 Port-3 转发该广播包（除源接收端口 Port-1 外的所有端口转发），如图 3-6 所示。

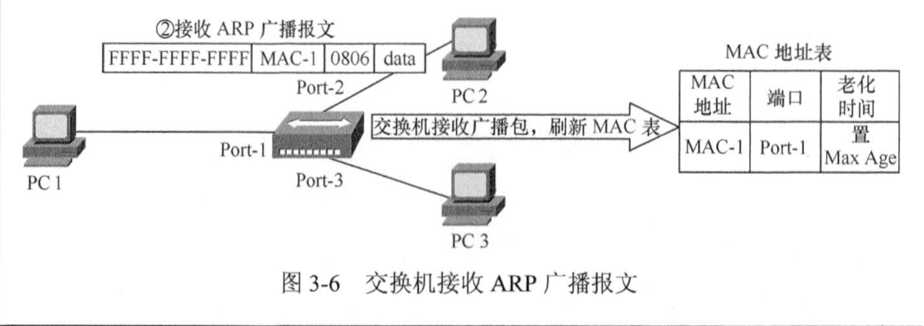

图 3-6　交换机接收 ARP 广播报文

续表

课程名称	交换机原理	章节	3.3
课时安排	1 课时	教学对象	

教学互动

③ PC2 和 PC3 均接收到该 ARP 请求报文，刷新本地缓存中的 ARP 表项，记录 PC1 的 IP 地址和 MAC 地址对应关系。PC2 解析 ARP 请求报文的目的 IP 地址为 1.1.1.3，确认报文不是发给自己的，不对 ARP 进行回应，如图 3-7 所示。

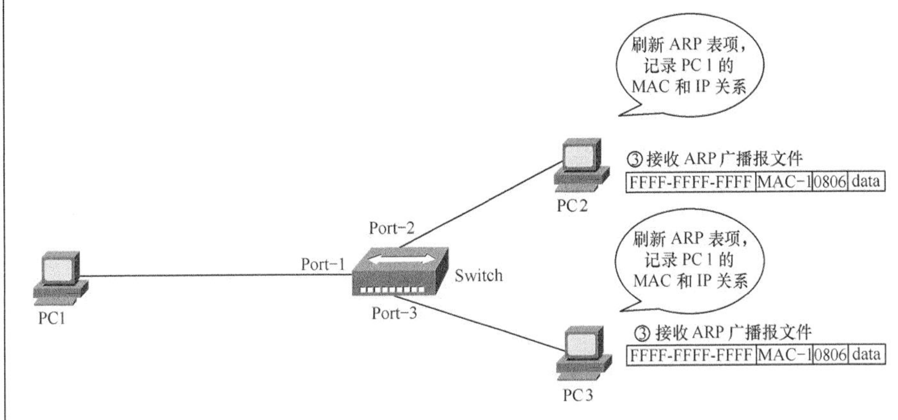

图 3-7　PC2/3 接收 ARP 广播报文

PC3 解析 ARP 广播请求报文（通过 Type=0806），发现报文的目的 IP 和自己的 IP 地址相同，需要回应该 ARP 请求报文，因此把自己的 MAC 地址和 IP 对应关系、PC1 的 MAC 地址和 IP 地址填充到 ARP reply 报文，由网卡发送到交换机。

④ PC3 通过网卡向交换机发送单播 ARP 响应报文，报文的源 MAC 地址为 MAC-3，目的 MAC 地址为 MAC-1，如图 3-8 所示。

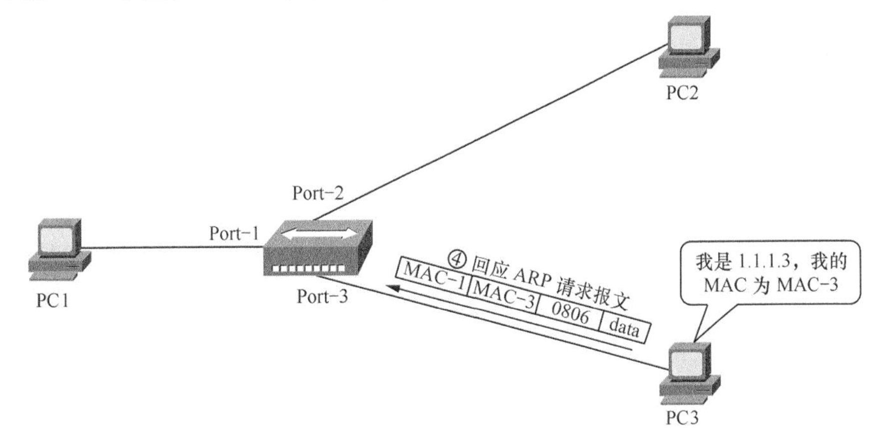

图 3-8　PC3 响应 ARP 请求

⑤ 交换机接收 PC3 发送的 ARP 响应报文，解析报文的源 MAC 地址和目的 MAC 地址，刷新（增加）MAC 地址表，通过解析的目的 MAC 地址，在 MAC 地址表中查找出接口，发送对应的出接口为 Port-1，向 Port-1 发送 ARP 响应报文，如图 3-9 所示。

续表

<table>
<tr><td>课程名称</td><td>交换机原理</td><td>章节</td><td>3.3</td></tr>
<tr><td>课时安排</td><td>1 课时</td><td>教学对象</td><td></td></tr>
<tr><td>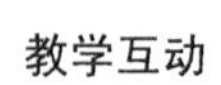
教学互动</td><td colspan="3">

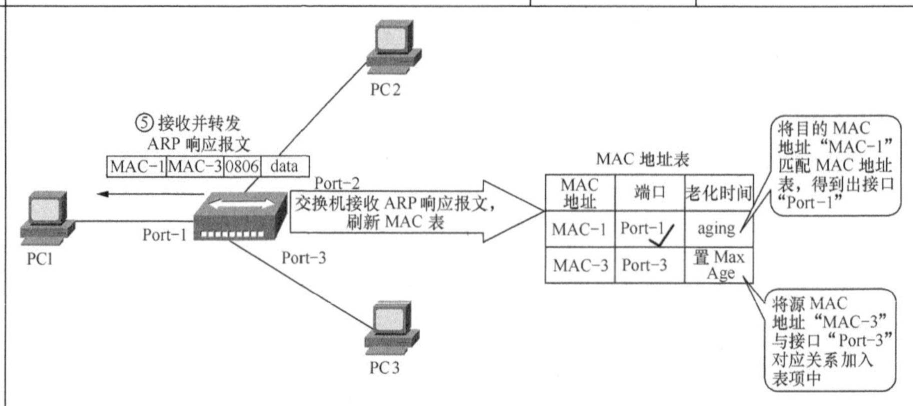

图 3-9　交换机处理及转发 ARP 响应报文

⑥ PC1 接收到 ARP 响应报文，通过解析报文的目的 MAC 地址和 Type 字段，发现报文是发送给自己的且是 ARP 报文，因此把报文传送至 IP 层（IP 模块）进行处理，得到 1.1.1.3 的 MAC 地址为 MAC-3，将此 ARP 对应关系加入到缓存中，如图 3-10 所示。

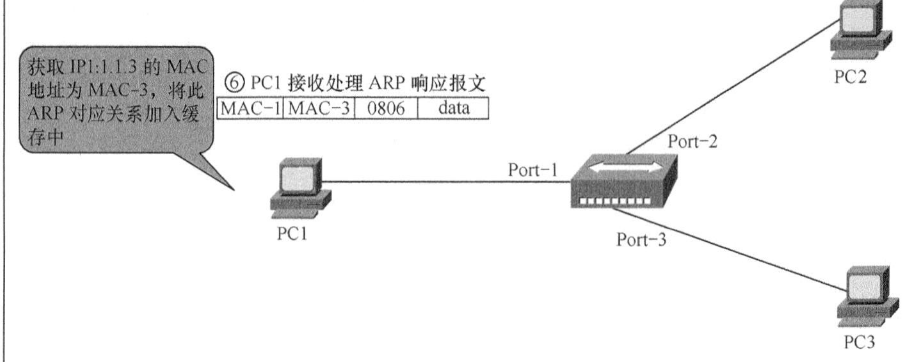

图 3-10　PC1 解析 ARP 响应报文

⑦ 此后，PC1 和 PC3 的 ARP 表项中，分别记录着对端的 IP 地址和 MAC 地址的对应关系，这样就可以正常进行通信了。通过 ARP 表项获取对应的 IP 地址和 MAC 地址对应关系完成业务报文的封装，PC1 主动发送业务数据给 PC3，如图 3-11 所示（报文的源 IP 和目的 IP 隐藏在以太网帧的数据部分）。

⑧ 交换机接收到以太数据帧时，解析报文的源 MAC 地址和目的 MAC 地址。由于源 MAC 地址 MAC-1 和端口 Port-1 的对应关系已存在 MAC 地址表中，因此不再添加 MAC 地址表，而是刷新 MAC 地址的老化时间，将其 Aging time 重新设置为最大；解析报文的目的 MAC 地址，发现其 MAC 地址表中对应的出接口为 Port-3，快速将业务报文转发至 Port-3 然后发送给 PC-3，如图 3-12 所示（对于接收以太数据帧时，交换机只刷新数据帧的源 MAC 地址对应表项的老化时间，而不刷新目的 MAC 地址对应的表项的老化时间）。

</td></tr>
</table>

续表

课程名称	交换机原理	章节	3.3
课时安排	1 课时	教学对象	

教学互动

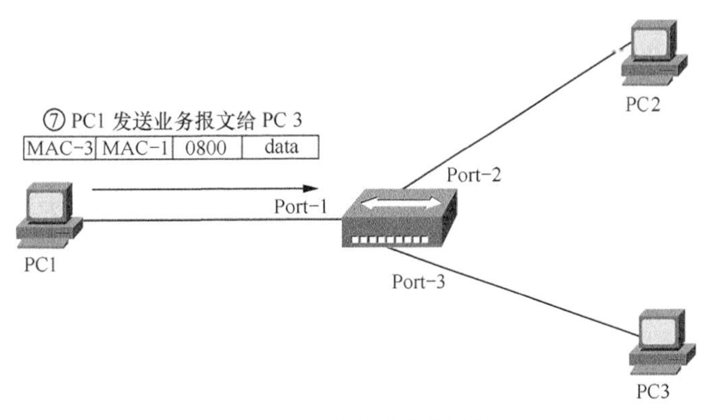

图 3-11　PC-1 发送业务数据给 PC3

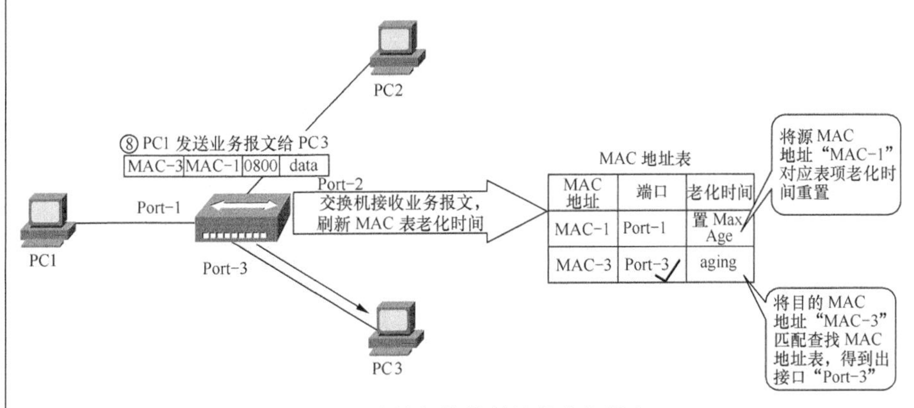

图 3-12　交换机接收并转发业务报文

⑨ PC3 接收到 PC1 发送的业务报文后，通过报文的目的 MAC 地址及 IP 地址，确认报文是发送给自己的，之后发送交互（或回应）报文给 PC1，如图 3-13 所示。

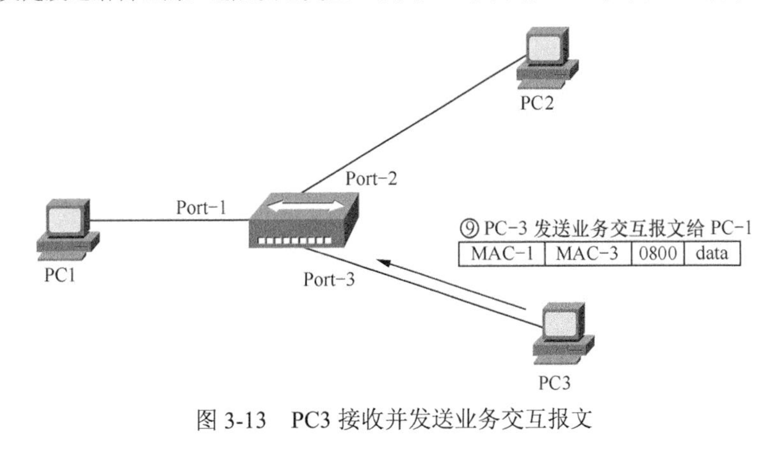

图 3-13　PC3 接收并发送业务交互报文

续表

<table>
<tr><td>课程名称</td><td>交换机原理</td><td>章节</td><td>3.3</td></tr>
<tr><td>课时安排</td><td>1 课时</td><td>教学对象</td><td></td></tr>
<tr><td>教学互动</td><td colspan="3">

此时 PC3 进行报文封装时，仍然会读取缓存中的 ARP 表项获取 PC1 的 IP 地址和 MAC 地址对应关系。

⑩ 交换机接收到 PC3 发送给 PC1 的业务数据，此时交换机对报文的操作处理步骤类似于步骤⑧的过程。交换机执行源 MAC 地址的学习和目的 MAC 地址的转发过程，并将 MAC 地址表中的 MAC-3 表项老化时间重置为 Max Age，如图 3-14 所示。

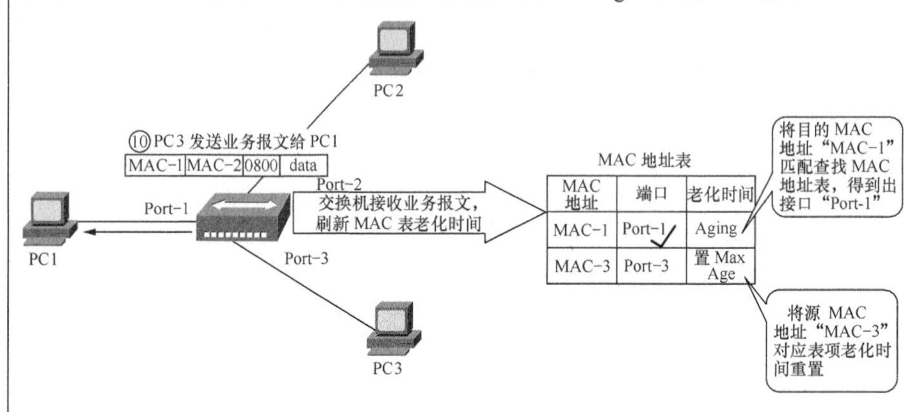

图 3-14　交换机接收并转发业务报文

问题 2：交换机的 MAC 地址表老化时间该如何设置？

交换机的 MAC 地址表老化时间不宜设置过长，也不宜设置过短，一般设备生产厂商会将老化时间设置为 5min（300s）。

如果交换机 MAC 地址老化时间设置过长，则交换机对收到的报文的源 MAC 地址需要建立 MAC 地址表，将会导致 MAC 地址表项超大，甚至超过 MAC 地址表规格。MAC 地址表超规格，新的业务报文将无法建立 MAC 地址表，引起单播报文以广播的方式发送，局域网内流量会变得非常大，有可能会导致业务丢包。老化时间设置过长的极限则是不老化，这是在使用中要避免的情况。

如果交换机 MAC 地址老化时间设置过短，则交换机有可能频繁处于删除和建立 MAC 地址表的过程，加重交换机负荷，也会引起单播报文以广播形式发送，导致业务丢包。

由此，我们需要合理地设置交换机的老化时间。

问题 3：交换机对于接收的数据包的目的 MAC 地址解析是否也会刷新 MAC 地址表？

交换机不会对接收报文的目的 MAC 地址刷新 MAC 地址表，即对于解析的目的 MAC 地址，不会将其添加到 MAC 地址表，也不会刷新 MAC 地址表中对应的表项的老化时间。目的 MAC 地址只用于指导报文转发。

</td></tr>
</table>

续表

<table>
<tr><td>课程名称</td><td>交换机原理</td><td>章节</td><td>3.3</td></tr>
<tr><td>课时安排</td><td>1 课时</td><td>教学对象</td><td></td></tr>
<tr><td>教学互动</td><td colspan="3">交换机对报文处理转发遵循的是“源 MAC 地址学习，目的 MAC 地址转发”原则，这里的源 MAC 地址和目的 MAC 地址是针对同一个数据报文而言的。

问题 4：交换机 MAC 地址表的结构？

MAC 地址表包含 3 个字段：MAC 地址、端口、老化时间，见表 3-1。

表 3-1　MAC 地址表结构
<table><tr><th>MAC 地址</th><th>端口</th><th>老化时间</th></tr><tr><td>xx-xx-xx-xx-xx-xx</td><td>GE-X/Y/Z</td><td>××</td></tr></table></td></tr>
<tr><td>教学案例分析</td><td colspan="3">通过对以太网交换机原理的学习，以太网交换机和集线器相比有哪些改进？还有哪些需要提升的地方？（建议安排 5 分钟）

以太网交换机采用 LAN 技术，以交换的方式实现报文的转发，工作于数据链路层，将冲突域限制在单个端口中，有效地提升了报文的转发速率。但是整个交换机处于同一个广播域中，在信息安全及网络划分等方面都存在问题，因此需要采用新的 VLAN 技术进行改进。</td></tr>
<tr><td>教学内容总结</td><td colspan="3">以太网交换机通过 MAC 地址表指导数据报文进行转发，MAC 地址表是一张记录维护 MAC 地址和报文接收端口的关系表。

交换机对数据报文的处理遵循“源 MAC 地址学习、目的 MAC 地址转发”原则。当交换机接收以太网数据报文后，将解析报文的源 MAC 地址和目的 MAC 地址，将源 MAC 地址和接口端口对应关系加入到 MAC 地址表中；在 MAC 地址表中查找目的 MAC 地址对应的出接口，进行报文的转发。当目的 MAC 地址无法在 MAC 地址表中匹配时，则它将以广播方式将报文转发至其他所有出接口（源接收端口除外）。

交换机通过老化机制对 MAC 地址表进行动态维护。MAC 地址表中的表项都存在一定的生存周期，生存时间从 Max Age 自动减为 0。当交换机接收到数据报文后，则刷新对应的 MAC 地址的表项，将 Max Age 重置为最大生存周期；当 MAC 地址表项超过最大生存周期，表项中的 MAC 地址仍没有收到对应的数据报文，则将其从 MAC 地址表中删除。

交换机 MAC 地址表的老化时间可以人工设置，一般不建议设置过长，也不建议设置过短，否则会引起业务异常。由于设备规格问题，交换机的 MAC 表都存在一定的规格，数量受限，因此不建议配置 MAC 地址不老化问题。</td></tr>
<tr><td>参考答案</td><td colspan="3">1．请描述二层交换机转发原理及实现过程。

答：二层交换机通过建立和查找 MAC 地址表来指导报文的转发。对于新接收的数据报文，二层交换机首先解析报文的源 MAC 地址和目的 MAC 地址，将源 MAC 地址和接收端口的对应关系加入到 MAC 地址表中。对于解析的目的 MAC 地址，则需要在 MAC</td></tr>
</table>

续表

课程名称	交换机原理	章节	3.3
课时安排	1 课时	教学对象	
参考答案	地址表中查找是否存在对应的表项及出接口，如果存在出接口，则直接转发到对应的出接口；如果不存在出接口则以广播形式向所有端口（源接口端口除外）发送。 对于非新接收的数据报文，如果解析的源 MAC 地址在 MAC 地址表中可以查询到对应的表项，则直接刷新其老化时间，然后查询对应目的 MAC 地址对应的出接口，最后以单播或广播形式发送出去。 2．二层交换机如何动态维护 MAC 地址表？ 答：二层交换机通过老化机制动态维护 MAC 地址表，对 MAC 地址表的每一条新建的 MAC 地址表项，都会设置一个最大生成时间（当然，所有的表项生成时间是一样的）。表项建立后，其对应的 MAC 地址的生成时间从最大值自动减少，如果在老化时间内，再次收到对应的源 MAC 地址报文，则将表项中对应的 MAC 地址的老化时间重置为最大。如果在老化时间内，都没有再收到对应的源 MAC 地址报文，则将 MAC 地址表中对应的 MAC 地址表项删除。 3．图 3-12 中，PC1 和 PC3 中的 ARP 表项均存在对端设备的 IP 地址和 MAC 地址映射关系，其 ARP 老化时间为 5min，而交换机的 MAC 地址老化时间为 30s。如果 PC1 和 PC3 正常交互报文后，中间有 1min 没有通信，则 PC1 再次主动和 PC3 报文通信交换机对首个业务包的数据传送过程是怎样的？ 答：① PC1 发送业务报文（此时不是 ARP 报文）给 PC3。 ② 交换机收到对应的报文，解析报文的源 MAC 地址和目的 MAC 地址，将 PC1 和 Port-1 对应关系加入交换机的 MAC 地址表中，并置老化时间为默认值。 ③ 交换机在 MAC 地址表中查找 PC3 对应的表项，此时无法找到 PC3 对应表项，则将报文以广播形式发送到 Port-2 和 Port-3。 ④ PC2 接收到数据报文后，解析报文的目的 MAC 地址为非本机网卡 MAC 地址，确认报文不是发给自己的，直接将其丢弃；PC3 收到数据报文后，解析报文的目的 MAC 地址是本机网卡 MAC 地址，确认报文是发给自己的，上送给上层处理后并发回应报文，报文封装的目的 MAC 地址为 PC1 的 MAC 地址，源 MAC 地址为本机网卡的 MAC 地址，然后转发至交换机。 ⑤ 交换机接收 PC3 发送的报文后，解析报文的源 MAC 地址为 PC3 的 MAC 地址，然后将 PC3 的 MAC 地址和 Port-3 的对应关系加入到 MAC 地址表中，并置老化时间为默认值。 ⑥ 交换机在 MAC 地址表中查找 PC1 对应的表项，此时表项对应的出接口为 Port-1，则将报文以单播形式发送到 Port-1。 ⑦ PC1 接收到 PC3 发送的数据包，解析报文的目的 MAC 地址为自己网卡的 MAC 地址后，确认是报文发送给自己的，上送报文到上层处理，完成首包交互。			

续表

课程名称	交换机原理	章节	3.3
课时安排	1 课时	教学对象	
参考答案	点评：PC 的 ARP 老化时间和交换机 MAC 地址老化时间存在时间差，导致交换机已删除表项，需要完成首包建立 MAC 地址表，但是 PC 此时不需要再发送 ARP 请求报文。学生需要理解消化该知识点。 4．对于交换机的 MAC 地址老化时间是越长越好还是越短越好？为什么？ 答：都不对，一般采用交换机默认配置的老化时间为 300s。因为 MAC 地址表老化时间过长，有可能导致 MAC 地址表超限，引起新业务报文无法建立 MAC 地址表，单播报文以广播形式发送，局域网内流量超大。设置老化时间过短，交换机频繁刷新 MAC 地址表，也会引起单播报文以广播形式发送，局域网内流量超大，甚至丢包。		

3.4　VLAN 概述

课程名称	VLAN 概述	章节	3.4
课时安排	1 课时	教学对象	
教学建议及过程	**教学建议：** 本章节授课时长建议安排为 1 课时，采用翻转课堂形式授课，培养学生的自主学习能力和学习积极性；以教学互动的形式考查学生课前预习的效果。 **教学过程：** 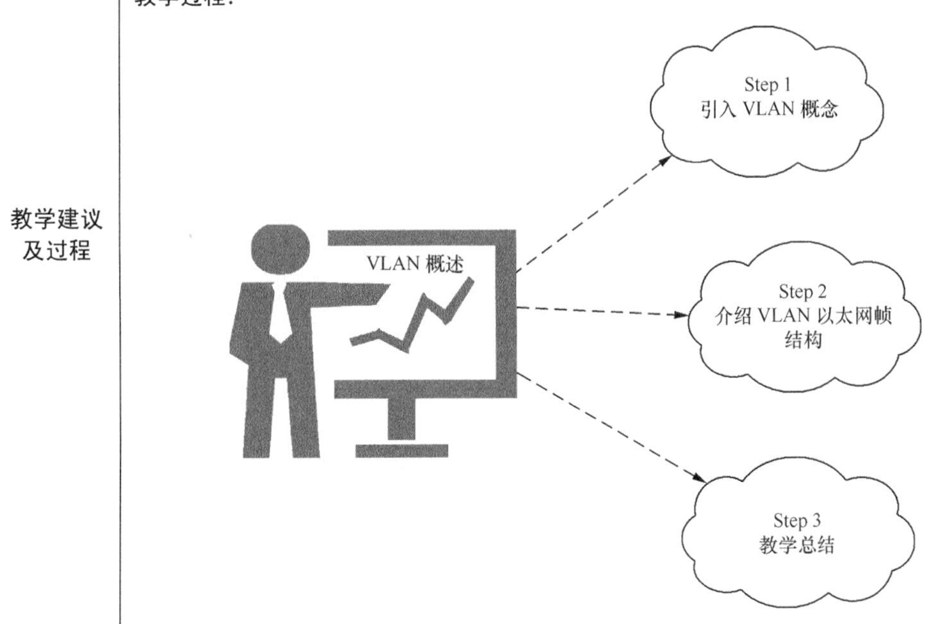		

续表

课程名称	VLAN 概述	章节	3.4
课时安排	1 课时	教学对象	
教学建议及过程	首先，本章节主要介绍 VLAN 数据帧格式，建议结合“教学互动问题 2”重点介绍 VLAN-TAG 的字段组成及含义。 其次，完成教学互动及案例分析后进行课堂总结，概括 VLAN 数据帧格式，使学生掌握封装 VLAN 标签的数据帧格式。		
学生课前准备	1. 教师布置学生课前预习本章节内容，使学生提前掌握 IEEE802.1Q 数据帧格式及 MAC 地址表结构。 2. 课前预习考核方式：教师在课堂中针对教学互动知识点或其他类似知识点对学生进行随机点名抽查，记录抽查效果。		
教学目的与要求	通过本章节的学习，学生需要了解掌握如下知识点： 1. 了解以太网 LAN 技术的缺点； 2. 掌握 IEEE802.1Q VLAN 帧格式及字段含义。		
章节重点	IEEE802.1Q 以太报文结构（VLAN 报文结构）、VLAN TAG 字段、VLANID 范围。		
教学资源	PPT、教案等。		
教学互动（30 分钟）	**问题 1：VLAN 技术的引入，对传统 LAN 交换有何改进？** LAN 交换机内部所有端口都共处于一个广播域中。VLAN 技术则在标准以太网帧中增加 4 字节的 Tag 字段。该字段用于交换机将内部广播域按 VLAN 划分为更小的广播域，减小广播域范围，增加局域网安全。同时，采用 VLAN 技术将可以灵活构建虚拟局域网，组建局域网将不受地理位置的限制。 **问题 2：引入 VLAN 技术后，以太数据帧中 Tag 标识包含几部分字段及含义？** 引入 VLAN 技术后，以太数据帧中的 Tag 标识包括 4 个字段，分别为 TPID、PRI、CFI、VID。 TPID 用于标识数据帧类型，它占用 16 个比特位，支持 802.1Q 的交换机互通时两端的 TPID 值需要设置一致；PRI 表示报文的优先级，占用 3 个比特位，用于流量拥塞调度；CFI 用于表示标准格式指示位，占用 1 个比特位；VID 用于表示 VLAN 值字段位，占用 12 个比特位，其范围为 0～4095。VLAN 数据帧结构如图 3-15 所示。 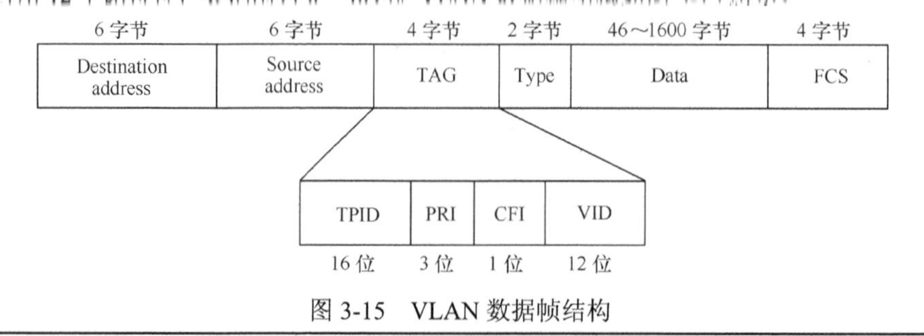 图 3-15　VLAN 数据帧结构		

续表

<table>
<tr><td>课程名称</td><td>VLAN 概述</td><td>章节</td><td>3.4</td></tr>
<tr><td>课时安排</td><td>1 课时</td><td>教学对象</td><td></td></tr>
<tr><td>教学互动
（30 分钟）</td><td colspan="3">

问题 3：引入 VLAN 技术后，交换机的 MAC 地址表内容是否需要变化？

在 2 层 LAN 交换机中，整个交换机是一个广播域，MAC 地址表记录 MAC 地址、端口及对应的老化时间。

引入 VLAN 技术后，交换机将大的广播域划分为更多的小的广播域，通过 VLAN ID 进行区分，所以在 MAC 地址表中，只要增加一个 VLAN ID 字段即可。

两者对比关系见表 3-2、3-3。

表 3-2　LAN 交换机 MAC 地址表

<table>
<tr><td>MAC 地址</td><td>端口</td><td>老化时间</td></tr>
<tr><td>…………</td><td>…………</td><td>…………</td></tr>
<tr><td>…………</td><td>…………</td><td>…………</td></tr>
</table>

表 3-3　VLAN 交换机 MAC 地址表

<table>
<tr><td>MAC 地址</td><td>端口</td><td>VLAN</td><td>老化时间</td></tr>
<tr><td>…………</td><td>…………</td><td>…………</td><td>…………</td></tr>
<tr><td>…………</td><td>…………</td><td>…………</td><td>…………</td></tr>
</table>

</td></tr>
<tr><td>教学内容
总结</td><td colspan="3">本章节主要介绍 VLAN 技术原理及对应的数据报文格式。通过在标准以太网 LAN 帧格式中引入 4 字节 VLAN 标识位，可将交换机整个广播域范围划分更多的小的广播域，增加信息安全等。</td></tr>
<tr><td>参考答案</td><td colspan="3">

1．交换机中引入 VLAN 的作用有哪些？

答：引入 VLAN 后，交换机内部整个广播域将分为更小的广播域，这样可以有效地减少广播范围，减少无用的广播报文浪费链路带宽；还可以增加网络的安全性和健壮性。

2．交换中的一个物理接口连接一台 PC，该接口转发的以太网报文是否携带 Tag 标识？

答：由于 PC 默认不识别携带 VLAN Tag 的数据帧，因此交换机连接的 PC 端口转发的报文不携带 Tag 标签。

3．VLAN 的范围是多少？在以太网帧结构中，表示 VLAN 范围的字段占多少位？

答：VLAN 的范围为 0～4095。VLAN 字段占用 12 个比特位（2^{12}=4096）。

</td></tr>
</table>

3.5 VLAN 类型

<table>
<tr><td>课程名称</td><td>VLAN 类型</td><td>章节</td><td>3.5</td></tr>
<tr><td>课时安排</td><td>1 课时</td><td>教学对象</td><td></td></tr>
<tr><td>教学建议
及过程</td><td colspan="3">

教学建议：

本章节授课时长建议安排为 1 课时，采用翻转课堂形式授课，培养学生的自主学习能力和学习积极性；以教学互动的形式考查学生课前预习的效果。

</td></tr>
</table>

续表

课程名称	VLAN 类型	章节	3.5
课时安排	1 课时	教学对象	
教学建议及过程	教学过程： 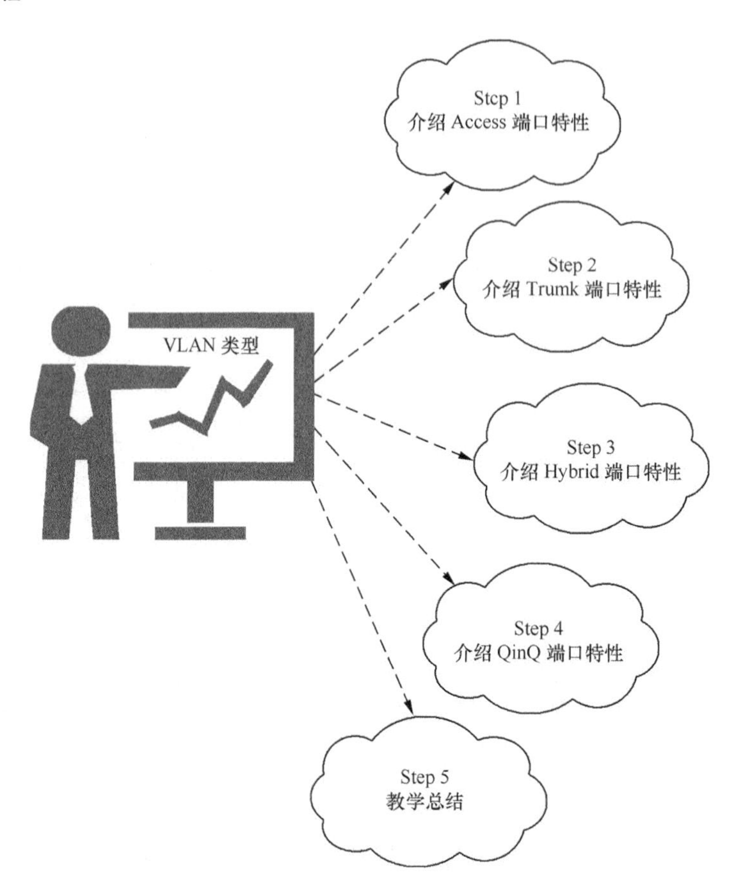 首先，课堂中需要教师重点介绍交换机划分 VLAN 后的端口分类，Access、Trunk、Hybrid 3 种端口对报文的处理方式及与端口互连特性，加深学生对 VLAN 知识点的认识和掌握（结合教学案例分析进行讲解）。 其次，QinQ 端口属性知识点不是本章节的重点，可以不用重点介绍，只介绍其概念及应用场景即可。 最后，完成教学互动及案例分析后，进行课堂总结，概括本章节要点。		
学生课前准备	1. 教师布置学生课前预习本章节内容，使学生提前掌握 VLAN 的类型及使用特点、交换机端口对报文的处理方式。 2. 课前预习考核方式：教师在课堂中针对教学互动知识点或其他类似知识点对学生进行随机点名抽查，记录抽查效果。		

续表

<table>
<tr><td>课程名称</td><td>VLAN 类型</td><td>章节</td><td>3.5</td></tr>
<tr><td>课时安排</td><td>1 课时</td><td>教学对象</td><td></td></tr>
<tr><td>教学目的与要求</td><td colspan="3">通过本章节的学习，学生需要了解掌握如下知识点：
1．掌握 Access VLAN 属性特点；
2．掌握 Trunk VLAN 属性特点；
3．掌握 Hybrid VLAN 属性特点；
4．了解 QinQ 报文结构特点。</td></tr>
<tr><td>章节重点</td><td colspan="3">Access 接口属性、Trunk 接口属性、Hybrid 接口属性。</td></tr>
<tr><td>教学资源</td><td colspan="3">PPT、教案等。</td></tr>
<tr><td>知识点结构导图</td><td colspan="3">交换机端口（VLAN 属性）
Access 端口
接收　Untagged 数据，添加 Access VLAN 字段
接收　Tagged 数据帧，丢弃
发送　将报文携带的 VLAN Tag 剥离，发送出去
Trunk 端口
接收　Tagged 数据帧　数据帧 VLAN Tag 和端口允许通过的匹配，通过
接收　Tagged 数据帧　数据帧 VLAN Tag 和端口允许通过的不匹配，丢弃
接收　Untagged 数据帧　将数据帧添加 VLAN Tag，VLAN 值为端口的 PVID
发送　Tagged 数据帧　数据帧 VLAN ID 不等于端口 PVID，直接转发
发送　Tagged 数据帧　数据帧 VLAN ID 不等于端口 PVID，剥离 VLAN 后转发
Hybrid 端口
接收　Tagged 数据帧　数据帧 VLAN Tag 和端口允许通过的匹配，通过
接收　Tagged 数据帧　数据帧 VLAN Tag 和端口允许通过的不匹配，丢弃
接收　Untagged 数据帧　将数据帧添加 VLAN Tag，VLAN 值为端口的 PVID 或其他 VLAN ID，根据配置情况
发送　Tagged 数据帧　数据帧 VLAN ID 不等于端口 PVID，直接转发
发送　Tagged 数据帧　数据帧 VLAN ID 等于端口 PVID，剥离 VLAN 后转发
发送　Tagged 数据帧　数据帧 VLAN ID 和允许不带 VLAN 值相同，剥离 VLAN 后转发
QinQ 端口
接收　打上外层 VLAN Tag
发送　剥离外层 VLAN Tag</td></tr>
<tr><td>教学互动</td><td colspan="3">问题 1：支持 IEEE802.1Q 协议的交换机内部发送的数据帧为什么都是携带 VLAN Tag 的？
交换机支持 IEEE802.1Q 协议后，通过 VLAN 区域不同的局域网，在交换机内部的数据帧必须携带 VLAN 值。由此，通过内部转发的数据帧都携带了 VLAN Tag。
问题 2：交换机 Access 接口接收和发送数据帧时会进行什么样的处理动作（建议由老师详细讲解）？
交换机 Access 接口接收数据帧时，会进行添加 VLAN 标签操作，VLAN 值为端口的默认 VLAN ID。同时，解析报文的源 MAC 地址，将源 MAC 地址、接口 ID、VLAN 值对应的关系加入至 MAC 地址表中。</td></tr>
</table>

续表

课程名称	VLAN 类型	章节	3.5
课时安排	1 课时	教学对象	

教学互动

交换机 Access 接口发送数据帧时，会进行剥离 VLAN 标签操作，此时从端口中发出的报文是不携带 VLAN 标签的（Untagged frame）。

结合课本中的案例，如图 3-16 所示，讲述交换机对报文的处理过程和对 MAC 地址表的刷新过程，突出交换机“源 MAC 地址学习、目的 MAC 地址转发”的处理动作（详细步骤见原理用书）。

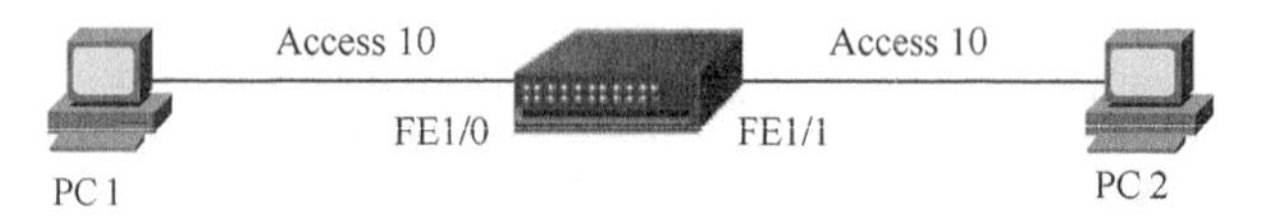

图 3-16　Access 接口用于连接不识别 VLAN 的终端

PC1 与 PC2 间的报文交互的过程如下。

① PC1 先发送数据包给 PC2（PC1 和 PC2 都存在对端设备对应的 ARP 表项，为简化描述，假设 MAC-1 表示 PC1 的 MAC 地址，MAC-2 为 PC2 的 MAC 地址），然后再将 PC1 发出的不带 VLAN-Tag 的数据包发送给交换机，如图 3-17 所示。

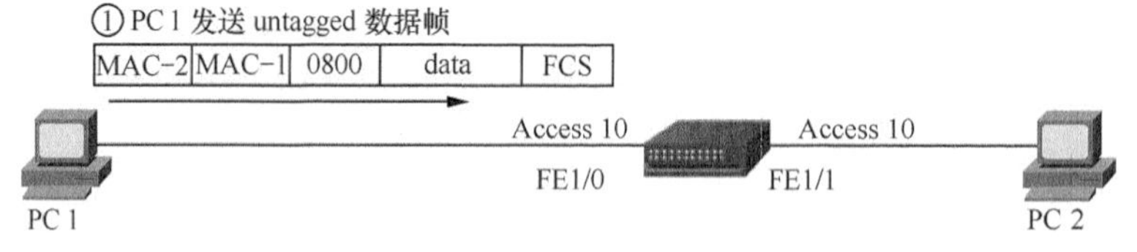

图 3-17　PC1 向 PC2 发送数据包

② 交换机接口 FE1/0 收到数据包后，检测到接口类型属性为 Access，修改数据包，增加 VLAN 标签，对应 VLAN ID 值为 10，如图 3-18 所示。

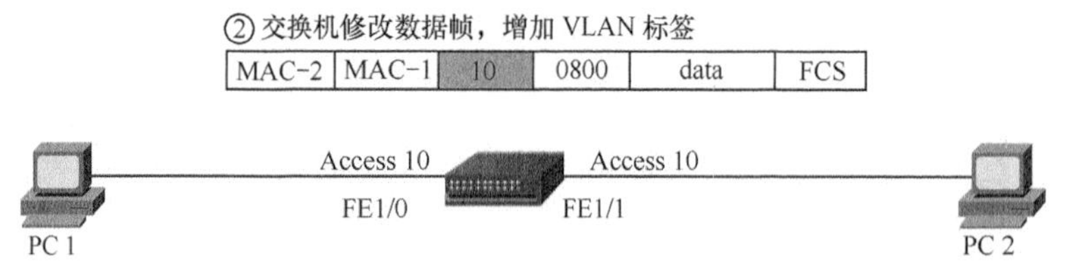

图 3-18　交换机处理以太数据帧（添加 VLAN 标签）

③ 交换机解析数据包的源 MAC 地址和目的 MAC 地址。如果 MAC 地址表不存在 PC1 的 MAC 地址，则将源 MAC 地址（PC1 的 MAC 地址，假设为 MAC-1）、接收端口及 VLAN 对应关系添加到 MAC 地址表中；如果 MAC 地址表中已存在对应的 MAC 地址，则重新刷新其老化时间（Aging time，一般交换机的默认老化时间为 20min），如图 3-19 所示。

续表

课程名称	VLAN 类型	章节	3.5
课时安排	1 课时	教学对象	

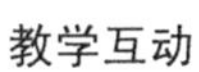
教学互动

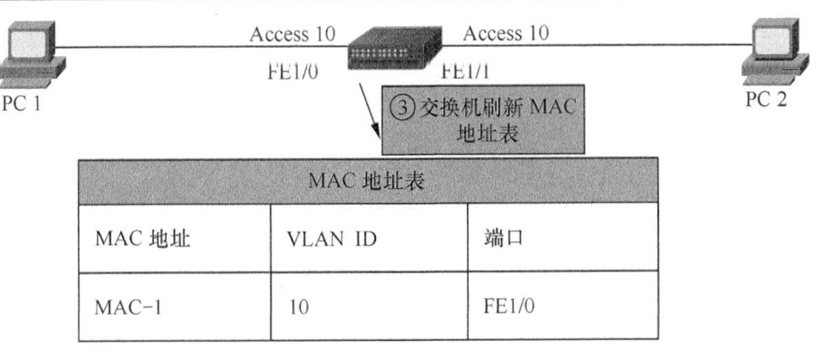

图 3-19　交换机接收数据帧刷新 MAC 地址表

④ 交换机通过③解析到报文的目的 MAC 地址和 VLAN 信息，在 MAC 地址表中查找是否存在 PC2 对应的 MAC 地址。若存在对应的 MAC 地址表项且 VLAN ID 一致，则将报文转发至出接口；若 MAC 地址表中没有 PC2 的 MAC 地址表项，则通过广播方式向所有透传 VLAN 10 的端口发送（单播报文广播发送，防止报文丢失），如图 3-20 所示。

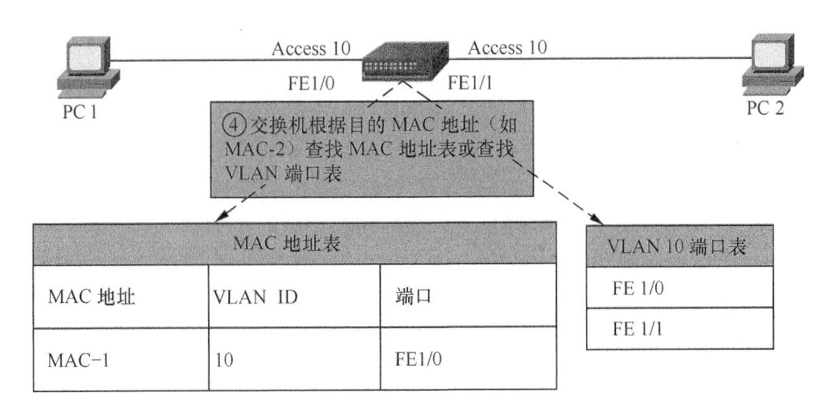

图 3-20　交换机根据以太数据帧 MAC 地址或 VLAN 接口表查找出接口

⑤ 报文转发至交换机端口 FE1/1，此时端口属性为 Access。端口将剥离 VLAN 10，然后通过 FE1/1 将报文发送出去，如图 3-21 所示（此时，报文是以广播方式向 FE1/1 端口发送的，为什么？）。

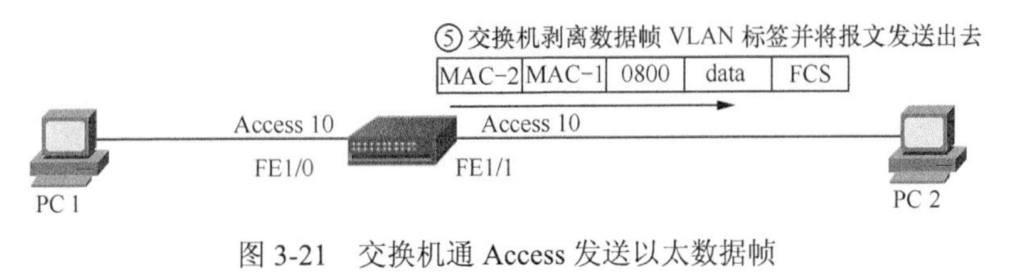

图 3-21　交换机通 Access 发送以太数据帧

续表

课程名称	VLAN 类型	章节	3.5
课时安排	1 课时	教学对象	

教学互动

⑥ PC2 收到 PC1 的报文后，根据报文的目的 MAC-2 地址和 IP 地址，确认是发给自己的数据包，经过内部程序调度处理后进行交互回包。PC-2 发出的数据包不带 VLAN 标签，如图 3-22 所示。

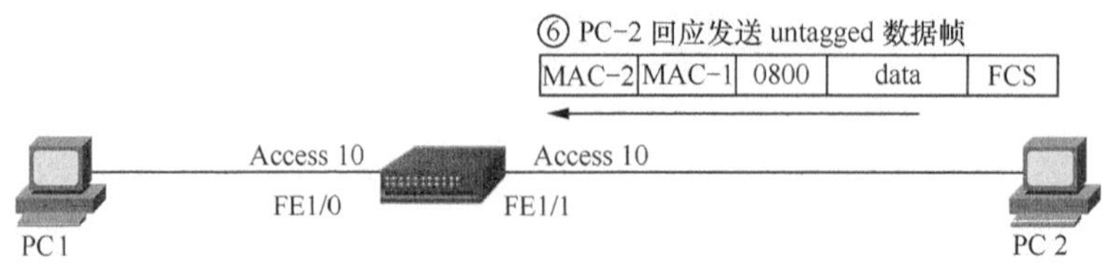

图 3-22　PC2 回送数据包

⑦ 交换机接口 FE1/1 收到数据包后，检测到接口类型属性为 Access，修改数据包，增加 VLAN 标签，对应 VLAN ID 值为 10，如图 3-23 所示。

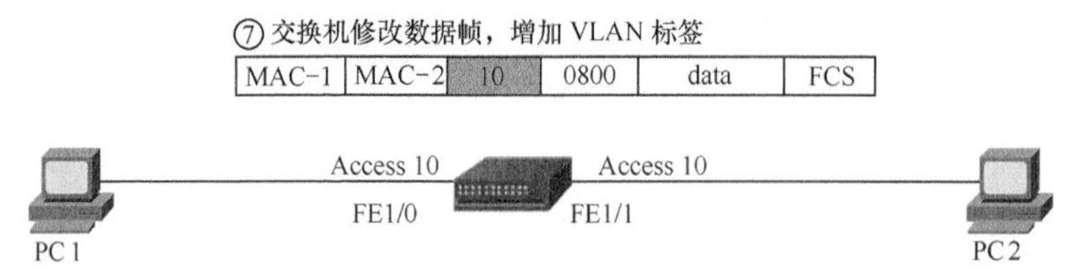

图 3-23　交换机处理以太数据帧（添加 VLAN 标签）

⑧ 交换机解析 PC2 的数据包的源 MAC 地址和目的 MAC 地址。如果 MAC 地址表不存在 PC2 的 MAC 地址，则将源 MAC 地址（PC2 的 MAC 地址，假设为 MAC-2）、接收端口及 VLAN 对应关系添加到 MAC 地址表中；如果 MAC 地址表中已存在对应的 MAC 地址，则重新刷新其老化时间（Aging time），如图 3-24 所示。

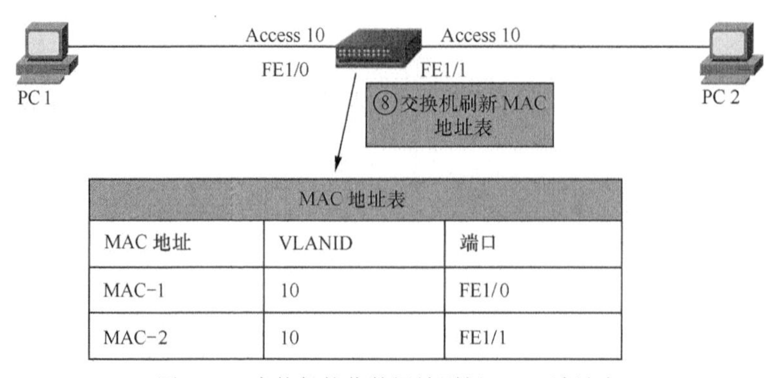

MAC 地址表

MAC 地址	VLANID	端口
MAC-1	10	FE1/0
MAC-2	10	FE1/1

图 3-24　交换机接收数据帧刷新 MAC 地址表

⑨ 交换机通过⑧解析到报文的目的 MAC 地址和 VLAN 信息，在 MAC 地址表中查找是否存在 MAC-1 对应的地址表项。若有且 VLAN ID 一致，则将报文转发至出接口（报

续表

课程名称	VLAN 类型	章节	3.5
课时安排	1 课时	教学对象	

教学互动

文交互是非常快的，一般为毫秒级，所以 MAC 地址表暂不会老化掉。通过上述 MAC 地址表，我们可以查找到 PC1 的 MAC-1，其对应的转发端口为 FE1/0），如图 3-25 所示。

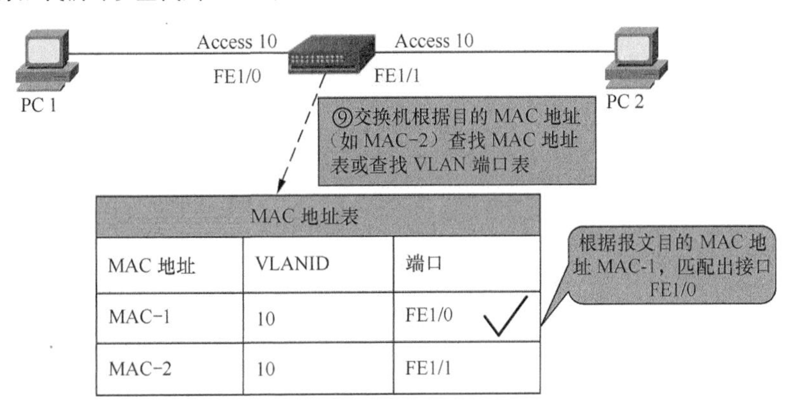

图 3-25　交换机根据以太数据帧 MAC 地址或 VLAN 查找出接口

⑩ 交换机通过 MAC 地址表查询后，确认转发端口为 FE1/0，端口 FE1/0 属性为 Access，将剥离 VLAN 10，然后通过 FE1/0 将报文发送出去，如图 3-26 所示。

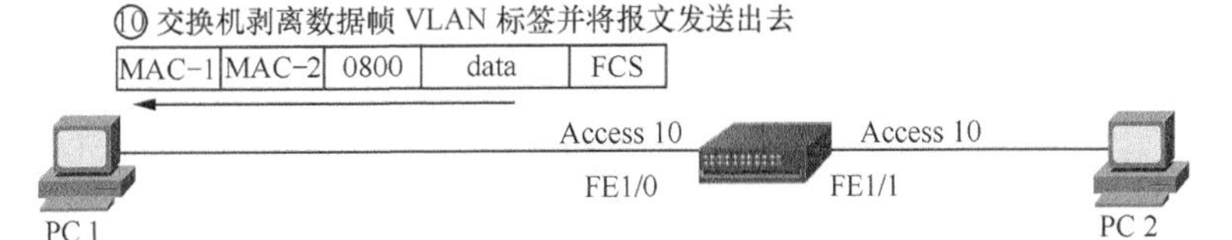

图 3-26　交换机通过 Access 发送以太数据帧

问题 3：Trunk 端口和 Hybrid 端口的属性区别是什么？

Hybrid 端口比 Trunk 端口使用更灵活。Hybrid 端口允许多个 VLAN 的报文发送时不带标签。Trunk 端口一般用于交换机互联，Hybrid 端口可用于交换机互联，也可以连接 PC 等。

交换机连接用户终端，配置端口属性为 Access（有时也称为 Access 端口）实现 VLAN 10 内互通。

问题 4：QinQ 报文结构和使用前景？

QinQ 实现 VLAN 的嵌套，结构如图 3-27 所示。

IEEE802.1 协议定义了 VLAN 字段值 VID 占用 12 个比特位，VLAN 范围为 0～4095。它在一般的局域网中已足够使用，但是对于特殊的应用场景（如电信运营商城域网中用户业务的精细化管理），4096 个 VLAN 的空间将不够使用，必须借用 802.1Q-IN-802.1Q 协议扩展 VLAN 空间。一般外层 VLAN 为 SVLAN（Service VLAN），用于区分不同业务，内层 VLAN 为 CVLAN（Customer，VLAN），用于区分不同客户。

续表

<table>
<tr><td>课程名称</td><td>VLAN 类型</td><td>章节</td><td>3.5</td></tr>
<tr><td>课时安排</td><td>1 课时</td><td>教学对象</td><td></td></tr>
<tr><td>教学互动</td><td colspan="3">

6 字节	6 字节	4 字节	4 字节	2 字节	46~1500 字节	4 字节
Destination address	Source address	802.1Q VLAN TAG	802.1Q VLAN TAG	Type	Data	FCS

TPID	PRI	CFI	VID
16 位	3 位	1 位	12 位

图 3-27　QinQ 报文结构
</td></tr>
<tr><td>教学案例分析</td><td colspan="3">

（教学拓展，10 分钟）

一个小型企业的网络拓扑如图 3-28 所示，两台交换机通过 Trunk 端口互联，交换机通过 Access 端口和出口路由器（具备 NAT 功能）互联。交换机中通过配置 Vlanif 接口实现和路由器 3 层互通（Vlanif 接口下可配置 IP 地址，实现对 VLAN 数据的终结）。请问 PC-1 和 PC-*n* 是否可通过交换机直接通信？为什么？

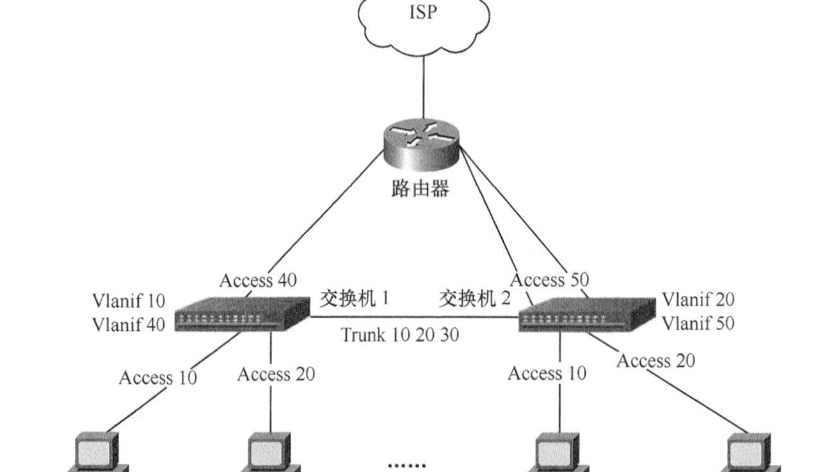

图 3-28　小型企业网络拓扑

PC1 和 PC*n* 间不能直接通信。交换机划分 VLAN 后，连接两台 PC 的端口的 VLAN 属性不一样，导致两台 PC 发送的数据被交换机添加了不同的 VLAN。不同的 VLAN 属于不同的局域网，所以它们不能直接进行数据交换。PC1 和 PC*n* 的正常通信需要借助 3 层路由功能。
</td></tr>
</table>

续表

<table>
<tr><td>课程名称</td><td>VLAN 类型</td><td>章节</td><td>3.5</td></tr>
<tr><td>课时安排</td><td>1 课时</td><td>教学对象</td><td></td></tr>
<tr><td>教学内容总结</td><td colspan="3">本章节主要介绍支持 IEEE802.1Q 协议交换机的 3 种类型端口（有时也称为端口的 3 种类型属性），即 Access 端口、Trunk 端口、Hybrid 端口，以及这 3 种类型的端口对数据帧的接收及转发处理过程。</td></tr>
<tr><td>参考答案</td><td colspan="3">1．请根据图 3-29 简述 PC1 ping PC3 间的报文交互完整过程及交换机的状态表项，交换机和 PC 中的初始表项为空（过程以 4 个 ping 包为例，假设 PC1 的 IP 地址为 192.168.10.2/255.255.255.0，PC3 的 IP 地址为 192.168.10.3/255.255.255.0）。
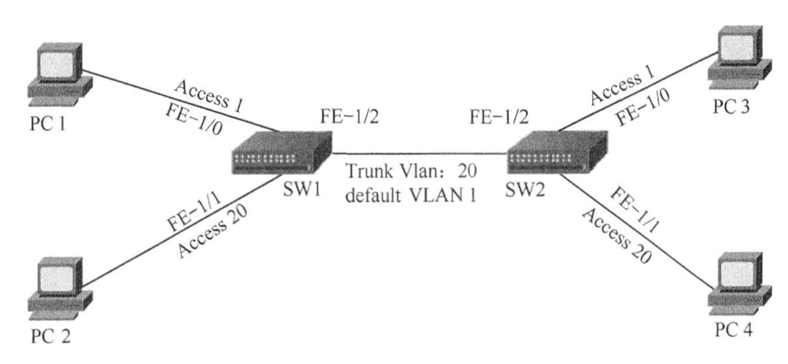

图 3-29　报文交互过程

答：为了简化报文交互过程，我们在本例中将省略 PC2 和 PC4 间的报文交互过程。
① PC1 由 ping 程序触发 ARP 报文请求，发送 ARP 请求报文的目的 MAC 地址为 FFFF-FFFF-FFFF，源地址为 MAC-1（假设 PC1 的 MAC 地址为 MAC-1），报文的数据部分为请求查询 192.168.10.3 的 MAC 地址，然后以广播的方式通过网卡发送到对应的链路，如图 3-30 所示。
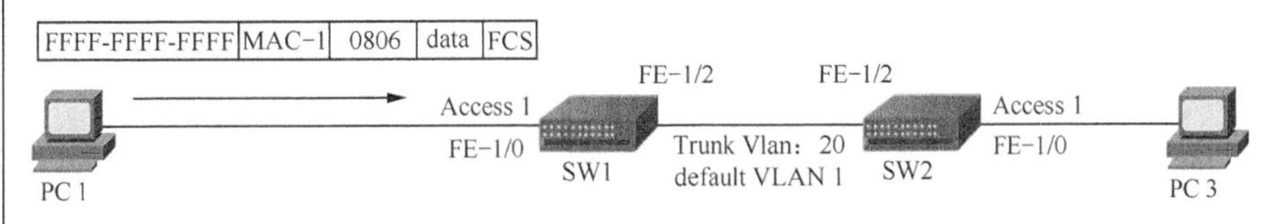

图 3-30　ARP 报文交互过程

② 端口 FE-1/0 的属性为 Access，交换机收到数据帧后，给报文添加 VLAN Tag，并置报文的 VLAN ID 为 1；然后解析报文的源 MAC 地址和目的 MAC 地址，在 MAC 地址表中新增一条表项记录，记录源 MAC-1、接收端口 FE-1/0 及 VLAN 1 的对应关系，如图 3-31 所示。
③ 由于 ARP 请求报文的目的 MAC 地址为 FFFF-FFFF-FFFF，它是一个广播 MAC 地址，报文将向所有透传 VLAN 1 的端口转发（除原接口端口 FE-1/0 外），此时报文将被转发至 FE-1/2。</td></tr>
</table>

续表

课程名称	VLAN 类型	章节	3.5
课时安排	1 课时	教学对象	
参考答案	（见下）		

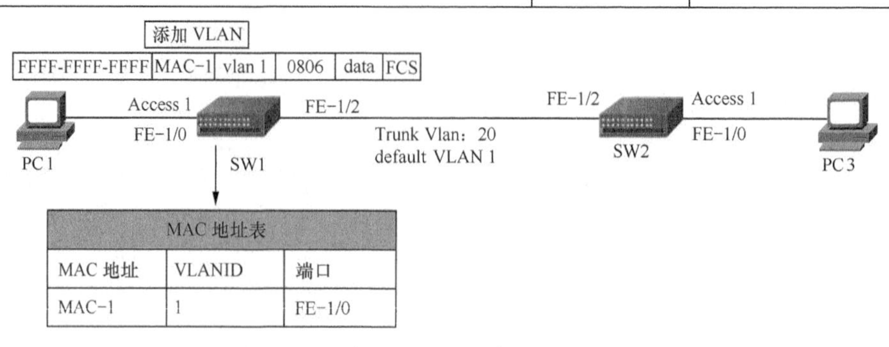

图 3-31　添加 VLAN Tag 的报文交互过程

④ 交换机 SW1 的端口 FE-1/2 接收到内部数据后，确认报文的 VLAN ID 和 PVID 相同，均为 1，此时交换机将报文的 VLAN Tag 剥离，通过互联链路转发至对端交换机中，如图 3-32 所示。

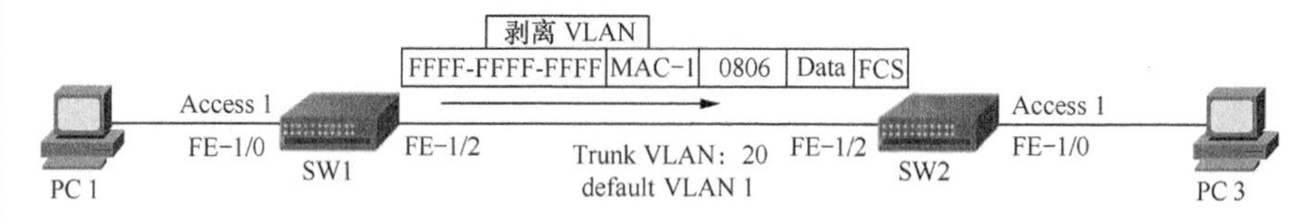

图 3-32　剥离 VLAN 的过程

⑤ 交换机 SW2 接收到数据包，确认报文没有携带 VLAN Tag，将报文添加 VLAN Tag 并将 VLAN ID 置为 1；然后解析报文的源 MAC 地址和目的 MAC 地址，在 MAC 地址表中新增一条表项记录，记录源 MAC-1、接收端口 FE-1/2 及 VLAN 1 的对应关系，如图 3-33 所示。

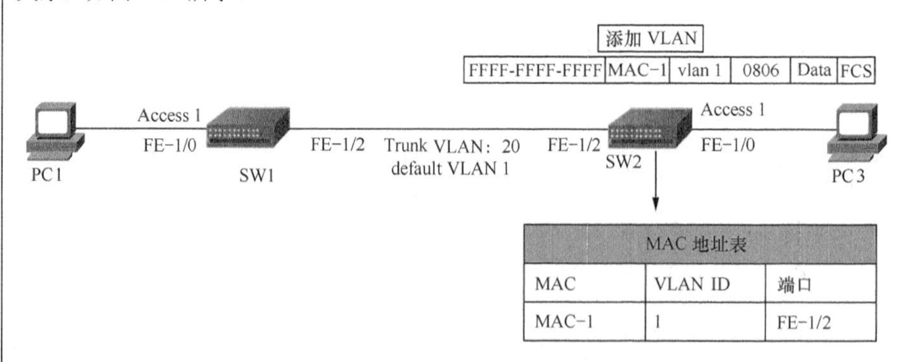

图 3-33　添加 VLAN 的过程

⑥ 交换机 SW2 解析报文 ARP 请求报文的目的 MAC 地址为 FFFF-FFFF-FFFF，它是一个广播 MAC 地址，报文将向所有透传 VLAN 1 的端口转发（除原接口端口 FE-1/2 外），此时报文将被转发至 FE-1/0。

续表

课程名称	VLAN 类型	章节	3.5
课时安排	1 课时	教学对象	

参考答案

⑦ 交换机 SW2 端口 FE-1/0 属性为 Access，此时将剥离报文的 VLAN Tag，并通过互联链路将其发送至 PC3，如图 3-34 所示。

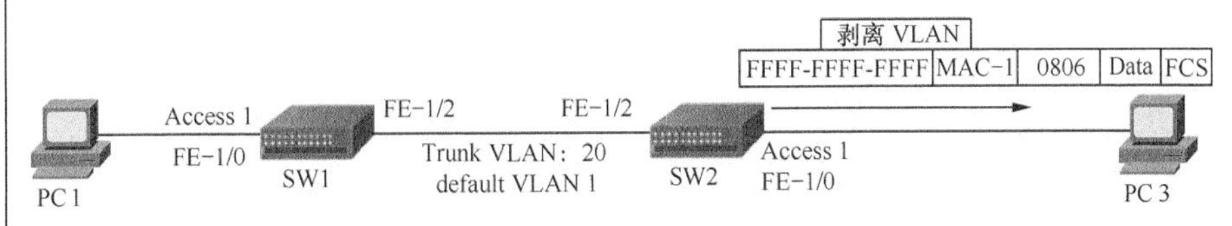

图 3-34　剥离 VLAN 的过程

⑧ PC-3 接收到 ARP 广播请求报文后，上送至 IP 层处理，通过解析报文的目的 IP 地址和源 IP 地址，在缓存中添加 192.168.10.2 和 MAC-1 对应表项；比较报文的目的 IP 确认 ARP 报文是发给本机的，然后回应该 ARP 请求，如图 3-35 所示。

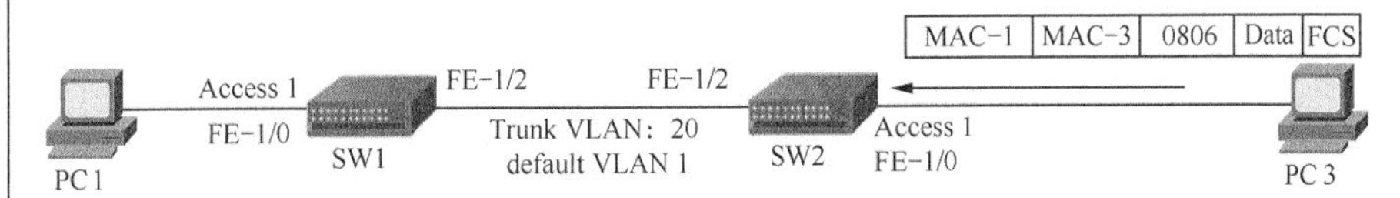

图 3-35　PC 端回应 ARP 报文的过程

⑨ 交换机 SW2 端口 FE-1/0 接收到不携带 VLAN Tag 的数据帧后，将报文增加 VLAN Tag 字段，对应 VLAN ID 为 1；然后解析报文的源 MAC 地址和目的 MAC 地址，将 MAC-3、端口 FE-1/0 及 VLAN ID 1 的对应关系添加至 MAC 地址表中。报文携带的目的 MAC 地址为 MAC-1，在 MAC 地址表中查找得到对应的出接口 FE-1/2，然后将报文发送至端口 FE-1/2，如图 3-36 所示。

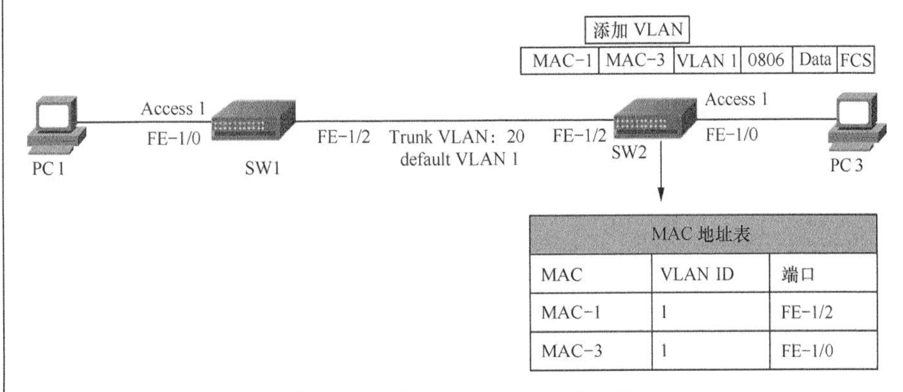

图 3-36　交换机添加 VLAN 的过程

⑩ 交换机 SW2 端口 FE-1/2 发送数据前确认端口 PVID 和报文的 VLAN ID 一致，之后将报文的 VLAN Tag 剥离并将其发送出去，如图 3-37 所示。

续表

课程名称	VLAN 类型	章节	3.5
课时安排	1 课时	教学对象	

参考答案

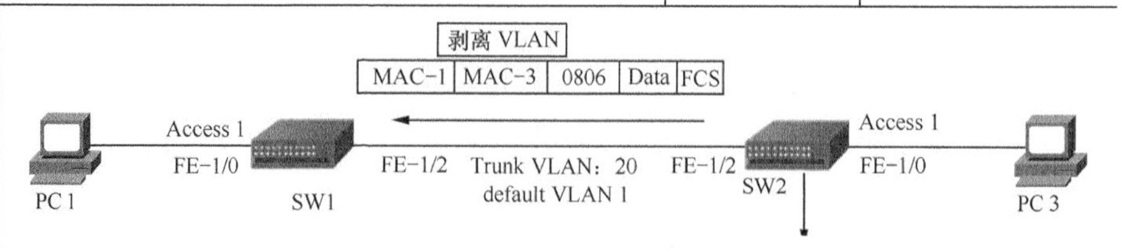

图 3-37　交换机添加 VLAN 的过程

⑪ 交换机 SW1 端口 FE-1/2 接收到不携带 VLAN Tag 的数据帧后，给数据帧添加 VLAN Tag 并将 VLAN ID 置为端口 PVID 1；然后解析报文的源 MAC 地址和目的 MAC 地址，将源 MAC 地址 MAC-3、端口 FE-1/2 及 VLAN ID 1 的对应关系添加至 MAC 地址表中；将解析的目的 MAC 地址 MAC-1 在 MAC 地址表项查找对应的出接口，确认出接口为 FE-1/0 并将报文转发至此接口，如图 3-38 所示。

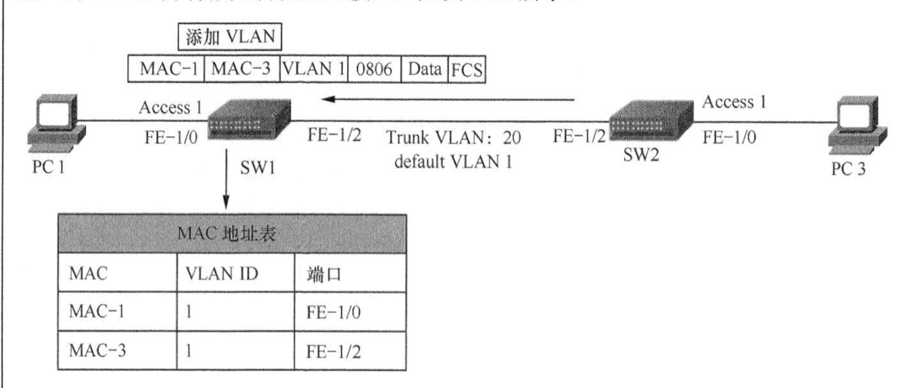

MAC 地址表		
MAC	VLAN ID	端口
MAC-1	1	FE-1/0
MAC-3	1	FE-1/2

图 3-38　交换机添加 VLAN

⑫ 交换机检查端口 FE-1/0 的属性为 Access，将报文的 VLAN Tag 剥离后发送至链路中传送后 PC1，如图 3-39 所示。

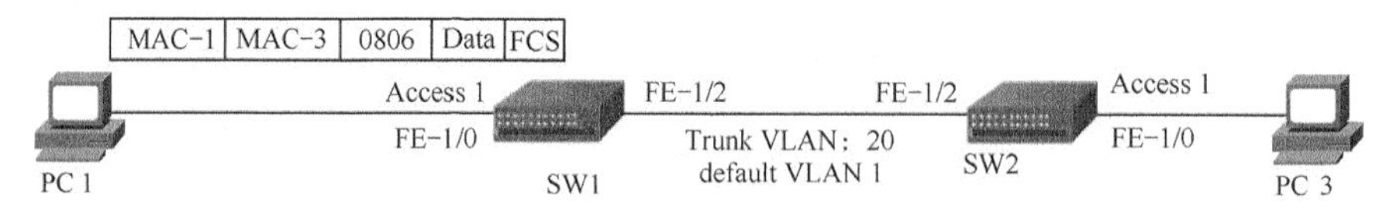

图 3-39　交换机剥离 VLAN Tag 过程

⑬ PC1 接收到 PC3 发送的数据包后，解析报文的目的 MAC 地址发现报文是发给 PC1 的，然后报文被类型字段 0x0806 上送 IP 模块处理，解析得到 192.168.10.3 的 MAC 地址，最后 PC1 将对应关系加入到 ARP 表项中。Ping 程序封装 ICMP request 报文，将报文的目的 MAC 地址置为 MAC-3，源 MAC 地址置为 MAC-1，Type 类型字段置为 0800，并通过网卡发送出去。之后的 Ping 报文交互过程触发 MAC 地址学习和老化流程如①～⑫的步骤。

续表

<table>
<tr><td>课程名称</td><td>VLAN 类型</td><td>章节</td><td>3.5</td></tr>
<tr><td>课时安排</td><td>1 课时</td><td>教学对象</td><td></td></tr>
<tr><td>参考答案</td><td colspan="3">总结：上述报文交互过程没有描述 MAC 地址表的老化刷新动作，当建立 MAC 地址表后，每条表项都会设置一个最大生存时间，然后生存时间自动减小，如果再次收到相同源 MAC 地址的报文后，则再次刷新重置其老化时间（如何配置 Trunk 端口实现不同 VLAN 的互通呢？如 VLAN 1 和 VLAN 20 互通）。
2. 支持 VLAN 的交换机的接口属性可分为哪 3 种类型？请分别描述对应属性接口报文处理动作。
答：分为 Access 端口、Trunk 端口、Hybrid 端口。
Access 端口接收不带 VLAN Tag 标签的数据帧，然后添加 VLAN Tag 置 VLAN ID 为 Access VLAN；发送数据帧时，将剥离数据帧 VLAN Tag。
Trunk 端口接收不带 VLAN Tag 标签的数据帧，然后添加 VLAN Tag 置 PVID，若携带 VLAN Tag 时，则需要确认 VLAN ID 是否为端口允许通过的 VLAN，允许则通过，否则丢弃。发送数据帧时，若数据帧的 VLAN ID 和端口 PVID 一致，则剥离数据帧的 VLAN Tag 将其发送出去；若数据帧的 VLAN ID 和端口 PVID 不一致，则直接将其发送出去（报文发送到此端口，可确认报文的 VLAN ID 一定和端口允许通过的 VLAN ID 相匹配）。
Hybrid 端口处理数据帧和 Trunk 端口类似，区别点在于它允许多个携带不同 VLAN ID 的数据帧不携带 VLAN Tag 发送出去。</td></tr>
</table>

3.6 VLAN 间路由

<table>
<tr><td>课程名称</td><td>VLAN 间路由</td><td>章节</td><td>3.6</td></tr>
<tr><td>课时安排</td><td>1 课时</td><td>教学对象</td><td></td></tr>
<tr><td>教学建议
及过程</td><td colspan="3">教学建议：
本章节授课时长建议安排为 1 课时，采用翻转课堂形式授课，培养学生的自主学习能力和学习积极性；以教学互动的形式考查学生课前预习的效果（本章节也可调至 5.1 节后进行讲解）。
教学过程：
首先，教学过程中需要教师介绍二层交换机中引入 VLAN 后阻止了 VLAN 间通信的问题，引入本章教学主题。
其次，介绍通过 VLANIF 接口终结 VLAN 标签实现不同 VLAN 间/网络间通信的方法。VLANIF 本质上是单臂路由原理在交换机的使用（结合教学互动问题 1 和教学案例</td></tr>
</table>

续表

课程名称	VLAN 间路由	章节	3.6
课时安排	1 课时	教学对象	
教学建议及过程	分析 1 重点讲述 VLAN 间通信过程）。 再次，介绍交换机引入 VLANIF 后，交换机则由二层交换机变成了三层交换机，同时具备了二层交换机和三层路由功能（该知识点需要着重强调）。 最后，在完成教学互动及案例分析后进行课堂总结，概括 VLAN 间路由知识要点。 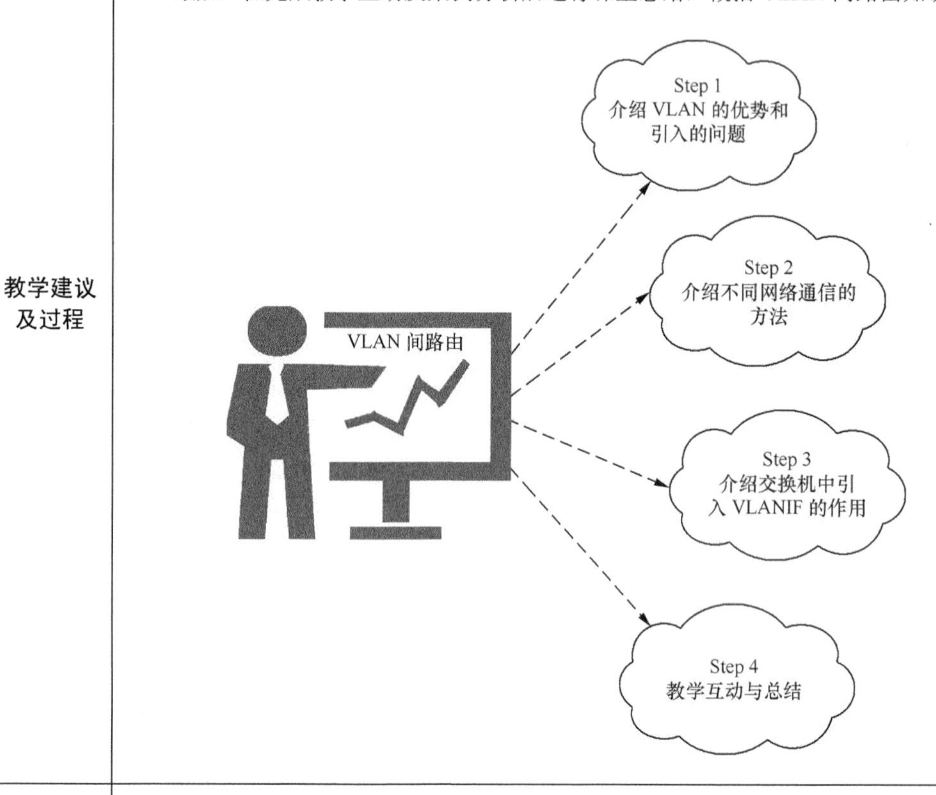		
学生课前准备	1．教师布置学生课前预习本章节内容，使学生提前掌握 VLAN 间通信原理。 2．课前预习考核方式：教师在课堂中针对教学互动知识点或其他类似知识点对学生进行随机点名抽查，记录抽查效果。		
教学目的与要求	通过本章节的学习，学生需要了解掌握如下知识点： 1．掌握 VLANIF 原理； 2．掌握 VLAN 间路由原理。		
章节重点	VLANIF 子接口、VLAN 间路由。		
章节难点	VLAN 间路由原理。		
教学资源	PPT、教案等。		

续表

<table>
<tr><td>课程名称</td><td>VLAN 间路由</td><td>章节</td><td>3.6</td></tr>
<tr><td>课时安排</td><td>1 课时</td><td>教学对象</td><td></td></tr>
<tr><td>知识点
结构导图</td><td colspan="3">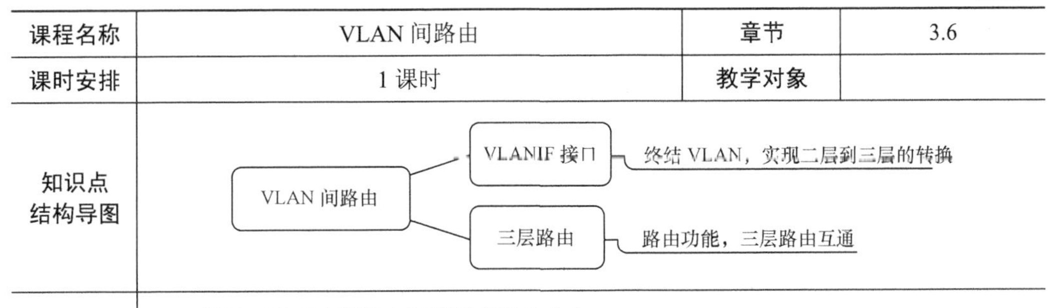
</td></tr>
<tr><td>教学互动</td><td colspan="3">问题：VLAN 间路由互通原理是什么？

交换机中借用逻辑接口 VLANIF，实现二层到三层的转换。当交换机配置了 VLANIF 功能后，交换机内部则会生成路由表，实现不同 VLAN 间互通，则 VLANIF 接口实现二层到三层→三层路由→三层至二层的互通连接。转换原理如图 3-40 所示。
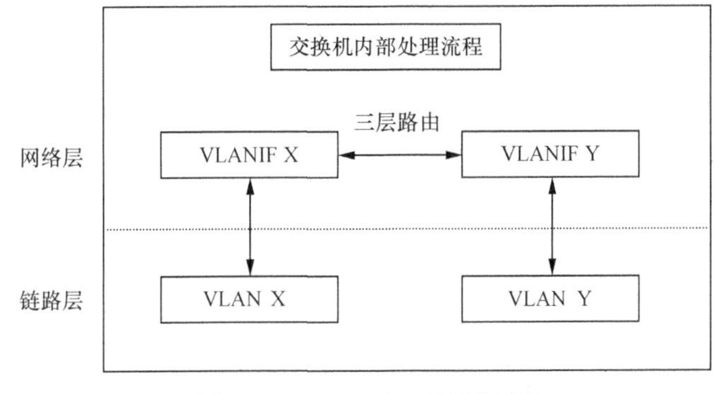

图 3-40　VLAN 间互通原理图</td></tr>
<tr><td>教学案例
分析（教
学拓展，
0.5 课时）</td><td colspan="3">根据图 3-41 说明同一交换机下不同 VLAN 间互访流程：PC1 和 PC2 不在同一个网段中，连接于同一台交换机中，假设 PC1 主动向 PC2 发起访问需求。
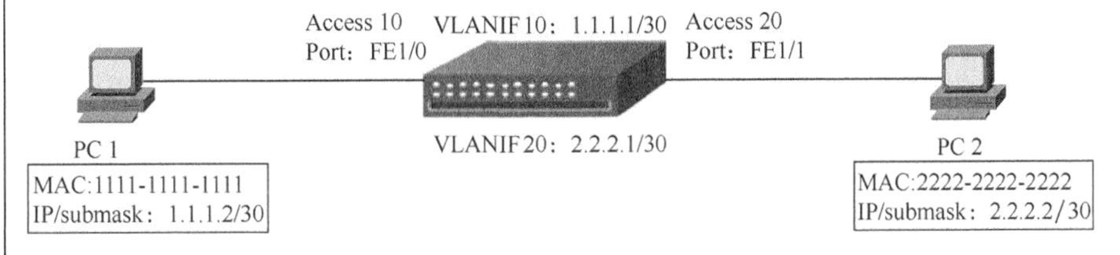

图 3-41　VLAN 间路由

当主机 PC1 发送报文给主机 PC2 时，报文的发送过程如下（假设三层交换机 Switch 上还未建立任何转发表项，VLANIF 10 接口 MAC 地址为 0800-0400-0200，VLANIF 20 接口 MAC 地址为 0800-0400-0203）。

① PC1 判断目的 IP 地址与自己的 IP 地址不在同一网段。因此，它发送查询网关 MAC 地址的 ARP 请求报文，目的 IP 为网关 IP 1.1.1.1，目的 MAC 地址为全 FFFF-FFFF-FFFF（ARP 报文的交互流程请参考第 2 章 2.10 节），PC 发送的数据报文不携带 VLAN 标签。</td></tr>
</table>

续表

<table>
<tr><td>课程名称</td><td>VLAN 间路由</td><td>章节</td><td>3.6</td></tr>
<tr><td>课时安排</td><td>1 课时</td><td>教学对象</td><td></td></tr>
<tr><td>教学案例分析（教学拓展，0.5 课时）</td><td colspan="3">② 报文到达 Switch 的接口 FE-1/0，Switch 给报文添加 VID=10 的 Tag（Tag 的 VID=接口的 PVID），然后将报文的源 MAC 地址+VID 与接口的对应关系（1111-1111-1111、10、Port-1）添加进 MAC 地址表。
③ Switch 检查报文为 ARP 请求报文，确认目的 IP 是自己 VLANIF10 接口的 IP 地址，Switch 会将 PC1 的 IP 地址与 MAC 地址的对应关系记录到 ARP 表。
④ Switch 给 PC1 发送 ARP 应答，并将 VLANIF10 接口的 MAC 地址 0800-0400-0200 封装在应答报文中，从 FE-1/0 发出应答报文前，剥离 VID=10 的 Tag。
⑤ PC1 收到 Switch 的 ARP 应答报文，将 Switch 的 VLANIF10 接口的 IP 地址与 MAC 地址对应关系记录到自己的 ARP 表中，并向 Switch 发送目的 MAC 地址为 0800-0400-0200、目的 IP 地址为 2.2.2.2 的报文。
⑥ Switch 的接口 FE-1/0 接到报文，给报文添加 VID=10 的 Tag。
⑦ Switch 根据报文的源 MAC 地址+VID 与接口的对应关系刷新 MAC 地址表，并比较报文的目的 MAC 地址与 VLANIF10 的 MAC 地址，发现两者相等，然后剥离以太网帧头，进行三层转发，根据目的 IP 查找三层转发表，没有找到匹配项，上送 CPU 查找路由表。
⑧ CPU 根据报文的目的 IP 查找路由表，发现匹配了一个直连网段（VLANIF20 对应的网段），于是继续查找 ARP 表，若没有找到，Switch 会在目的网段对应的 VLAN20 的所有接口发送 ARP 请求报文，目的 IP 是 2.2.2.2。Switch 从接口 FE-1/1 发出报文前，根据接口配置，剥掉 VID=20 的 Tag。
⑨ PC2 收到 ARP 请求报文，发现请求 IP 是自己的 IP 地址，就发送 ARP 应答报文，将自己的 MAC 地址封装在报文中。同时，将 VLANIF20 的 MAC 地址与 IP 地址的对应关系记录到自己的 ARP 表中。
⑩ Switch 的接口 FE-1/1 收到 PC2 的 ARP 应答报文后，给报文添加 VID=20 的 Tag，并将 PC2 的 MAC 地址和 IP 的对应关系记录到自己的 ARP 表中；然后，将 PC1 的报文转发给 PC2，发送报文前，同样剥离报文中的 Tag。同时，它将 PC2 的 IP 地址、MAC 地址、VID 及出接口的对应关系记录到三层转发表中。
PC1 完成对 PC2 的单向访问。PC2 访问 PC1 的过程与此类似。后续 PC2 与 PC1 之间的往返报文，都先发送给网关 Switch，由 Switch 查找三层转发表进行转发。</td></tr>
<tr><td>教学内容总结</td><td colspan="3">VLAN 技术的引用，实现将 LAN 交换机从一个互通的广播域划分为多个隔离小广播域，VLAN 之间不能互相通信。有两种方式解决 VLAN 间通信问题：一是 VLAN 间路由；二是单臂路由。这两者的共同点是通过终结 VLAN 实现三层互通，从而实现 VLAN 间互通。</td></tr>
</table>

续表

<table>
<tr><td>课程名称</td><td>VLAN 间路由</td><td>章节</td><td>3.6</td></tr>
<tr><td>课时安排</td><td>1 课时</td><td>教学对象</td><td></td></tr>
<tr><td>参考答案</td><td colspan="3">1．交换机配置 VLAN 间路由实现了什么功能？
答：交换机配置 VLAN 间路由实现了交换机下不同 VLAN 间的相互通信。交换机通过 VLANIF 逻辑接口，实现了交换机的三层功能。
2．前面的内容多次提及 ARP，请详细讲述 ARP 的作用。
答：ARP 英文全称为 Address Resolution Protocol，ARP 的作用：获取设备目标 IP 的数据链路层标识符（MAC 地址）。ARP 工作原理：通过广播方式向局域网内发送一个 ARP 请求数据包来获取对端的 IP 地址和 MAC 地址的映射关系，目标设备在收到请求数据包后则回应请求报文，发送自己的 MAC 地址给远端设备。</td></tr>
</table>

思考与练习

1．交换机支持 IEEE802.1Q 后，交换机端口有几种类型？对应的特点是什么？

答：常见端口类型的有 3 种，分别为 Access 端口、Trunk 端口、Hybrid 端口。

Access 端口接收不带 VLAN Tag 标签的数据帧，然后添加 VLAN Tag 置 VLAN ID 为 Access VLAN；发送数据帧时，将剥离数据帧 VLAN Tag。

Trunk 端口接收不带 VLAN Tag 标签的数据帧，然后添加 VLAN Tag 置 PVID，若携带 VLAN Tag 时，则需要确认 VLAN ID 是否为端口允许通过的 VLAN，允许则通过，否则丢弃。发送数据帧时，若数据帧的 VLAN ID 和端口 PVID 一致，则剥离数据帧的 VLAN Tag 将其发送出去；若数据帧的 VLAN ID 和端口 PVID 不一致，则直接将其发送出去（报文发送到此端口，可确认报文的 VLAN ID 一定和端口允许通过的 VLAN ID 相匹配）。

Hybrid 端口处理数据帧和 Trunk 端口类似，区别点在于它允许多个携带不同 VLAN ID 的数据帧不携带 VLAN Tag 发送出去。

2．二层交换机如何建立及维护 MAC 地址表？

答：一句话描述，“源 MAC 地址学习，目的 MAC 地址转发”。通过接收到的数据帧解析报文的源 MAC 地址、接收端口号、VLAN ID 建立 MAC 地址表或刷新 MAC 地址表老化时间（表项已建立的情况下）。

3．VLAN 间路由是如何实现的？

答：VLAN 间路由是通过 VLANIF 逻辑接口终结二层 VLAN 实现三层路由功能，从而实现不同 VLAN 间通信功能。

4．在支持 802.1Q 的交换机的 Trunk 端口中收到不带 VLAN Tag 的数据帧该如何处理？

答：Trunk 端口收到不带 VLAN Tag 的数据帧后，将给数据帧添加 VLAN Tag，对应的 VLAN ID 为端口 PVID 值，然后由交换机查找 MAC 地址表进行转发处理。

续表

5．划分 VLAN 后为局域网带来哪些好处？

答：① 限制广播域：广播域被限制在一个 VLAN 内，节省了带宽，提高了网络处理能力。

② 增强局域网的安全性：不同 VLAN 内的报文在传输时是相互隔离的，即一个 VLAN 内的用户不能和其他 VLAN 内的用户直接通信。

③ 提高了网络的健壮性：故障被限制在一个 VLAN 内，该 VLAN 内的故障不会影响其他 VLAN 的正常工作。

④ 灵活构建虚拟局域网：用 VLAN 可以划分不同的用户到不同的工作组，同一工作组的用户也不必局限于某一固定的物理范围，网络构建和维护更方便灵活。

6．如果一台小型交换机最大接入用户数为 50 个，但实际接入用户数超过 100 个，请通过所学习的知识点分析这台交换机下的用户访问外网是否通畅？为什么？如果你是网络管理员，你应该怎么做？

答：由交换机的最大用户接入数可知其 MAC 地址表规格为 50 个左右。如果接入用户数超过 100 个，那么将导致 MAC 地址表超限，引起新接入用户 MAC 地址表项无法在交换机中生成，导致交换机将大量正常的单播报文以广播形式发送，引起交换机转发效率低下和无关端口转发大量无用的数据报文，从而占用大量的端口带宽，降低用户网络接入率。

对于该问题，需要将小型交换机更换为用户接入容量大的交换机。

7．交换机和路由器可以直接通过网线相连后进行报文通信吗？请说明原因。

答：交换机和路由器可以直接通过网线相连后进行报文通信。

LAN 交换机本身不支持 VLAN，而路由器既可配置支持 VLAN 模式也可配置不支持 VLAN 模式，所以可以互通。

对于支持 IEEE802.1Q 的交换机，交换机的端口可配置成 Access 端口和 Trunk 端口，由于路由器端口支持两种模式，所以可以互通。

第 4 章

路由器硬件基础

4.1 路由器硬件组成及分类

<table>
<tr><td>课程名称</td><td>路由器硬件组成及分类</td><td>章节</td><td>4.1</td></tr>
<tr><td>课时安排</td><td>0.5 课时</td><td>教学对象</td><td></td></tr>
<tr><td>教学建议及过程</td><td colspan="3">
教学建议：
本章节主要介绍路由器的硬件基础，内容以概述介绍为主，知识点简单易学。本章节作为学生自学课程。
教学过程：
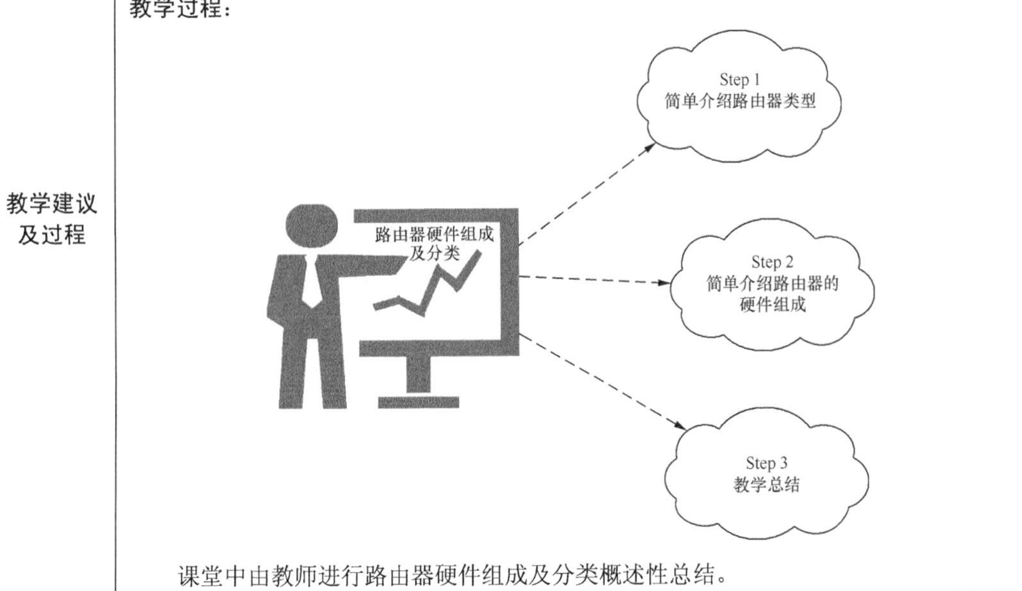

课堂中由教师进行路由器硬件组成及分类概述性总结。
</td></tr>
</table>

续表

<table>
<tr><td>课程名称</td><td>路由器硬件组成及分类</td><td>章节</td><td>4.1</td></tr>
<tr><td>课时安排</td><td>0.5 课时</td><td>教学对象</td><td></td></tr>
<tr><td>学生课前准备</td><td colspan="3">1．教师布置学生课前预习本章节内容，使学生认识路由器的硬件组成及分类。
2．课前预习考核方式：教师在课堂中针对教学互动知识点或其他类似知识点对学生进行随机点名抽查，记录抽查效果。</td></tr>
<tr><td>教学目的与要求</td><td colspan="3">通过本章节的学习，学生需要了解掌握如下知识点：
1．了解路由器的分类；
2．了解路由器的硬件组成。</td></tr>
<tr><td>章节重点</td><td colspan="3">路由器硬件组成：主控板、接口板、电源板、风扇单元。</td></tr>
<tr><td>教学资源</td><td colspan="3">PPT、教案等。</td></tr>
<tr><td>知识点结构导图</td><td colspan="3"> 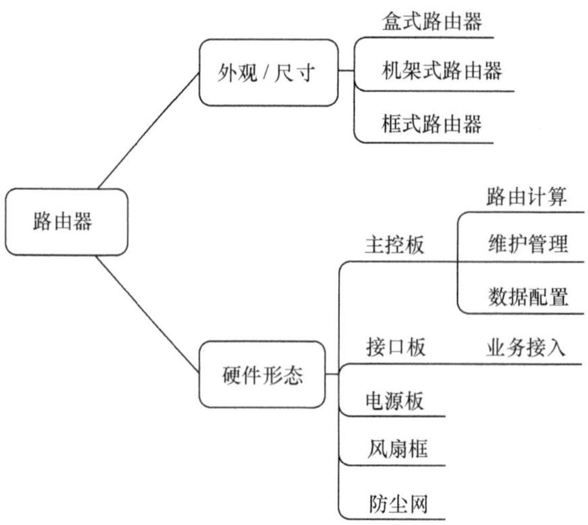路由器
外观 / 尺寸
盒式路由器
机架式路由器
框式路由器
硬件形态
主控板
路由计算
维护管理
数据配置
接口板
业务接入
电源板
风扇框
防尘网</td></tr>
<tr><td>教学互动</td><td colspan="3">问题 1：为什么大、中型路由器及交换机都会配置风扇模块？
电子设备需要在一定的温度范围内才能正常工作。大、中型路由器和交换机接入用户较多，主控及单板 CPU 等元器件高频次运作负荷较高，电子元器件工作散发大量热量，导致电子元器件、单板温度上升较快，如果不采用风扇给设备散热，积热效应就会引起电子元器件、单板温度超过正常工作范围而导致工作异常，甚至烧毁电子元器件等。
问题 2：为什么大、中型路由器及交换机都会配置防尘网？
灰尘颗粒漂浮在空气中，机房中的设备风扇工作时，设备将吸入灰尘，重力等因素将会导致设备单板或主控板上积累灰尘。在潮湿的环境中，这些积灰将会引起单板电子元器件短路或导致电子元器件及单板烧毁，因此防尘网和风扇框配合工作于大、中型路由器或交换机中。</td></tr>
</table>

续表

课程名称	路由器硬件组成及分类	章节	4.1
课时安排	0.5 课时	教学对象	
教学内容总结	本章节主要介绍路由器的硬件形态和组成部分，知识点少且容易理解，作为介绍内容，无需重点展开介绍。		

4.2　路由器接口类型

<table>
<tr><td>课程名称</td><td>路由器接口类型</td><td>章节</td><td>4.2</td></tr>
<tr><td>课时安排</td><td>0.5 课时</td><td>教学对象</td><td></td></tr>
<tr><td>教学建议及过程</td><td colspan="3">

教学建议：

本章节主要介绍路由器的接口类型，内容仍以概述介绍为主，知识点简单易学，作为学生自学课程。

教学过程：

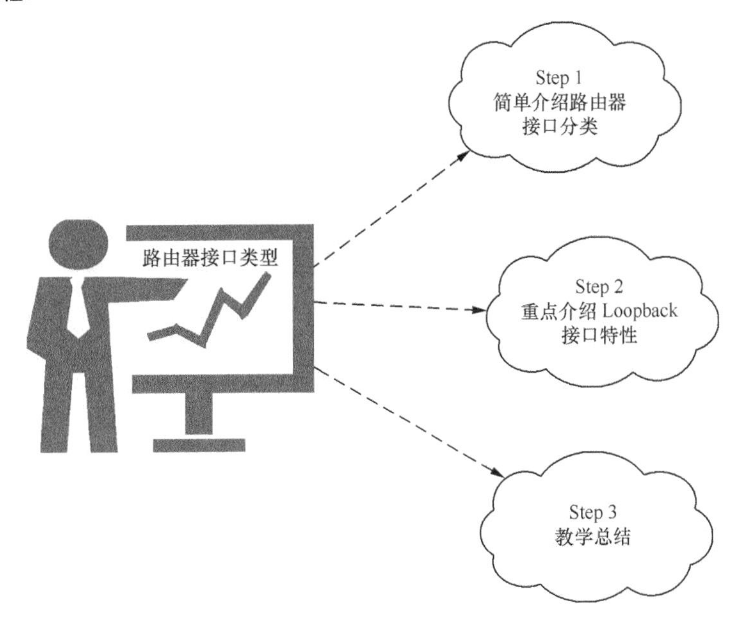

在教学互动过程中，建议重点介绍 Loopback 接口特性，Loopback 接口常作为路由器的管理接口或协议管理 ID。

</td></tr>
<tr><td>学生课前准备</td><td colspan="3">

1．教师布置学生课前预习本章节内容，使学生提前了解链路状态路由协议适用的网络类型、协议使用范围、版本号等知识。

2．课前预习考核方式：教师在课堂中针对教学互动知识点或其他类似知识点对学生进行随机点名抽查，记录抽查效果。

</td></tr>
</table>

续表

课程名称	路由器接口类型	章节	4.2
课时安排	0.5 课时	教学对象	
教学目的与要求	通过本章节的学习，学生需要了解掌握如下知识点： 1．了解路由器接口类型分类； 2．掌握 Loopback 接口特点及应用场景； 3．了解子接口的作用及特点。		
章节重点	Loopback 接口特性。		
教学资源	PPT、教案等。		
知识点结构导图	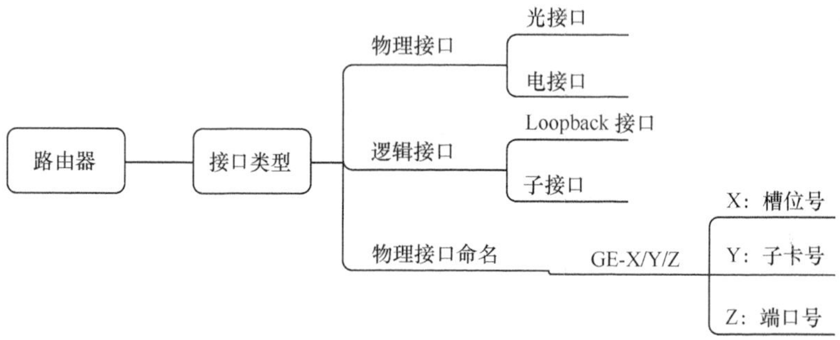 路由器 接口类型 物理接口：光接口；电接口 逻辑接口：Loopback 接口；子接口 物理接口命名：GE-X/Y/Z X：槽位号 Y：子卡号 Z：端口号		
教学互动	**问题 1：Loopback 接口有什么特点？这个特点有什么用处？** Loopback 接口最大的特点在于一旦建立后，除非设备死机，它永远处于 UP 状态，而不依赖于具体的物理端口。这个特点适合用于设备管理接口或动态路由协议，只要在路由协议中发布，正常情况下其都能保护设备或路由协议通信交互。 **问题 2：路由器通过子接口实现了什么功能（如和交换机对接时）？** 路由器子接口是对物理接口的扩展，具备多业务接入能力。路由器通过子接口技术实现了物理接口逻辑上更多接口的划分，通过报文携带的 VLAN 区分和终结不同的业务，实现二、三层业务的互通。		
教学内容总结	本章节主要介绍路由器的接口类型，路由器从接口形态上可分为物理接口和逻辑接口。路由器物理接口是真实存在、有器件支持的接口，它用于实现与其他设备的互联。逻辑接口分为 Loopback 接口和子接口、Loopback 接口用户设备管理和路由协议等；而子接口则是对物理接口的扩展，可实现设备间多业务的对接，有效地解决了物理端口个数受限的问题。		
参考答案	1．在路由器物理接口配置子接口可以起到什么作用？ 答：可以消除物理接口数量限制的瓶颈，每个子接口配置终结（剥离）VLAN 和接口 IP。并可实现同一物理接口多业务的对接互通功能，每个物理接口最多支持配置 4096 个子接口。		

续表

课程名称	路由器接口类型	章节	4.2
课时安排	0.5 课时	教学对象	
参考答案	2．路由器中子接口是否配置得越多越好呢？ 答：不是，路由器子接口的特性取决于物理接口特性。每个子接口都实现了独立的功能，如果子接口配置较多，子接口的性能就会变差。		

4.3 单臂路由器

课程名称	单臂路由器	章节	4.3
课时安排	0.5 课时	教学对象	
教学建议及过程	**教学建议：** 本章节知识点简单，建议授课时长安排为 0.5 课时。学生先主动预习，然后由老师进行总结。 **教学过程：** 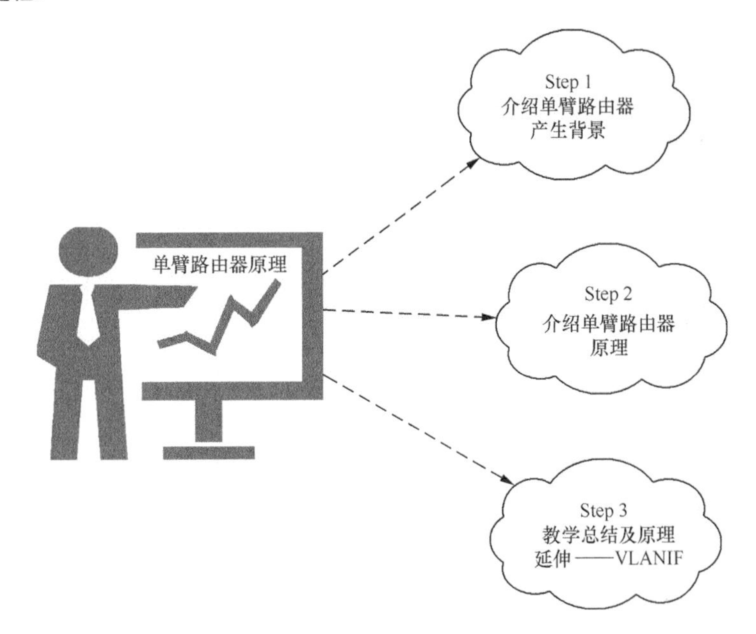 本章节主要介绍单臂路由器产生的原因。因二层交换机引入 VLAN 后，VLAN 间不能直接通信，但可以使用三层路由的方式实现不同网段的互通。路由器支持 IEEE802.1Q 技术后可终结 VLAN 标签在二层数据帧和三层数据包间的转换，实现交换和路由转发的切换，从而实现不同 VLAN 间的通信功能。建议在教学过程中，重点讲述单臂路由器对 VLAN 数据帧的处理过程（可以参考 3.6 节 VLAN 间路由原理进行讲解）。		

续表

课程名称	单臂路由器	章节	4.3
课时安排	0.5 课时	教学对象	
学生课前准备	1．教师布置学生课前预习本章节内容，使学生提前了解单臂路由器原理。 2．课前预习考核方式：教师在课堂中针对教学互动知识点或其他类似知识点对学生进行随机点名抽查，记录抽查效果。		
教学目的与要求	通过本章节的学习，学生需要了解掌握如下知识点： 1．了解单臂路由器工作原理； 2．掌握单臂路由器应用场景。		
章节重点	单臂路由器工作原理。		
教学资源	PPT、教案等。		
知识点结构导图	单臂路由器 实现方式 — 主接口 — 子接口 X / 子接口 Y / 子接口 Z 原理 — 路由功能，实现对不同 VLAN 的终结		
教学互动	**问题：VLAN 技术的引入带来了什么问题，该怎么解决？** VLAN 技术的引入将大的广播域划分为更多的小广播域，但是不同 VLAN 间业务相互隔离。为此必须借用路由技术，实现不同 VLAN 间的互通。而单臂路由器正是为了实现这一功能而产生的。单臂路由器采用主接口方式与交换机的 Trunk 口对接，采用子接口方式将携带 VLAN 的数据帧剥离 VLAN Tag，实现二层数据至三层数据的转换，同时实现端口资源的充分利用。		
教学内容总结	本章节主要介绍单臂路由器的工作原理。单臂路由器采用主接口的方式实现与交换机的对接，采用主接口不同的子接口实现对不同 VLAN 的终结。单臂路由器采用子接口方式和交换机对接，路由器端口资源被有效地节约。 由于 VLAN 技术的引入，LAN 广播网络被划分为更小的广播网络，实现了不同 VLAN 间的业务隔离。但是在大部分情况下，不同 VLAN 下的用户均有互访的需求，这需要借助路由器的三层功能，从而将二层 VLAN 数据终结，在路由器上实现三层转发。单臂路由器由此而产生，随着路由技术的发展，路由器的功能也越来越强大。仅实现单臂路由功能的路由器已基本被淘汰，三层交换机借用单臂路由器的原理实现了网关和路由交换的功能。		
参考答案	单臂路由器的功能有哪些？ 答：单臂路由器的功能主要是实现 VLAN 间的互通。		

思考与练习

1．路由器接口类型有哪几类？

答：路由器接口类型分为物理接口和逻辑接口，而逻辑接口又分为 Loopback 接口和子接口。

2．Loopback 接口的特点及作用？

答：Loopback 接口最大的特点在于它一建立后，除非设备死机，它永远处于 UP 状态，不依赖于具体的物理端口。这个特点适合设备管理接口或动态路由协议，其只要在路由协议中被发布，正常情况下都能保护设备或路由协议通信的交互。

3．路由器子接口的作用？

答：路由器子接口可实现对物理接口的扩展，消除物理接口数量受限的问题，实现物理接口与其他二层、三层设备的多业务对接功能。

第5章 路由基础

5.1 路由基础知识

<table>
<tr><td>课程名称</td><td>路由基础知识</td><td>章节</td><td>5.1</td></tr>
<tr><td>课时安排</td><td>1.5 课时</td><td>教学对象</td><td></td></tr>
<tr><td>教学建议及过程</td><td colspan="3">教学建议：
本章节授课时长建议安排为 1.5 课时，采用翻转课堂形式授课，培养学生的自主学习能力和学习积极性；以教学互动的形式检查学生课前预习的效果。
教学过程：
第一，我们在讲课中需要先引入路由概念，然后详细介绍路由的 3 种来源（链路层发现的路由、静态路由、动态路由）及对应路由的特点。
第二，我们在讲课中介绍一条路由的 7 个参数属性，并在教学过程中逐一介绍其属性特点。
第三，建议重点讲述路由查找过程中路由器采用的最长匹配原则（建议结合教学案例分析 1，可先进行教学互动然后再由教师讲解）。
第四，完成教学互动及案例分析后进行课堂总结，概括本章节要点。</td></tr>
</table>

续表

课程名称	路由基础知识	章节	5.1
课时安排	1.5 课时	教学对象	
教学建议及过程	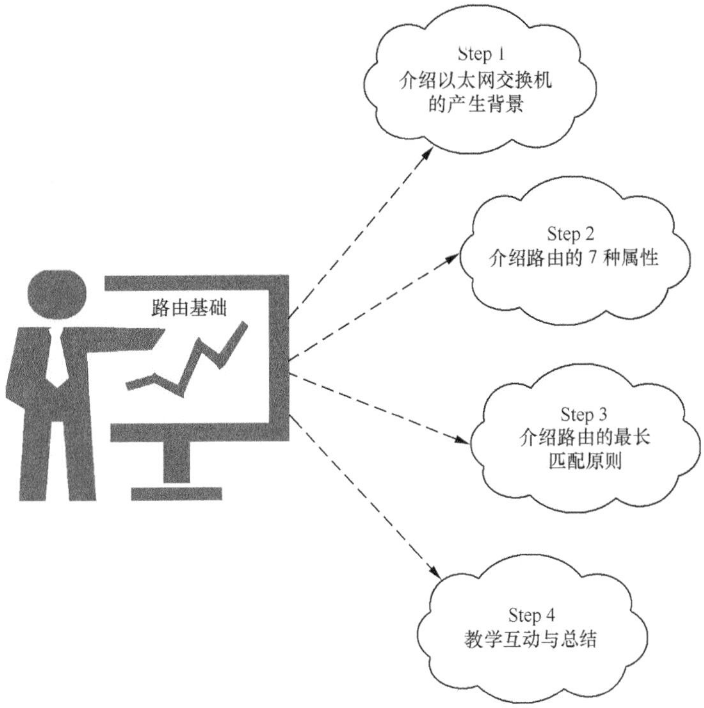 路由基础 Step 1 介绍以太网交换机的产生背景 Step 2 介绍路由的 7 种属性 Step 3 介绍路由的最长匹配原则 Step 4 教学互动与总结		
学生课前准备	1．教师布置学生课前预习本章节内容，使学生提前掌握一条路由所需要的基本元素（如路由的来源、优先级、开销、路由的出接口、下一跳及路由选取匹配原则）。 2．课前预习考核方式：教师在课堂中针对教学互动知识点或其他类似知识点对学生进行随机点名抽查，记录抽查效果。		
教学目的与要求	通过本章节的学习，学生需要掌握如下知识点： 1．掌握路由表中包含的字段信息； 2．掌握路由器路由的 3 种来源； 3．了解路由优先级对路由选择的影响； 4．了解路由开销对路由选择的影响； 5．了解路由的出接口概念； 6．了解路由的下一跳概念； 7．掌握路由器对报文转发的选路原则。		
章节重点	路由的 7 个参数属性。		
章节难点	路由选择的最长匹配原则。		
教学资源	PPT、教案等。		

续表

<table>
<tr><td>课程名称</td><td>路由基础知识</td><td>章节</td><td>5.1</td></tr>
<tr><td>课时安排</td><td>1.5 课时</td><td>教学对象</td><td></td></tr>
<tr><td>知识点
结构导图</td><td colspan="3"> 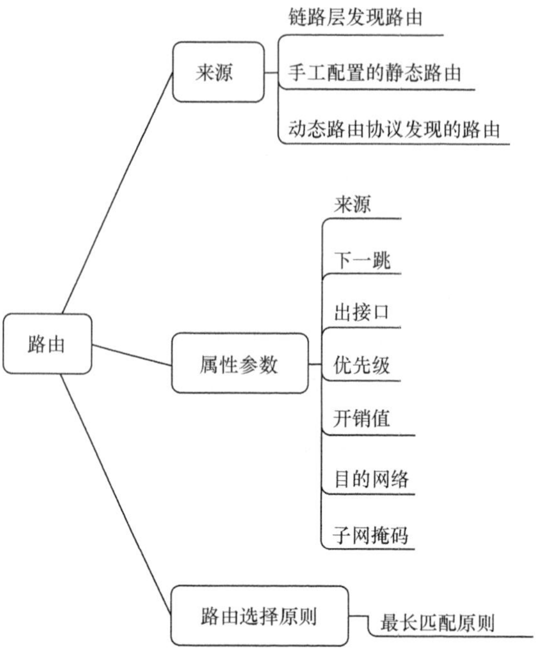路由
来源：链路层发现路由；手工配置的静态路由；动态路由协议发现的路由
属性参数：来源；下一跳；出接口；优先级；开销值；目的网络；子网掩码
路由选择原则：最长匹配原则</td></tr>
<tr><td>教学互动</td><td colspan="3">问题 1：链路层发现的路由与静态路由、动态路由相比有什么特点？
链路层发现的路由无需手工维护，当链路正常后，两端配置完 IP 地址及相关参考数，接口自动协商成功后即可生成相应的路由，其特点是无需额外命令配置、维护简单、生成的路由优先级高。
问题 2：路由协议的优先级在路由计算时有什么作用？
当路由器计算得到的多条路由的目的地址、子网掩码一致时，优先级高的路由被加入到路由表中，其他路由则被忽略。
问题 3：不同的路由协议的开销是否有参考比较的意义？
不同路由协议的路由计算方法、参考不一样，因此没有比较意义。在路由计算和选路时此参数不作参考。
问题 4：路由的出接口和下一跳在什么情况下是对应一致的？
当出现点到点的链路或点到点的广播时，出接口和下一跳地址是相对应的。
问题 5：结合子网掩码的相关知识，说明为什么路由选择时需要采用最长匹配原则？
路由选择时采用最长匹配原则，表明了始发路由（或被称作生成路由）与目的 IP 地址具有最大的相似度，最接近目的网络，因此采用这一原则。
如果不采用最长匹配原则，该最小子网掩码的目的地址就可能是经过路由汇聚的超网，在存在多条匹配的路由的情况下，超网的可靠性没有更小子网掩码的网络可靠性高。</td></tr>
</table>

续表

课程名称	路由基础知识	章节	5.1
课时安排	1.5 课时	教学对象	

教学案例分析

图 5-1 所示为一个企业的网络拓扑，交换机与路由器直连，交换机与交换机间不直连。其中路由器具备 NAT 功能，交换机具备三层路由功能。路由器的路由表如图 5-2 所示，如果路由器收到的报文目的地址为 200.198.34.98，路由器该如何处理呢（建议 0.5 课时）？

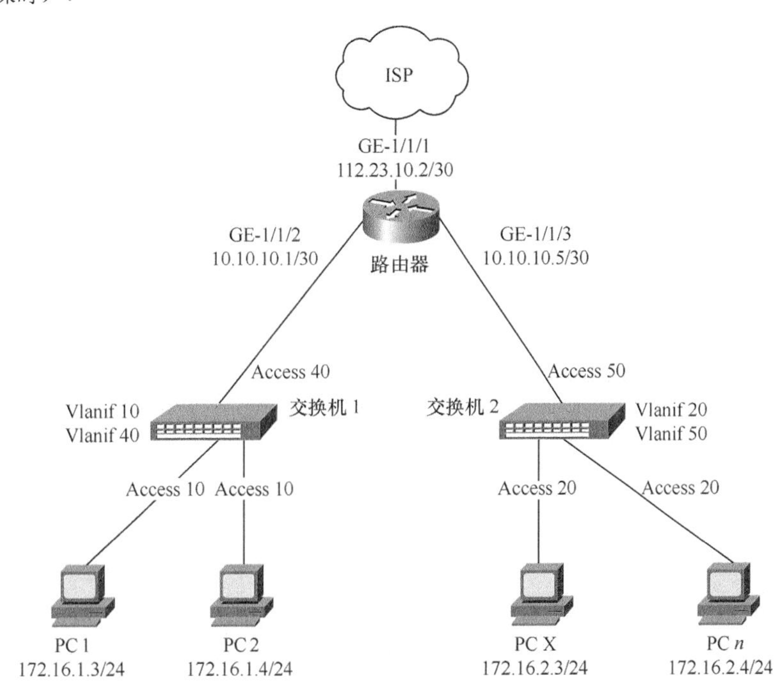

图 5-1　组网示意

destination	submask	nexthop	interface	protocol	priority	cost
0.0.0.0	0.0.0.0	112.23.10.1	GE-1/1/1	static	60	0
200.198.34.0	255.255.255.252	112.23.10.1	GE-1/1/1	static	60	0
172.16.1.0	255.255.255.0	10.10.10.2	GE-1/1/2	static	60	0
172.16.2.0	255.255.255.0	10.10.10.6	GE-1/1/3	static	60	0
10.10.10.0	255.255.255.252	10.10.10.2	GE-1/1/2	direct	0	0
10.10.10.1	255.255.255.255	10.10.10.1	GE-1/1/3	direct	0	0
10.10.10.4	255.255.255.252	10.10.10.6	GE-1/1/2	direct	0	0
10.10.10.5	255.255.255.255	10.10.10.5	GE-1/1/3	direct	0	0

图 5-2　路由器的路由表

路由器通过查找路由表的方式进行指导报文转发。对已知路由的查找采用“最长匹配原则”，有路由器将目的 IP 地址 200.198.34.98 与路由表的每条路由的掩码进行相与操作，将所有结果有目的地址进行比较，确认是否匹配或包含。由此可确认通过逐次相与比较后，只有“0.0.0.0”的默认路由可匹配目的地址 200.198.34.98，因此报文将通过接口 GE-1/1/1 将其转发出去。

续表

课程名称	路由基础知识	章节	5.1
课时安排	1.5 课时	教学对象	

教学案例分析

路由器路由查找匹配结果如图 5-3 所示。

destination	submask	nexthop	interface	protocol	priority	cost	相与结果	匹配结果
0.0.0.0	0.0.0.0	112.23.10.1	GE-1/1/1	static	60	0	0.0.0.0	匹配
200.198.34.0	255.255.255.252	112.23.10.1	GE-1/1/1	static	60	0	200.198.34.96	不匹配
172.16.1.0	255.255.255.0	10.10.10.2	GE-1/1/2	static	60	0	200.198.34.0	不匹配
172.16.2.0	255.255.255.0	10.10.10.6	GE-1/1/3	static	60	0	200.198.34.0	不匹配
10.10.10.0	255.255.255.252	10.10.10.2	GE-1/1/2	direct	0	0	200.198.34.96	不匹配
10.10.10.1	255.255.255.255	10.10.10.1	GE-1/1/3	direct	0	0	200.198.34.98	不匹配
10.10.10.4	255.255.255.252	10.10.10.6	GE-1/1/2	direct	0	0	200.198.34.96	不匹配
10.10.10.5	255.255.255.255	10.10.10.5	GE-1/1/3	direct	0	0	200.198.34.98	不匹配

图 5-3　路由查找匹配结果

教学内容总结

本章节主要介绍路由基础知识，路由器中用 7 个参数来表示一条路由属性信息，分别为目的地址、子网掩码、来源、优先级、下一跳、出接口和度量开销值。

路由的目的地址（目的网络）和子网掩码表示生成路由的子网信息，它是路由产生的源头。路由器指导报文转发时，比较报文携带的目的 IP 地址和路由表中的目的地址，选择最优的路由进行转发。

路由器产生路由有 3 种来源，即链路层发现的路由、手工配置的静态路由及动态路由协议发现的路由。

为了计算和管理的方便，3 种来源的路由对应的协议优先级也不同，一般链路层（直连链路）发现的路由优先级最高，外部路由协议发现的路由优先级最低，内部路由协议和静态路由协议发现的路由优先级没有统一规定，各厂家自行设定。

同时，路由器在进行路由计算时，会计算其到目的网络中沿路所有累积开销（花费值），优选出一条开销最少的路由（路径）。

路由的出接口和下一跳表示路由的来源接口和下一节点设备，它们用于指导报文转发的出接口和下一节点接口 IP 地址。

路由选择遵循最长匹配原则，即取决于目的 IP 地址与路由表中目的地址匹配的最大相似度（目的地址包括报文的目的 IP 地址且子网掩码最长）。

参考答案

1．路由器或交换机（支持三层路由功能）的路由来源有哪几种。

答：路由器或交换机的路由来源有 3 种，它们分别为链路层生成的路由、手工配置的静态路由及动态路由协议发现的路由。

2．请描述静态路由的特点。

答：静态路由是人为手工配置的路由，在网络简单的情况下配置简单，在网络复杂的情况下配置复杂，在网络动态调整的情况下，需要人为干预。

静态路由的配置和生成不需要对端互联的路由器参与，因此实现简单。

续表

课程名称	路由基础知识	章节	5.1
课时安排	1.5 课时	教学对象	
参考答案	3．路由优先级在路由器计算时的原则是什么？ 答：当有多条目的地址、子网掩码相同的路由参与计算时，路由器将优选优先级高的路由。 4．在一台路由器中，不同协议生成的相同网段路由的开销是否会影响选路？ 答：不影响，因为不同协议计算方式不一样，没有可比性。 5．路由器遵循的选路原则是什么？ 答：子网掩码最长匹配原则。 6．请描述路由器收到报文后进行报文转发的过程。 答：① 路由器通过解析接收报文的链路层的目的 MAC 地址和类型字段，确认报文是发给自己的（端口的网卡 MAC 地址和报文的目的 MAC 地址相同），通过报文字型字段 0800（IPv4 报文），然后上送 IP 模块处理。 ② IP 模块解析报文的目的 IP 地址，当确认报文的目的 IP 地址非本机时，则启动路由查找过程，在路由表中查找匹配对应 IP 的出接口和下一跳，查找过程中采用最长掩码匹配原则；当找到出接口后，则把报文转发到对应的出接口，然后将报文的源 MAC 地址替换为出接口 MAC 地址，将目的 MAC 地址替换为下一跳 IP 对应的 MAC 地址，同时将报文 TTL 值减 1（如果 TTL 值为 0，则丢弃该报文，同时需要向上游设备发送 TTL 超时报文），然后发送出去。 ③ 在②的过程中进行路由查找，如果没有找到匹配的路由，就采用默认路由匹配，将报文发送至对应的出接口，执行源 MAC 地址和目的 MAC 地址替换、将 TTL 值减 1 的操作，最后通过端口将其发送出去。如果路由表中也没有可匹配的默认路由，则直接丢弃报文。		

5.2　静态路由

课程名称	静态路由	章节	5.2
课时安排	2 课时	教学对象	
教学建议及过程	**教学建议：** 本章节授课时长建议安排为 2 课时，采用翻转课堂形式授课，培养学生的自主学习能力和学习积极性；以教学互动的形式检查学生课前预习的效果。 **教学过程：** 第一，建议在授课中介绍静态路由的概念、特点及配置方法。		

续表

<table>
<tr><td>课程名称</td><td>静态路由</td><td>章节</td><td>5.2</td></tr>
<tr><td>课时安排</td><td>2 课时</td><td>教学对象</td><td></td></tr>
<tr><td>教学建议及过程</td><td colspan="3">第二，建议教师在授课时重点介绍静态缺省（默认）路由（默认路由是一条万能的路由，适合匹配所有的目的地址）的作用和特点；因为缺省路由的目的地址、子网掩码全为 0，所以在路由匹配过程中缺省路由是最后匹配的路由（结合教学案例分析 1、2、3 进行详细讲解）。
第三，介绍静态浮动路由的概念，介绍静态浮动路由对于网络安全、链路冗余的作用。 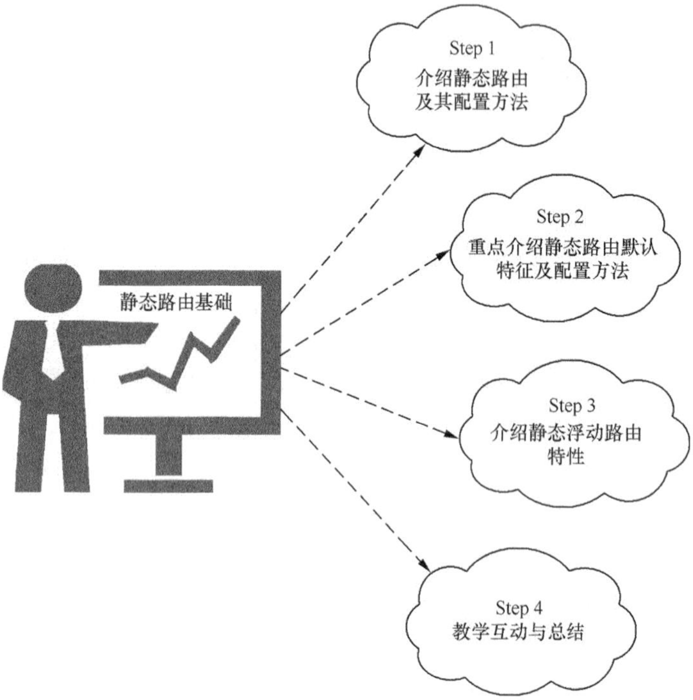
静态路由基础
Step 1 介绍静态路由及其配置方法
Step 2 重点介绍静态路由默认特征及配置方法
Step 3 介绍静态浮动路由特性
Step 4 教学互动与总结
第四，完成教学互动及案例分析后进行课堂总结，概括静态路由知识要点。</td></tr>
<tr><td>学生课前准备</td><td colspan="3">1. 教师布置学生课前预习本章节内容，使学生提前了解路由的单向性特点、静态路由的配置方法（包括的基本元素）、默认路由的配置方法（包括的基本元素）、静态浮动路由原理。
2. 课前预习考核方式：教师在课堂中针对教学互动知识点或其他类似知识点对学生进行随机点名抽查，记录抽查效果。</td></tr>
<tr><td>教学目的与要求</td><td colspan="3">通过本章节的学习，学生需要了解掌握如下知识点：
1. 掌握静态路由配置方法及使用优、缺点；
2. 掌握缺省路由的概念及静态路由和缺省路由的异同点；
3. 掌握静态浮动路由原理。</td></tr>
</table>

续表

<table>
<tr><td>课程名称</td><td>静态路由</td><td>章节</td><td>5.2</td></tr>
<tr><td>课时安排</td><td>2 课时</td><td>教学对象</td><td></td></tr>
<tr><td>章节重点</td><td colspan="3">静态路由/缺省路由的表示及配置方法、浮动静态路由。</td></tr>
<tr><td>教学资源</td><td colspan="3">PPT、教案等。</td></tr>
<tr><td>知识点
结构导图</td><td colspan="3">静态路由
├ 普通静态路由 — 配置示例
<table><tr><td>目的地址</td><td>子网掩码</td><td>下一跳</td><td>出接口</td><td>来源</td><td>优先级</td><td>度量值</td></tr><tr><td>16.16.16.16</td><td>255.255.255.255</td><td>100.100.100.2</td><td>GE-1/1/3</td><td>static</td><td>1</td><td>0</td></tr></table>├ 静态缺省路由 — 配置示例
<table><tr><td>目的地址</td><td>子网掩码</td><td>下一跳</td><td>出接口</td><td>来源</td><td>优先级</td><td>度量值</td></tr><tr><td>0.0.0.0</td><td>0.0.0.0</td><td>100.100.100.2</td><td>GE-1/1/3</td><td>static</td><td>1</td><td>0</td></tr></table>└ 静态浮动路由</td></tr>
<tr><td>教学互动</td><td colspan="3">
问题 1：为什么静态路由配置不适用于大型网络（静态路由的特点），配置静态路由包含几个参数？
首先，大型网络中路由器设备数量较多，每台路由器的路由条目较多，一般在几千至几万条左右，且网段路由是没有规律的。如果手工配置静态路由，则需要对每台路由器进行配置，工作量巨大，且很容易出错。
其次，大型网络相对于小型网而言，网络拓扑可能经常会需要进行微小调整。如果采用静态路由配置，那么每次都要对每台设备的路由配置进行调整，网络的维护变得非常复杂。
配置静态路由时，参数有“目的 IP”“子网掩码”“下一跳”“出接口”“协议来源”“优先级”和“度量值”，如图 5-4 所示。
<table><tr><td>目的 IP</td><td>子网掩码</td><td>下一跳</td><td>出接口</td><td>来源</td><td>优先级</td><td>度量值</td></tr><tr><td>16.16.16.16</td><td>255.255.255.255</td><td>100.100.100.2</td><td>GE-1/1/3</td><td>static</td><td>1</td><td>0</td></tr></table>
图 5-4　SIMNET—路由器静态路由
问题 2：静态缺省路由一般配置在什么设备上？它的作用有哪些？配置默认路由包含几个参数？
静态缺省路由一般配置在网络的出口设备中，如网关设备上或自治系统出口路由器中。它在路由器无法匹配表项路由时，用以指导报文采用默认出接口转发，保证报文转发过程中不被路由器丢弃。静态缺省路由可以说是一条“万能”的路由，它可以匹配任何目的 IP 地址。
在小型路由器与大型路由器对接时，我们可以在小型路由器配置静态缺省路由以指导报文转发，节省路由表空间。
缺省路由配置参数同样有“目的 IP”“子网掩码”“下一跳”“出接口”“协议来源”“优先级”和“度量值”，如图 5-5 所示。
</td></tr>
</table>

续表

课程名称	静态路由	章节	5.2
课时安排	2 课时	教学对象	

教学互动

目的 IP	子网掩码	下一跳	出接口	来源	优先级	度量值
0.0.0.0	0.0.0.0	100.100.100.2	GE-1/1/3	static	1	0

图 5-5　SIMNET—路由器静态缺省路由

教学案例分析

1．对于图 5-6 所示的组网，该企业出口路由器只有一条链路连接至电信运营商网络。为了增加网络安全，企业向其他电信运营商申请一条出口链路，然后在路由器新增一条优先级为 65 的默认路由，路由的下一跳指向 ISP2 的地址 58.167.30.6，出接口为 GE-1/1/4。请问增加配置后，路由器路由表中有变化吗？（0.5 课时）

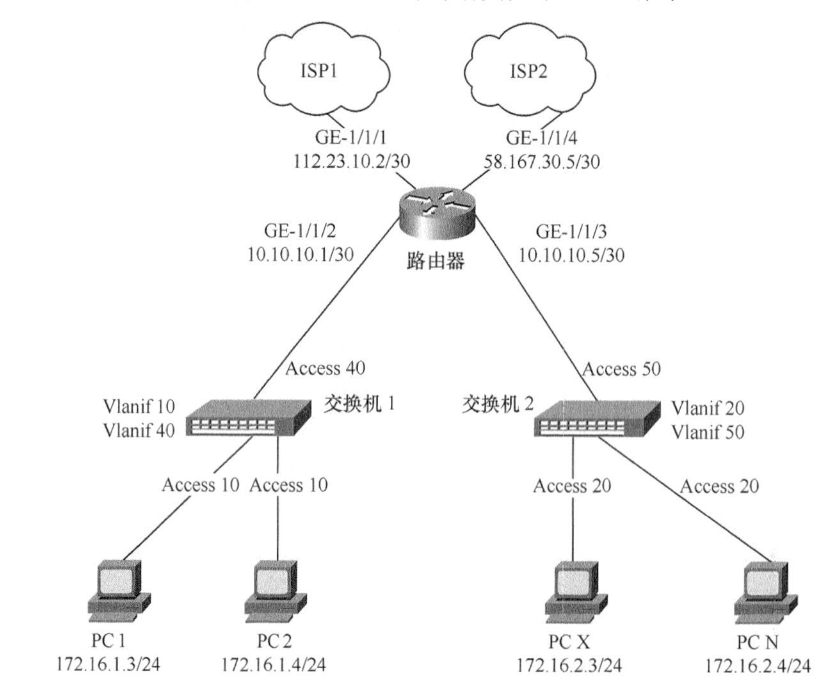

图 5-6　组网示意

如图 5-7 所示，路由器的路由表不会发生变化。因为新增“0.0.0.0”的默认路由对应的优先级为 65，而原路由表中有一条“0.0.0.0”的默认路由的优先级为 60。路由选路时，对于目的地址和子网掩码相同且协议来源相同的路由，路由器会进行优先级和 cost 值的比较，优先级越小越优先；如果协议优先级相同，再进行 cost 值比较，cost 值越小越优先。通过以上分析可知，新增的默认路由的优先级低于原有的默认路由，因此不会被加入路由表中，路由表也就不会发生变化。

总结：如果路由器配置或收到一条目的地址和子网掩码相同的路由，它会将其与原路由表中的路由进行优先级比较。首先比较协议优先级，如果优先级相同，再比较路由

续表

课程名称	静态路由	章节	5.2
课时安排	2 课时	教学对象	

教学案例分析

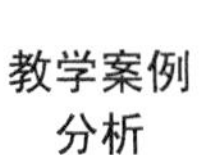

的 cost 值。路由器只会选择最优的路由加入路由表中（如果多条路由的优先级、cost 值均相同，可能存在多条等值路由）。

destination	submask	nexthop	interface	protocol	priority	cost
0.0.0.0	0.0.0.0	112.23.10.1	GE-1/1/1	static	60	0
200.198.34.0	255.255.255.252	112.23.10.1	GE-1/1/1	static	60	0
172.16.1.0	255.255.255.0	10.10.10.2	GE-1/1/2	static	60	0
172.16.2.0	255.255.255.0	10.10.10.6	GE-1/1/3	static	60	0
10.10.10.0	255.255.255.252	10.10.10.2	GE-1/1/2	direct	0	0
10.10.10.1	255.255.255.255	10.10.10.1	GE-1/1/3	direct	0	0
10.10.10.4	255.255.255.252	10.10.10.6	GE-1/1/2	direct	0	0
10.10.10.5	255.255.255.255	10.10.10.5	GE-1/1/3	direct	0	0

图 5-7　路由器原路由表

2．如图 5-8 所示，4 台路由器组成了一个小型网络，路由器 R2 配置了一条静态路由，请问从 R1 ping 30.1.1.1 是否可通，如果 ping 不通，ping 报文能传送到哪个设备呢（路由器 ping 封装报文一般取接口 IP 地址小的作为报文源地址）？（0.3 课时）

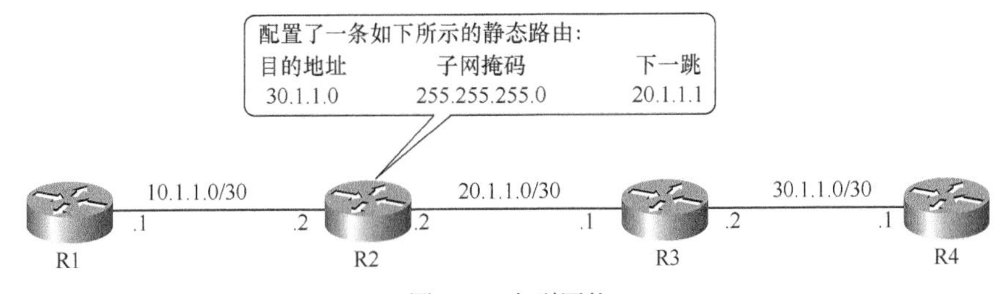

图 5-8　小型网络

答：从 R1 无法 ping 通 30.1.1.1。

原因：从 R1 ping 30.1.1.1 时，无法封装 ping 报文，沿路设备均没有 ping 报文。因为 ping 触发 ARP 解析目的 MAC 地址前会进行路由匹配查找。在 R1 的路由表中只有一条直连路由 10.1.1.0/30，所以无法找到报文 IP 30.1.1.1 的出接口，也就无法触发 ARP 报文，无法完成 ping 报文封装，因此报文没有从 R1 发出。

3．我们对图 5-9 进行配置修改，如果路由器 R1、R2 均配置了一条静态路由，如图 5-9 所示，请问从 R1 ping 30.1.1.1 是否可通，如果 ping 不通，ping 报文能传送到哪个设备呢？从 R2 ping 30.1.1.1 是否可通？通过这个问题说明了路由具有什么特性呢？（0.2 课时）

答：从 R1 无法 ping 通 30.1.1.1。

原因：① 在 R1 的路由表中有一条直连路由 10.1.1.0/30 和一条静态缺省路由（下一跳为 10.1.1.2），所以确定 ping 报文将匹配静态缺省路由指导报文转发。

续表

<table>
<tr><td>课程名称</td><td>静态路由</td><td>章节</td><td>5.2</td></tr>
<tr><td>课时安排</td><td>2 课时</td><td>教学对象</td><td></td></tr>
<tr><td>教学案例分析</td><td colspan="3">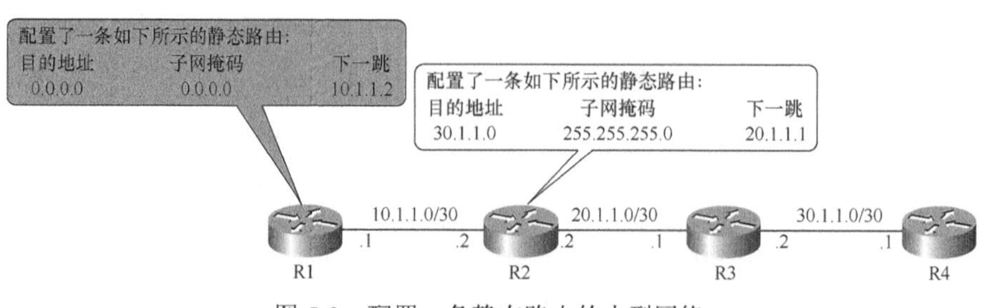

图 5-9　配置一条静态路由的小型网络

② ping 程序将触发 ARP 报文，请求查询下一跳 10.1.1.2 的 MAC 地址。ARP 解析到 IP 地址 10.1.1.2 对应的 MAC 地址后，可完成 ping 报文的封装，报文的目的 IP 为 30.1.1.1，目的 MAC 地址是 IP 地址为 10.1.1.2 对应网卡的 MAC 地址。

③ 此后，R1 将报文发送到 R2，R2 解析 ping 报文的目的地址为 30.1.1.1，然后在路由表中查找到下一跳地址为 20.1.1.1；R2 触发 ARP 请求报文，请求 20.1.1.1 对应的 MAC 地址，然后解析得到 20.1.1.1 的 MAC 地址，R2 将 ping 报文的源 MAC 地址和目的 MAC 地址替换后，将 ping 报文发送到路由器 R3。

④ R3 接收到 ping 报文后，解析得到 ping 报文的目的 IP 为 30.1.1.1，在路由表中找到对应的出口，确认 30.1.1.1 是连接在直连链路的设备地址。R3 触发 ARP 请求报文查询 30.1.1.1 的 MAC 地址，ARP 查询成功后，R3 将 ping 报文的源 MAC 地址和目的 MAC 地址替换，后将报文发送至路由器 R4。

⑤ 路由器 R4 接收到 ping 报文后，确认报文是发送给本设备的，准备进行回包，但是在路由器 R4 中只有一条直连链路生成的路由 30.1.1.2，无法查找地址 10.1.1.1 的出接口，因此无法完成 ARP 解析过程（echo reply 报文无法生成）。

从 R2 上 ping 30.1.1.1 仍无法 ping 通，虽然从 R2 发出的 ping 报文能够到达 R4，但是 R4 上没有 R2 设备接口的网段路由（分析过程如 R1 ping R4 地址 30.1.1.1）。因此，R2 ping 不通 R4。

以上分析过程省略了 TTL 值变化的说明。

通过以上分析过程，可以说明一个问题：路由是单向的，即在路由器间传递报文的过程中，通信正常的前提是所有参考报文转发的路由器都必须有源 IP 地址和目的 IP 地址对应的网段路由。报文的交互是双向的，报文逆向传播的路由也被称作回程路由。</td></tr>
<tr><td>教学内容总结</td><td colspan="3">本章节主要介绍静态路由基础知识，包括静态路由配置、缺省路由原理及配置、静态浮动路由配置及原理。</td></tr>
</table>

续表

课程名称	静态路由	章节	5.2
课时安排	2 课时	教学对象	
教学内容总结	静态路由是手工配置的路由，它具有与动态路由及链路层发现的路由相同的路由属性。当静态路由配置完成后，其直接被加入路由表中，指导报文的转发。静态路由适合用于简单网络，在复杂组网场景下，配置和维护静态路由将变得非常复杂。静态路由不适合用于动态变化的频繁网络。 静态缺省路由是一种特殊的静态路由，其目的地址和子网掩码为 0.0.0.0。当路由器进行路由匹配查找时，若没有可匹配的表项，则采用缺省路由指导报文的转发。缺省路由可以匹配所有目的地址的路由。缺省路由的使用可以减小路由表的规模，特别对于小型路由而言非常有效果（动态路由也可生成缺省路由）。 静态浮动路由通过比较多条具有相同的目的地址的静态路由携带的不同开销值而实现动态优选（metric 值优选）。当最小开销值的静态路由失效后，次优的静态路由将快速生效，指导报文的转发。静态浮动路由提供了一种快速备份路由的技术手段。			
参考答案	1．在路由器或三层交换机中配置静态路由时，需包含哪些参数？ 答：路由器或三层交换机中配置静态路由时需包含目的地址、子网掩码、出接口、下一跳、开销等参数。 2．在广播型接口链路中，配置静态路由为什么要指定下一跳？ 答：广播型接口链路有可能存在多个下一跳地址。 3．路由器中静态缺省路由目的 IP 和子网掩码是什么？ 答：路由器中静态缺省路由目的 IP 和子网掩码均是 0.0.0.0，用于匹配任意目的 IP。 4．配置缺省路由有什么作用？ 答：路由器接收到数据报文，但无法匹配到路由表项时，我们可以采用缺省路由指导报文进行转发，这样可以最大限度地保证报文被转发至目的网络。 同时，配置缺省路由可以减小路由表规模，特别适用于路由器的路由表规模较小的场景中。 5．请描述浮动静态路由技术实现原理。 答：我们通过比较多条具有相同目的地址、子网掩码的路由的开销值，将开销最小、优先级高的静态路由加入路由表中。当链路等原因引起最优静态路由失效时，次优路由快速生效，保证业务的正常转发。 6．浮动静态路由技术对网络安全保护有何作用？ 答：对网络起到冗余保护作用。			

5.3 动态路由协议基础

<table>
<tr><td>课程名称</td><td>动态路由协议基础</td><td>章节</td><td>5.3</td></tr>
<tr><td>课时安排</td><td>0.5 课时</td><td>教学对象</td><td></td></tr>
<tr><td>教学建议
及过程</td><td colspan="3">教学建议：
本章节授课时长建议安排为 0.5 课时，采用翻转课堂形式授课，培养学生的自主学习能力和学习积极性；以教学互动的形式检查学生课前预习的效果。
教学过程：
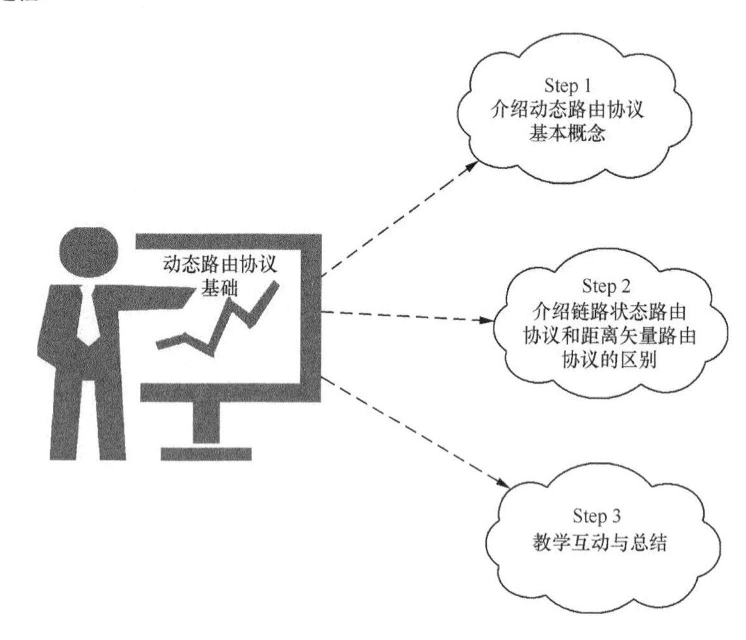

首先，本章节知识点以基础概念为主，简单易学，可由学生自主完成。
其次，建议在课堂中介绍距离矢量路由协议和链路状态路由协议的基本实现原理及协议区别：距离矢量路由协议交换的是路由表信息，采用逐跳传播方式；链路状态路由协议交换的是链路状态信息（链路的开销、类型、链路对应的网络地址等），采用独立路由计算方式。
最后，完成教学互动及案例分析后进行课堂总结，概括本章节要点。</td></tr>
<tr><td>学生课前
准备</td><td colspan="3">1．教师布置学生课前预习本章节内容，使学生提前了解常见的动态路由协议和分类。
2．课前预习考核方式：教师在课堂中针对教学互动知识点或其他类似知识点对学生进行随机点名抽查，记录抽查效果。</td></tr>
</table>

续表

课程名称	动态路由协议基础	章节	5.3
课时安排	0.5 课时	教学对象	
教学目的与要求	通过本章节的学习，学生需要了解掌握如下知识点： 1．了解动态路由的特点； 2．了解动态路由的分类； 3．了解常用的动态路由协议。		
章节重点	动态路由分类：距离矢量路由协议、链路状态路由协议。		
教学资源	PPT、教案等。		

知识点结构导图	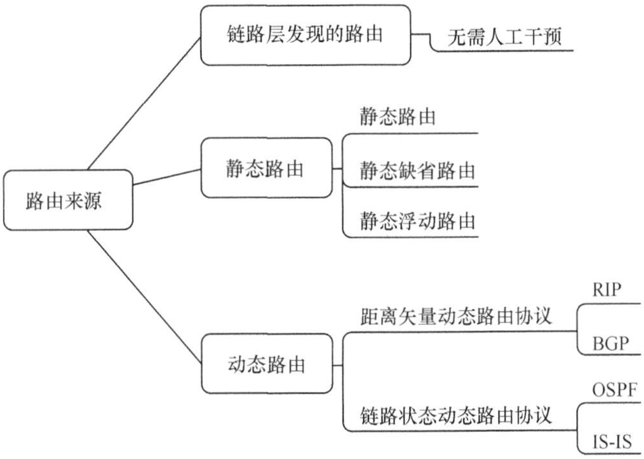 路由来源
	- 链路层发现的路由
	  - 无需人工干预
	- 静态路由
	  - 静态路由
	  - 静态缺省路由
	  - 静态浮动路由
	- 动态路由
	  - 距离矢量动态路由协议
	    - RIP
	    - BGP
	  - 链路状态动态路由协议
	    - OSPF
	    - IS-IS		

教学互动	**问题 1：常用的链路状态路由协议有哪几种？** 常用的链路状态路由协议主要有 OSPF 和 IS-IS。 **问题 2：距离矢量路由协议最大的特点是什么？** 就路由传播过程中的逐跳行为而言，路由的来源为自己的邻居路由器，传播的是完整的路由表信息。 **问题 3：链路状态路由协议交换的是什么信息？** 链路状态路由协议交换的是路由器的链路状态信息，包括链路的网络层信息（IP 地址）、路由器的属性信息（如路由器的身份标识）及链路的开销。		
教学内容总结	本章节主要引入动态路由的概念，为后续介绍动态路由基础做铺垫。动态路由协议相对于链路层发现路由、配置静态路由有着显著的优点。首先，当网络中部署了动态路由协议后，当任意节点数据有调整时，只需对本地路由器进行修改，其他路由器即可动态地同步更新路由表信息，灵活性高。其次，在大型网络中，静态路由已无法作用，链路层也只能发现两台设备间具有互联链路的路由，所以只可以选择动态路由。第三，动态路由协议要求路由器间运行相同的检测更新机制，能应对网络的变化并快速做出响应，路由器间步调要一致。		

续表

课程名称	动态路由协议基础	章节	5.3
课时安排	0.5 课时	教学对象	
教学内容总结	根据路由的生成方式，动态路由协议可分为距离矢量路由协议和链路状态路由协议。路由表信息在路由器间是逐跳传播的，即路由器间传播的是自身的路由表信息。每台路由器收到路由表信息后，经过处理将其加入路由表中，然后再将路由表信息发送给自己的邻居，每台路由器都参与全部路由的计算，路由收敛速度慢。路由是逐跳传播的，本路由器路由的来源取自于邻居路由器，邻居路由器的路由来源是否可靠，本路由器是无法获知的。因此距离矢量路由协议有着收敛速度慢、易出现路由环路等问题。常见的距离矢量路由协议有 RIP、BGP（BGP 对协议进行了改造，有效地避免了环路问题的出现）。 链路状态路由协议通过路由器共享各自的链路状态信息（包括链路的开销、各自接口所连链路的网络层地址、链路所在的位置等信息）来构建一个有向的网络拓扑数据库。然后，每台路由器采用 SPF 算法独立完成路由的计算，路由器间计算的路由结果不共享。 距离矢量路由协议和链路状态路由协议区别在于路由的计算以及路由表信息的共享方式。运行距离矢量路由协议的每台路由器都参与路由计算，每台路由器路由计算的过程是整个路由计算过程的一部分（分布式路由计算过程），因此网络收敛速度慢。而链路状态路由协议采用独立路由方式，路由计算的结果只给自己使用，不共享路由计算结果。		
参考答案	1．动态路由协议有几种实现方式？ 答：按协议实现方式分为两种，一种是距离矢量路由协议，另一种是链路状态路由协议。 2．请简单描述距离矢量路由协议原理。 答：距离矢量路由协议要求各路由器间共享传输路由表信息，每台路由器完成路由计算后，将自己的路由表信息传播给邻居路由器。邻居路由器收到路由表信息后对其进行处理，接收新的路由表信息及可信度更高的路由信息，并将加入到路由表中的路由的跳数加 1，完成路由计算后，再将自己的路由表信息传播给自己的邻居。		

5.4 距离矢量路由协议定义

课程名称	距离矢量路由协议定义	章节	5.4
课时安排	由教师自行安排	教学对象	
教学建议及过程	1．由于传统的距离矢量路由协议如 RIP 在现网已不再使用，本节不将其作为重点介绍。教师可根据学校要求自行安排设计。 2.（如需）距离矢量路由协议是最早应用于路由器的动态路由协议，由于路由表信息采用逐跳传播的方式传播，因此存在收敛速率慢、路由易成环的问题。但是，距离矢		

续表

课程名称	距离矢量路由协议定义	章节	5.4
课时安排	由教师自行安排	教学对象	
教学建议及过程	量路由协议提出的一些概念、设计实现是学习动态路由协议的基础，因此在介绍链路状态路由协议前有必要介绍距离矢量路由协议的内容。建议在教学过程中逐一介绍其通用属性、路由逐跳传播行为、防环机制、异步更新等概念。 3.（如需）建议在教学过程中介绍距离矢量路由协议和链路状态路由协议的基本实现原理及协议区别。距离矢量路由协议交换的是路由表信息，采用逐跳传播方式；而链路状态路由协议交换的链路状态信息（链路的开销、类型、链路对应的网络地址等），每台路由器独立计算自己的路由信息（建议结合教学内容点评进行总结）。		
学生课前准备	1．教师布置学生课前预习本章节任务，使学生提前了解距离矢量路由协议的基本概念和协议特点，如距离矢量协议通用属性、路由的逐跳传播、路由的失效时长、防环机制、异步更新等。 2．课前预习考核方式：教师在课堂中针对教学互动知识点对学生进行随机点名抽查，记录抽查结果。		
教学目的与要求	通过本章节的学习，学生需要了解掌握如下知识点： 1．了解距离矢量路由协议的通用属性； 2．了解距离矢量路由协议的 Routing By Rumor 行为； 3．了解距离矢量路由协议的路由失效定时器； 4．了解距离矢量路由协议的路由防环机制——水平分割； 5．了解距离矢量路由协议的路由防环机制——毒性逆转； 6．了解距离矢量路由协议的路由防环机制改进——跳数增加至无穷； 7．了解距离矢量路由协议的路由防环机制改进——抑制计数器； 8．了解距离矢量路由协议的快速检测触发机制； 9．了解距离矢量路由协议的异步更新。		
章节重点	距离矢量路由协议的逐跳行为、水平分割、毒性逆转、触发机制、抑制计数器。		
章节难点	跳数增加至无穷。		
教学资源	PPT、教案等。		

续表

课程名称	距离矢量路由协议定义	章节	5.4
课时安排	由教师自行安排	教学对象	
知识点结构导图	距离矢量路由协议 —通用属性：邻居；定期更新；广播发送路由；全路由表选择更新 —逐跳传播：Routing By Rumor 的路由选择传播 —路由失效时长：路由的存活时间 —防环机制：控制路由发布（普通水平分割；毒性逆转）；控制路由接收（抑制计数器；跳数计数到无穷） —异步更新：防止同步更新		
教学互动	**问题 1：运行距离矢量路由协议的路由器向外传播的是什么信息？** 运行距离矢量路由协议的路由器向外传播的是本设备的路由表信息，向邻居发送路由表的所有信息。 **问题 2：路由的逐跳传播指的是什么？** 逐跳传播指的是路由器只向相邻的邻居传播自己的路由表信息，邻居路由器将接收的路由表信息进行处理后（将路由的跳数加 1）加入路由表，并将自己的路由表发送给邻居，从传播方向上看，是逐跳传播。 **问题 3：为什么说距离矢量路由协议不是可靠的路由协议？** 距离矢量路由协议从设计上采用逐跳传播路由的方式，每个路由器把邻居发送给自己的路由表信息加入路由表，然后再传播给自己的邻居。邻居发送给自己的路由信息是否可靠，本路由器无法获知，这种机制缺乏一种“通盘周全”考虑，容易引起路由环路，因此说它是不可靠的路由协议。距离矢量路由协议可在简单的网络中应用，尽量避免在大型网络中应用。 **问题 4：在什么组网环境中，水平分割和毒性逆转将无法控制环路的发生？** 水平分割和毒性逆转在链形组网中能有效防止路由环路，但是对于环形组网将不起作用。因为环形组网是一个自我封闭的组网，对于一台路由器而言，一个端口发出的路		

续表

<table>
<tr><td>课程名称</td><td>距离矢量路由协议定义</td><td>章节</td><td>5.4</td></tr>
<tr><td>课时安排</td><td>由教师自行安排</td><td>教学对象</td><td></td></tr>
<tr><td>教学互动</td><td colspan="3">由表信息最终将从另外一个端口被接收，而水平分割只能控制一个方向，这种情况下就会出现环路问题。

问题 5：计数到无穷规定的最大跳数为多少？

水平分割对环形组网不起作用。为了解决环形组网的环路问题，我们设置路由的跳数达到 16 时，路由器认为该路由无效，不将其加入路由表中而将其丢弃。距离矢量路由协议规定当路由跳数达到 16 时认为跳数计算到无穷。</td></tr>
<tr><td>教学案例分析</td><td colspan="3">图 5-10 所示的组网场景的 4 台路由器均部署了相同的距离矢量路由协议（具体协议类型不必关注），但它们的更新时间不一致。若在某时刻 t0，路由器 R1 的一条链路中断，其在 t1 时刻将其通告给了路由器 R2。存在这样一种情况，R2 在将链路中断发送给 R3 前，R3 向 R4 通告了自己的路由表（包括 10.10.10.1/30）信息，而此时 R2 将链路中断通告给了 R4，R4 已刷新了自己的路由表。如果这台路由部署了水平分割，试分析网络中会出现什么情况？并分析 R2、R3、R4 的路由表。

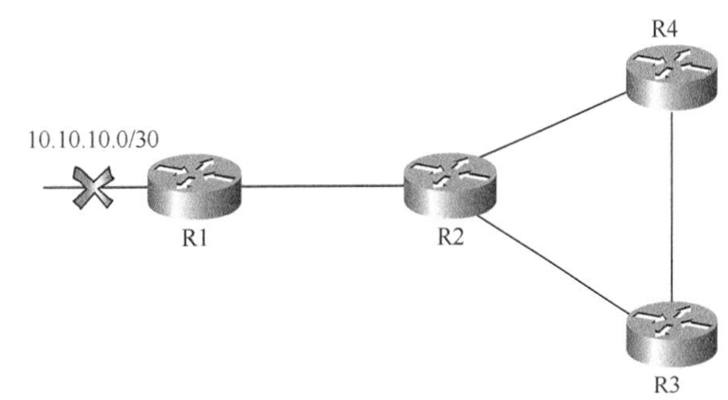

图 5-10　4 台路由器的组网场景

答：① 如图 5-11 所示，R4 接收到 R2 的路由不可用信息后，更新路由表；再接收到 R3 广播的路由表信息 10.10.10.0/30，跳数为 2。R4 最终将路由表信息 10.10.10.0/30 更新为：跳数为 3，下一跳指向 R3。

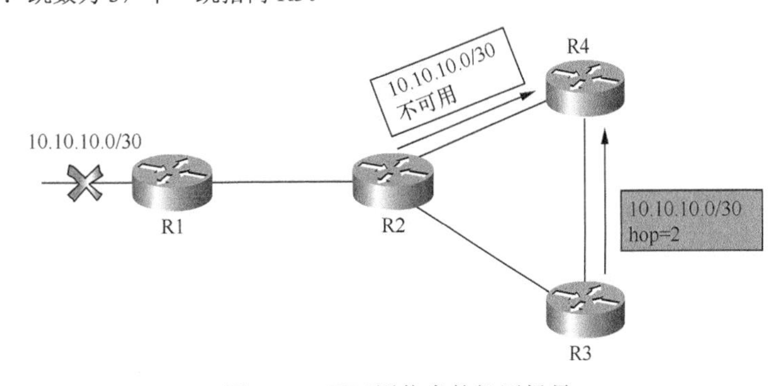

图 5-11　不可用信息的组网场景</td></tr>
</table>

续表

<table>
<tr><td>课程名称</td><td>距离矢量路由协议定义</td><td>章节</td><td>5.4</td></tr>
<tr><td>课时安排</td><td>由教师自行安排</td><td>教学对象</td><td></td></tr>
<tr><td>教学案例分析</td><td colspan="3">② R4 将路由表信息广播给 R2，如图 5-12 所示，路由 10.10.10.0/30 的跳数为 3。由于 R2 收到 R1 的更新消息，此时路由表中已经没有 10.10.10.0/30 的路由表信息。R2 将接收到 R4 的路由表信息并将其加入到自己的路由表中，路由 10.10.10.0/30 的跳数为 4，下一跳指向 R4。
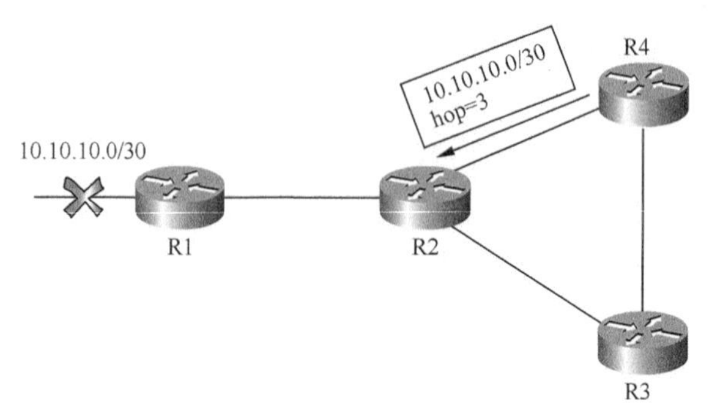

图 5-12　R2 收到信息后的转发过程
③ R2 将路由表信息广播给 R3，如图 5-13 所示，路由 10.10.10.0/30 的跳数为 4（由于 R3 向 R4 发送更新消息后，已接收 R2 发送的路由不可用消息）。此时，R3 收到 R2 的路由更新信息，路由 10.10.10.0/30 的跳数为 4。R3 再次将 10.10.10.0/30 加入自己的路由表中，跳数为 5。如此反复，该路由表信息会一直在 R2、R3、R4 间传播，导致环路产生。在一段时间内，发送给目的网段 10.10.10.0/30 的业务报文将在 R2、R3、R4 间循环。直到路由表信息的跳数为 16 后，路由器重新将该路由设置为不可达。
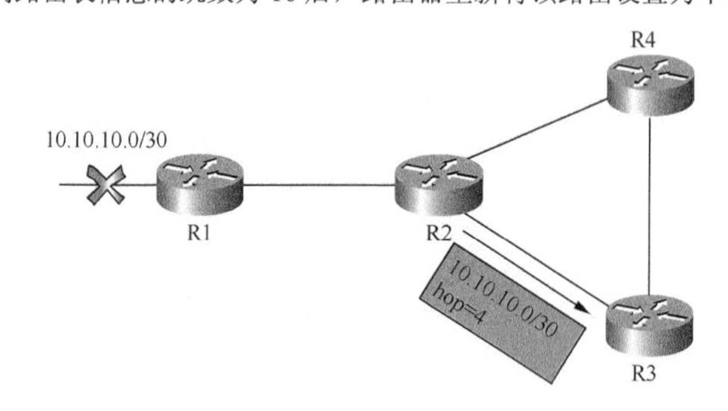

图 5-13　R2 将信息广播给 R3 的过程</td></tr>
<tr><td>教学内容总结</td><td colspan="3">本章节详细介绍了距离矢量路由协议的实现原理。
距离矢量路由协议具有动态协议所具有的通用属性，如邻居、定期更新、广播发送路由、全路由表选择更新，用以规定路由器间以何种方式向邻居路由器进行路由传播。
距离矢量路由协议采用逐跳传播的方式向邻居传播信息。本路由器的路由除了链路层路由外，都是从邻居处学习到的路由，本路由器接收从邻居路由器发布过来的路由，相信它们是可靠的。</td></tr>
</table>

续表

课程名称	距离矢量路由协议定义	章节	5.4
课时安排	由教师自行安排	教学对象	
教学内容总结	路由都有一定的生存时间，不可能永远有效。距离矢量路由协议采用路由失效时间来定义路由的生存时间，一般为 3～6 个更新周期。 Routing By Rumor 的路由选择行为带来了环路出现的风险。为此，距离矢量路由协议采用 4 个方面加以改进对本路由器的路由传播的控制和选路接收行为。普通水平分割和毒性逆转用于控制本路由器的路由传播行为，抑制计数器和跳数计数到无穷用于控制路由器的路由接收行为。 触发更新机制是对逐跳传播的改进，一旦网络中发生链路及路由状态更换，则立刻向邻居广播并传播路由信息，缩短收敛时间，使整个网络快速做出调整，提升网络的可靠性。 异常更新机制用于在广播网络中控制路由广播更新趋于同步的情况。		
参考答案	1．在距离矢量路由协议中，什么是邻居，它们交互的是哪些信息？ 答：共享着相同的数据链路的路由器被称作邻居。它们交互是各自的路由表信息。 2．距离矢量路由协议采用什么机制刷新路由表？ 答：采用定期刷新机制向邻居路由器传播路由表。 3．在距离矢量路由协议中，请描述路由器是如何完成路由收敛的。 答：运行距离矢量路由协议的路由器定期向邻居发送整个路由表信息，路由表信息包括链路的类型、开销、路数等级，邻居路由器收到路由表信息进行处理。如果收到的路由更新信息为新的内容，则将路由的跳数加 1 后加入路由表中；如果收到的路由表信息在本机路由中存在，那么将比较其跳数，若跳数更少，则将其加入路由表中，并删除原路由表信息，否则将其丢弃。路由器处理完路由信息后，将等待一个更新时期到来后再广播发送整个路由表给邻居。网络中所有运行距离矢量路由协议的路由器都执行相同的操作，直至路由收敛。 4．为什么说距离矢量路由协议是 Routing By Rumor 的路由选择行为？ 答：运行距离矢量路由协议的路由器的路由来源是邻居路由器传播的路由表信息，本路由器认为邻居路由器传播的是可靠的路由表信息，而将其加入路由表中。 5．在距离矢量路由协议中，如何保证路由的有效性？ 答：采用失效定时器机制保护路由的有效性。 6．在距离矢量路由协议中，为什么会出现黑洞路由？ 答：因为路由失效定时机制和定期更新不同步出现，因此，黑洞路由才会出现。 7．在距离矢量路由协议中，水平分割有何功能？ 答：水平分割的作用是路由器某接口接收到相关路由后，将不再通过此端广播对应接收的路由。这样可以对防止路由环路的出现起到一定的作用。		

续表

课程名称	距离矢量路由协议定义	章节	5.4
课时安排	由教师自行安排	教学对象	
参考答案	8．请描述简单水平分割和毒性逆转的区别？ 答：水平分割是为了控制路由器接口向邻居路由器广播相同的路由；而毒性逆转则是为了向邻居路由器发布相同的接收路由，但是其跳数设置为无穷大。 9．在距离矢量路由协议（如 RIP）中，跳数设置为多少跳则路由无效，这样设置有什么好处？ 答：距离矢量路由协议中设置跳数为 16 跳，则认为路由无效。这样有利于控制路由环路的出现，防止路由在邻居路由器间来回广播。 10．在距离矢量路由协议中，触发更新有什么作用，是否有助于加速路由收敛？ 答：触发更新机制使路由器不用等待定期更新时间，当路由器检测到链路异常等信息时，则立即向邻居路由器广播更新，每一台路由器收到触发更新后，也立即向自己的邻居发送触发更新。这样可以保证网络快速收敛，而不必等待所有路由器定期更新后才完成路由收敛。 11．在距离矢量路由协议中，抑制计时器设置是否越短越好？ 答：不一定，这取决于网络情况。如果抑制计时器设置过短，则对于路由环路的控制效果将不明显。		

5.5 链路状态路由协议简介

课程名称	链路状态路由协议简介	章节	5.5
课时安排	1 课时	教学对象	
教学建议及过程	**教学建议：** 本章节授课时长建议安排为 1 课时，采用翻转课堂形式授课，培养学生的自主学习能力和学习积极性；以教学互动的形式检查学生课前预习的效果。 **教学过程：** 首先，课堂中由教师介绍 OSPF 的基本概念，如邻居、区域、LSA、LSDB 及 SPF 算法，为第 6 章做好铺垫。 其次，在教学过程中，建议重点介绍邻居的概念、区域划分的作用、LSA 的作用及 LSDB 的内容，使学生初步了解 OSPF 的实现原理。 最后，完成教学互动后进行课堂总结，概括本章节要点。		

续表

课程名称	链路状态路由协议简介	章节	5.5
课时安排	1 课时	教学对象	
教学建议及过程	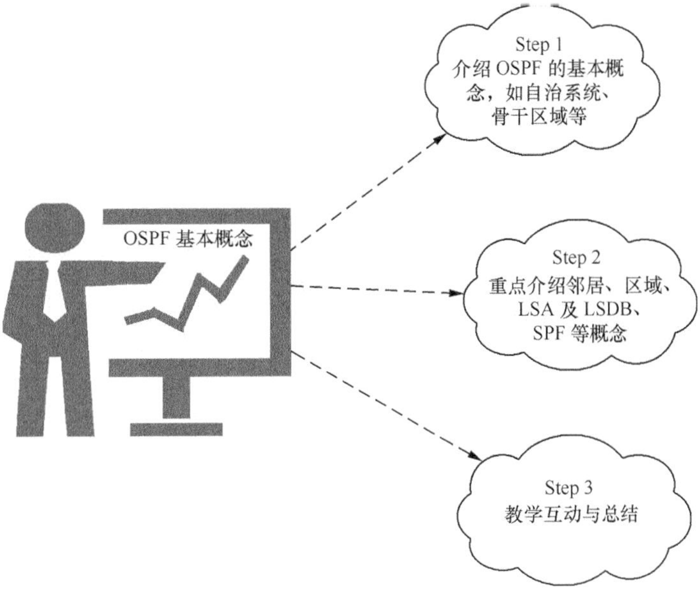 OSPF 基本概念 Step 1 介绍 OSPF 的基本概念，如自治系统、骨干区域等 Step 2 重点介绍邻居、区域、LSA 及 LSDB、SPF 等概念 Step 3 教学互动与总结		
学生课前准备	1．教师布置学生课前预习本章节知识内容，使学生提前了解链路状态路由协议的基本概念，如邻居、区域、LSA（OSPF）、LSDB、SPF 等。 2．课前预习考核方式：教师在课堂中针对教学互动知识点对学生进行随机点名抽查，记录抽查效果。		
教学目的与要求	通过本章节的学习，学生需要掌握如下知识点： 1．了解链路状态路由协议的定义； 2．了解链路状态路由协议的邻居的概念； 3．了解链路状态路由协议的区域划分作用； 4．了解链路状态路由协议链路状态泛洪机制； 5．了解链路状态路由协议的链路状态数据库概念； 6．了解链路状态路由协议 SPF 算法。		
章节重点	链路状态邻居、区域、链路状态数据库。		
章节难点	链路状态泛洪、SPF 算法。		
教学资源	PPT、教案等。		

续表

<table>
<tr><td>课程名称</td><td>链路状态路由协议简介</td><td>章节</td><td>5.5</td></tr>
<tr><td>课时安排</td><td>1 课时</td><td>教学对象</td><td></td></tr>
<tr><td>知识点
结构导图</td><td colspan="3">

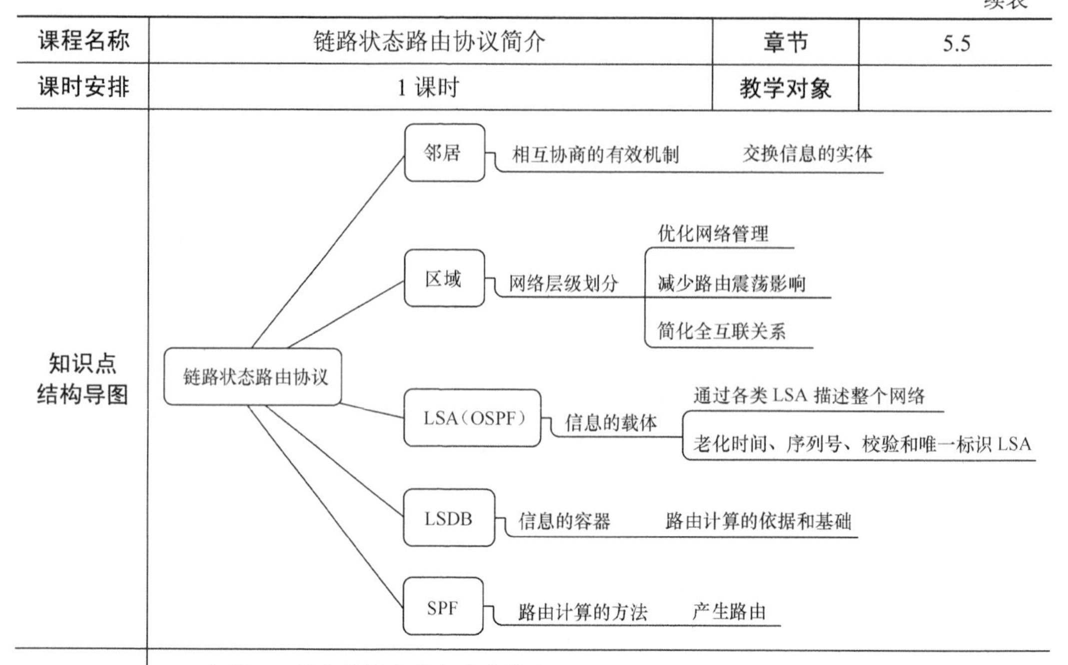

</td></tr>
<tr><td>教学互动</td><td colspan="3">

问题 1：什么是链路状态路由协议？

路由器使用链路状态数据库来记录和维护网络中链路的状态信息、位置信息及路由表信息，路由器间传递的是链路相关信息（对应的网络的 IP 地址、子网掩码、链路开销等）。这些路由协议被称作链路状态路由协议。

问题 2：为什么说链路状态路由协议的路由收敛速度比距离矢量路由协议的快？（建议由老师课讲授）

运行链路状态路由协议的路由器，在接收到 LSA 信息后将快速记录该 LSA 并将其复制传播给邻居路由器，实现网络中路由器链路信息的同步。每台路由器的路由计算都是独立的过程，路由器间不共享路由计算的结果，因此路由的收敛速度快。

相对于链路状态路由协议而言，运行距离矢量路由协议的路由器间传送的是路由器信息，路由是逐跳传播的，这就要求每台路由器都参与路由计算，每台路由器计算路由的时间都会影响其他路由器的路由收敛时间，路由采用分布式计算。当网络中存在路由器加塞行为后，路由收敛时间更长，因此链路状态路由协议的路由收敛时间比距离矢量路由协议的收敛时间更短。

问题 3：物理上连接的 OSPF 路由器就是邻居路由器么？

不是，只有成功交换路由协议报文的路由器间才能成为邻居（neighbor）。邻居间网络可达，同时，路由器间必须能够交换对应的可识别的协议信息。

问题 4：OSPF 邻居路由器间是否必须网络直连？

不一定，比如两台路由器跨越二层网络时，仍能建立邻居关系。如果路由器间经过三层公有网络，则不能建立邻居关系（因为 OSPF 报文的 TTL 值为 1）。

</td></tr>
</table>

续表

<table>
<tr><td>课程名称</td><td>链路状态路由协议简介</td><td>章节</td><td>5.5</td></tr>
<tr><td>课时安排</td><td>1 课时</td><td>教学对象</td><td></td></tr>
<tr><td>教学互动</td><td colspan="3">问题 5：运行链路状态路由协议的路由器通过什么报文发现邻居？
OSPF 和 IS-IS 这两种通用的链路状态路由协议都采用 Hello 报文来发现邻居。
Hello 报文在邻居路由器间周期性地被发送，用以检测是否存在邻居路由器及邻居状态是否正常。
问题 6：为什么要对运行链路状态路由协议的路由器进行区域划分？
区域划分可以简化网络管理复杂度，任何网络都处于相对的变化之中。如果不进行区域划分，则任何链路的异常或变动都会引起整个网络震荡。
同样，区域划分可以缩小链路状态数据库规模，简化网络拓扑互联关系。
问题 7：路由器如何确定接收到的 LSA（OSPF）是一条新的 LSA？
通过 LSA 报文携带的 3 个关键字段：aging、sequence number、checksum 确认唯一的 LSA。
问题 8：链路状态路由协议采用什么算法计算路由？
链路状态路由协议采用 SPF（最短路径优先）算法计算路由。SPF 算法基于链路状态数据库，通过程序语言来构建最短路径树，然后计算出最佳路由。</td></tr>
<tr><td>教学内容总结</td><td colspan="3">本章节介绍了链路状态路由协议的基本概念，为第 6 章 OSPF 协议的介绍打下基础。
链路状态路由协议类似于距离矢量路由协议，它们都存在着邻居的概念。运行相同链路状态协议的路由器需要和各自的邻居路由器建立一种可靠的协商关系，交互各自的链路信息。
当运行链路状态路由协议的路由器较多时，路由器需要被按照物理位置和链路关系进行归类划分，缩小管理域的范围，实行层级管理。这样既能减少网络震荡带来的影响，又能减小链路状态数据库的空间。
为了保证全网信息的同步，路由器采用 LSA 机制向各自的邻居广播链路信息。当网络中划分了区域后，链路状态信息也进行了细分，分别为区域内的 LSA、区域间的 LSA 及外部 LSA。
路由器将接收到的各类 LSA 信息加入自己的数据库中（链路状态数据库、LSDB），待邻居关系处于稳定状态后，每台路由器都运行相同的 SPF 算法，计算以自己为根节点、以到特定链路或外部链路为叶子节点的最短路径树，从而计算出最佳路由。</td></tr>
<tr><td>参考答案</td><td colspan="3">1. 在链路状态路由协议中，应用什么机制发现和维护邻居关系？
答：通过 Hello 报文发现和维护邻居关系。
2. 在链路状态路由协议中，为什么要进行区域划分？</td></tr>
</table>

续表

课程名称	链路状态路由协议简介	章节	5.5
课时安排	1 课时	教学对象	
参考答案	答：区域划分可以简化网络管理，减少链路异常引起的整个网络震荡带来的影响，缩小链路状态数据库规模，简化网络拓扑互联关系。 3．路由器通过哪些方式保证链路状态泛洪唯一性？ 答：通过链路状态信息中携带的老化时间、序列号、校验和及字段。 4．在链路状态路由协议中，状态泛洪的目的是什么？ 答：状态泛洪的目的是为了向网络中的邻居通告自己的链路信息，由邻居再通告其他邻居路由器，以达到全网链路状态信息的同步。 5．路由器的链路状态数据库中保存的是什么信息？ 答：路由器的链路状态数据库中保存是构建网络拓扑的各类 LSA 信息。 6．请简单描述 DJ 算法的实现。 答：略。		

思考与练习

1．路由器中的路由表中有几个参数用于描述一条路由？

答：路由器采用 7 个参数描述一条路由，分别为目的地址、子网掩码、下一跳、出接口、来源（协议）、协议优先级、度量值。

2．如何配置一条静态路由？

答：静态路由配置方法相对简单。在路由器中手工配置对应目的地址、子网掩码、出接口和下一跳即可完成相关的配置。

3．路由器中缺省路由是否是必须配置的？

答：不一定。一般在城域网中会使用到缺省路由以防止在路由查询时，出现无法找到出接口和下一跳而出现业务中断的现象。

4．请简单描述在如图 5-14 所示组网中，如何通过配置静态路由的方式实现路由器 A 和路由器 D 间的互相通信？（理解静态路由的配置方法和路由的单向行为）

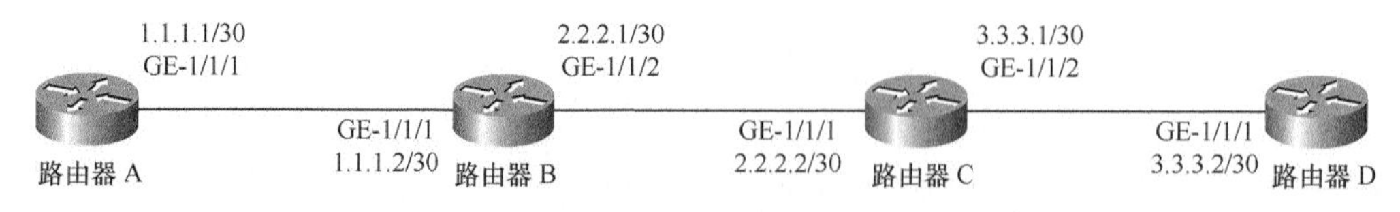

图 5-14　配置静态路由的组网

续表

答：① 在路由器 A 中，配置静态路由参数：目的地址、子网掩码、出接口、下一跳分别为 3.3.3.0 、255.255.255.252、GE-1/1/1、1.1.1.2。

② 在路由器 B 中，配置静态路由参数：目的地址、子网掩码、出接口、下一跳分别为 3.3.3.0 、255.255.255.252、GE-1/1/2、2.2.2.2。

③ 在路由器 C 中，配置静态路由参数：目的地址、子网掩码、出接口、下一跳分别为 1.1.1.0、255.255.255.252、GE-1/1/1、2.2.2.1。

④ 在路由器 D 中，配置静态路由参数：目的地址、子网掩码、出接口、下一跳分别为 1.1.1.0、255.255.255.252、GE-1/1/1、3.3.3.1。

对于中间路由器而言，它必须有报文的源 IP 地址和目的 IP 地址路由，才可实现报文的全部转发，否则会出现报文单向可达但双向不可达的问题。

5．在什么场景下，路由器配置缺省路由就可实现指导报文转发？

答：当网络只有一个路由器与外部网络互联时，可在该出口路由器配置缺省路由实现指导报文的转发。

6．请简单描述距离矢量路由协议和链路状态路由协议的实现区别？

答：距离矢量路由协议采用逐跳的方式传播路由表信息，路由采用分布式计算方式，所有路由器路由计算完成后才可完成路由的收敛。

而链路状态路由协议通过 Hello 机制维护邻居关系，邻居间传播的是各自的链路状态信息，每台路由器在接收到链路状态信息后将其记录在自身的链路状态数据库中，并将其快速传播给其他邻居，每台路由器独立完成各自路由的计算。

7．请描述距离矢量路由协议中的毒性逆转原理（防止路由环路）。

答：路由器对外广播路由表信息时，允许从同一接口接收的路由表信息再次向接口发布，但必须设置该路由的跳数为无穷大。

8．距离矢量路由协议防环设计中用到了什么技术？

答：水平分割、毒性逆转、抑制计数器、跳数计算到无穷。

9．为什么距离矢量路由协议在设计上就存在环路出现的隐患？

答：就路由传播的逐跳行为而言，本路由器有且只能利用邻居传播的路由表信息，该路由表信息是否可靠，本路由器无法验证，因此在设计上就存在出现环路的隐患.

10．链路状态路由协议通过什么机制维护邻居关系？

答：通过交互 Hello 报文机制发现和维护邻居关系。

第6章

OSPF 动态路由协议

6.1 OSPF 协议概述

课程名称	OSPF 协议概述	章节	6.1
课时安排	0.2 课时	教学对象	
教学建议及过程	教学建议： 本章节授课时长建议安排为 0.2 课时（建议和 6.2 节放在同一个课时中讲述），教师采用翻转课堂形式授课，培养学生的自主学习能力和学习积极性。 教学过程： 本章节为 OSPF 协议的基本概述，内容简单，容易学习和理解，教师可在课堂中以互动形式完成教学目标。		
学生课前准备	1．教师布置学生课前预习本章节内容，使学生提前了解链路状态路由协议 OSPF 适用的网络类型、协议使用范围、版本号等知识。 2．课前预习考核方式：教师在课堂中针对教学互动知识点或其他类似知识对学生进行随机点名抽查，记录抽查效果。		
教学目的与要求	通过本章节的学习，学生需要了解掌握如下知识点： 1．了解 OSPF 协议通用版本号； 2．掌握 OSPF 协议适用的网络类型。		
章节重点	OSPF 适用的网络类型。		
教学资源	PPT、教案等。		

续表

课程名称	OSPF 协议概述	章节	6.1
课时安排	0.2 课时	教学对象	
知识点 结构导图	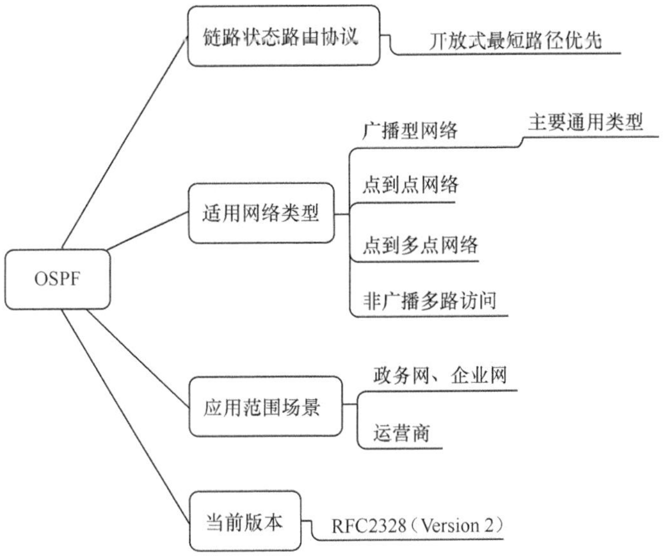 OSPF 链路状态路由协议 开放式最短路径优先 适用网络类型 广播型网络 主要通用类型 点到点网络 点到多点网络 非广播多路访问 应用范围场景 政务网、企业网 运营商 当前版本 RFC2328（Version 2）		
教学互动	问题 1：请通过前面所学的知识，确认 OSPF 采用什么机制发现和维护邻居关系？ OSPF 协议也是一种链路状态路由协议，它采用 Hello 报文机制发现和维护邻居关系。 问题 2：当前 OSPF 协议的版本号是多少？ OSPF Version 2。 问题 3：OSPF 适用的网络类型有什么？ 广播网络、非广播多路访问网络、点到点网络、点到多点网络这 4 种类型网络。		
教学内容 总结	本章节主要介绍 OSPF 协议的版本及适用的网络类型，内容简单易学。		
参考答案	1．OSPF 协议适用的网络类型有哪几种？ 答：OSPF 协议适用于广播网络、非广播多路访问网络、点到点网络、点到多点网络这 4 种类型网络。 2．OSPF 协议的基本实现原理是什么？ 答：OSPF 协议最核心的思想是在同一个自治系统中运行 OSPF 协议的路由器具有相同的链路状态数据库，在进行路由计算时，每台路由器可描绘出以自己为根节点、以目标网络或节点为叶子节点的最短路径树，从而计算生成最佳路由。		

6.2 OSPF 基本概念

<table>
<tr><td>课程名称</td><td>OSPF 基本概念</td><td>章节</td><td>6.2</td></tr>
<tr><td>课时安排</td><td>1 课时</td><td>教学对象</td><td></td></tr>
<tr><td>教学建议
及过程</td><td colspan="3">教学建议：
本章节授课时长建议安排为 1 课时，采用翻转课堂形式授课，培养学生的自主学习能力和学习积极性；以教学互动的形式检查学生课前预习的效果。
教学过程：
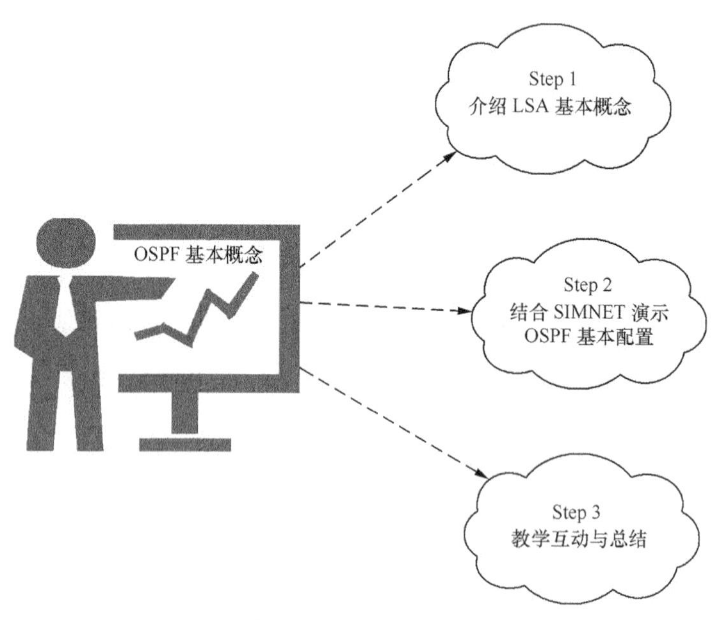

首先，课堂中教师对 OSPF 的基本概念及定义进行详细介绍，如自治系统、接口、RouterID、DR/BDR/ABR/ASBR、骨干区域、非骨干区域、OSPF 进程号、OSPF 链路状态数据库等，为后续章节做好铺垫。
其次，完成教学互动后进行课堂总结，概括本章节要点。</td></tr>
<tr><td>学生课前
准备</td><td colspan="3">1．教师布置学生课前预习本章节内容并提前学习相关视频微课任务，使学生提前了解 OSPF 自治系统、接口、RouterID、DR/BDR/ABR/ASBR、骨干区域、非骨干区域、OSPF 进程号、OSPF 链路状态数据库等概念。
2．课前预习考核方式：教师在课堂中针对教学互动知识点或其他类似知识点对学生进行随机点名抽查，记录抽查效果。</td></tr>
<tr><td>教学目的
与要求</td><td colspan="3">通过本章节的学习，学生需要了解掌握如下知识点：
1．了解自治系统的概念；
2．了解 OSPF Interface 作用；</td></tr>
</table>

续表

课程名称	OSPF 基本概念	章节	6.2
课时安排	1 课时	教学对象	
教学目的与要求	3．掌握 OSPF RouterID 作用及配置方法； 4．掌握 OSPF 进程号概念及作用范围； 5．掌握 OSPF LSDB 概念及内容； 6．掌握 OSPF 骨干区域概念； 7．掌握 OSPF 非骨干区域概念； 8．掌握 MA 网络中 DR/BDR 的作用； 9．掌握 OSPF ABR/ASBR 的概念； 10．掌握 OSPF LSA 概念及作用。		
章节重点	骨干区域、非骨干区域、DR/BDR、ABR/ASBR。		
教学资源	PPT、教案等。		
知识点结构导图	OSPF 基本概念 自治系统：运行相同的路由协议、具有相同的选路策略 Interface：与邻居路由器相互作用的接口 RouterID：OSPF 路由器标识符 路由器角色：普通路由器；DR/BDR　MA 网络选举产生的路由器；ABR（区域边界路由器）；ASBR（自治系统边界路由器） 区域：骨干区域　area 0；非骨干区域（非 area 0）：普通区域、Stub 区域、NSSA Process ID：路由进程标识，本路由器内有效 链路状态数据库：各类 LSA 的集合　链路状态泛洪，描述路由器链路信息		
教学互动	问题 1：运行 OSPF 的路由器如果没有配置 Loopback 地址，也没有手动指定路由器的 RouterID，它将如何选取 RouterID？这种情况下容易出现什么问题？ 路由器将在所有物理状态为 UP 的接口中选取最大的接口 IP 地址作为路由器的 RouterID。这种情况下，OSPF 状态不稳定，OSPF 进程容易因为物理接口的状态变化而变化。		

续表

课程名称	OSPF 基本概念	章节	6.2
课时安排	1 课时	教学对象	
教学互动	为了解决该问题，一般在协议配置 Loopback 接口并配置 IP 地址，然后将 RouterID 值作为 Loopback 接口 IP 地址。只要路由器状态正常，OSPF 状态可保持正常。 **问题 2：两台路由器都运行了 OSPF 协议，互联接口状态正常且启动了 OSPF，但是两边 OSPF 进程号不一致，请问两台路由器是否有可能协调成功，为什么？** 有可能协商成功。因为进程号只在路由器本地有效，用于区分不同的 OSPF 路由进程实例。两台路由器协商时并不检查 OSPF 的进程号（OSPF 协议报文中有详细说明）。 **问题 3：在 MA 型网络（广播型和 NBMA 型）中，DR/BDR 起什么作用？** DR/BDR 起伪节点作用，它将整个 MA 网络视作一条链路。它将有效减少 MA 网络中 LSA 的数量，减少 SPF 计算的复杂度。 **问题 4：ASBR 可以是骨干区域内的路由器吗？为什么？** ASBR 可以是骨干区域内的路由器。只要在运行 OSPF 的路由器中引入自治系统外的路由器，它就可被认为是 ASBR。ASBR 的定义划分打破了路由器区域位置的限定。 **问题 5：如何确定一台路由器是 ABR？** ABR 处于区域的边界，它必然跨两个或两个以上的区域，且其中之一为骨干区域。 **问题 6：如何确定 LSDB 是否处于同步状态？** 当区域内的路由器的链路状态数据库完全一致后，则说明 LSDB 处于同步状态（或 OSPF 状态机为 Full 状态）。 **问题 7：为什么说 OSPF 协议从启动到完成链路状态数据库的同步需要经历较长时间？** 因为 OSPF 的 Hello 报文机制占用了较长时间，一般 HelloInterval 为 10s。完成邻居关系的建立需要进行多次 Hello 报文的交互，然后才能建立邻接关系。因此从 OSPF 协议启动到链路状态数据同步需要经历较长的时间。 **问题 8：什么是 OSPF 骨干区域？什么是 OSPF 非骨干区域？** 如果 OSPF 路由器对应的接口所在区域为 0.0.0.0（或被称作区域 0），该区域被称作骨干区域，如果接口所在区域为非 0 区域，那么它被称作非骨干区域。 骨干区域和非骨干区域不仅体现在 OSPF 区域号（Area ID）上，更体现在网络层次和设备路由能力上。所有的非骨干区域必须与骨干区域相连，所有的非骨干区域不能直接相连（虚连接除外）。骨干区域具有全网的链路状态数据库和路由，而非骨干区域则不一定。 **问题 9：什么是 OSPF RouterID？** OSPF RouterID 在网络中定位 OSPF 路由器的唯一身份标识，它采用 32 位无符号数，一般会借用路由器的 Loopback 接口或物理接口地址。		

续表

<table>
<tr><td>课程名称</td><td>OSPF 基本概念</td><td>章节</td><td>6.2</td></tr>
<tr><td>课时安排</td><td>1 课时</td><td>教学对象</td><td></td></tr>
<tr><td>教学互动</td><td colspan="3">问题 10：什么是 OSPF Interface?
OSPF Interface 表示路由器通过哪个物理接口参与 OSPF 路由协议交互和路由计算。
问题 11：如何理解自治系统这一概念?
自治系统一般用于表示网络中某些路由器采用相同的路由策略或协商机制的系统，它具有独立性。
如网络中的一组路由器都采用 OSPF 协议进行路由协商形成一个闭环系统，这些路由器就在同一个自治系统中。对于任意一台路由器，如果其采用非 OSPF 协议（如静态、RIP、IS-IS、BGP 等）或非同一个 OSPF 进程计算路由，对于 OSPF 而言，它们就不在同一个自治系统内。
同理，如果在一台路由器配置 OSPF 引入非 OSPF 的路由，那么该路由器是一台区域边界路由器（ASBR）；或者，在一个 OSPF 进程中引入其他 OSPF 进程的路由，该路由器也是一台 ASBR。</td></tr>
<tr><td>教学内容总结</td><td colspan="3">本章节主要介绍 OSPF 协议的基本概念。OSPF 动态路由协议要求路由器按协议约定的机制及参数进行相互协调及通信，最终达到链路状态数据库的同步。
OSPF 中引入自治系统是为了强调外部路由域的概念。一组运行 OSPF 的路由器形成邻居/邻接关系后，它们共同组成一个自治系统。这个自治系统以外的区域，就被称作外部区域。
OSPF Interface 是路由器间相互发生作用的物理接口，链路状态信息的泛洪传播就是通过 Interface 发出的。
OSPF RouterID 用于标识网络中运行 OSPF 的路由器的身份及位置，用 32 位二进制数表示。它可以借用逻辑 Loopback 接口，也可以借用路由器物理接口（状态为 UP 的接口和端口有没有启用 OSPF 没有关系）。
OSPF 为了缩小路由器链路状态数据库的规模及优化网络层级，将路由器进行区域划分。核心路由器所在区域为骨干区域，其他区域则为非骨干区域。所有非骨干区域必须和骨干区域相连，以保证网络的连通性。
OSPF 路由器进行区域划分后，路由器的角色也被进行了划分，分别为普通路由器、指定路由器（DR）/备份指定路由器（BDR）、区域边界路由器、自治系统边界路由器（ASBR）。由各类路由器生成的 LSA 也被进行了定义及分类，以达到完整描述网络拓扑的目的。
区域中的路由器在收到各类 LSA 后，构建了自己的链路状态数据库，最后独立完成各自路由的计算。</td></tr>
</table>

续表

课程名称	OSPF 基本概念	章节	6.2
课时安排	1 课时	教学对象	
参考答案	1. 什么是自治系统？ 答：自治系统是指在一个（有时是多个）实体管辖下的所有 IP 网络和路由器的网络，它们对网络中的设备执行相同的路由策略，运行相同的路由协议，它们组成路由器的集合。 2. 在运行 OSPF 协议的网络中，ABR 是指什么路由器？ 答：ABR 是指跨两个或两个以上区域的路由器，且路由器有一个接口必须在骨干区域内。 3. 在运行 OSPF 协议的网络中，ASBR 是指什么路由器？ 答：ASBR 是指引入自治系统外部路由的路由器。 4. 在运行 OSPF 协议的网络中，路由器间交换的是什么信息？ 答：路由器间交换的是链路状态信息（LSA）。		

6.3 OSPF 协议报文

课程名称	OSPF 协议报文	章节	6.3
课时安排	2 课时	教学对象	
教学建议及过程	**教学建议：** 本章节授课时长建议安排为 2 课时，采用翻转课堂形式授课，培养学生的自主学习能力和学习积极性；以教学互动的形式检查学生课前预习的效果。 **教学过程：** 第一，本章节涉及 OSPF 协商过程中的 5 种报文，涉及知识点较多，不易学习和理解。教师在授课时需逐一介绍 OSPF 协议 5 种报文结构和字段含义（结合教学互动问题 1 至问题 6，建议安排 1 个课时）。 第二，进行教学互动（结合教学互动问题 7 至问题 20），提升学生对 OSPF 协议报文的理解。 第三，完成教学互动及案例分析后进行课堂总结，概括 OSPF 5 种报文结构和字段含义。		

续表

课程名称	OSPF 协议报文	章节	6.3
课时安排	2 课时	教学对象	
教学建议及过程	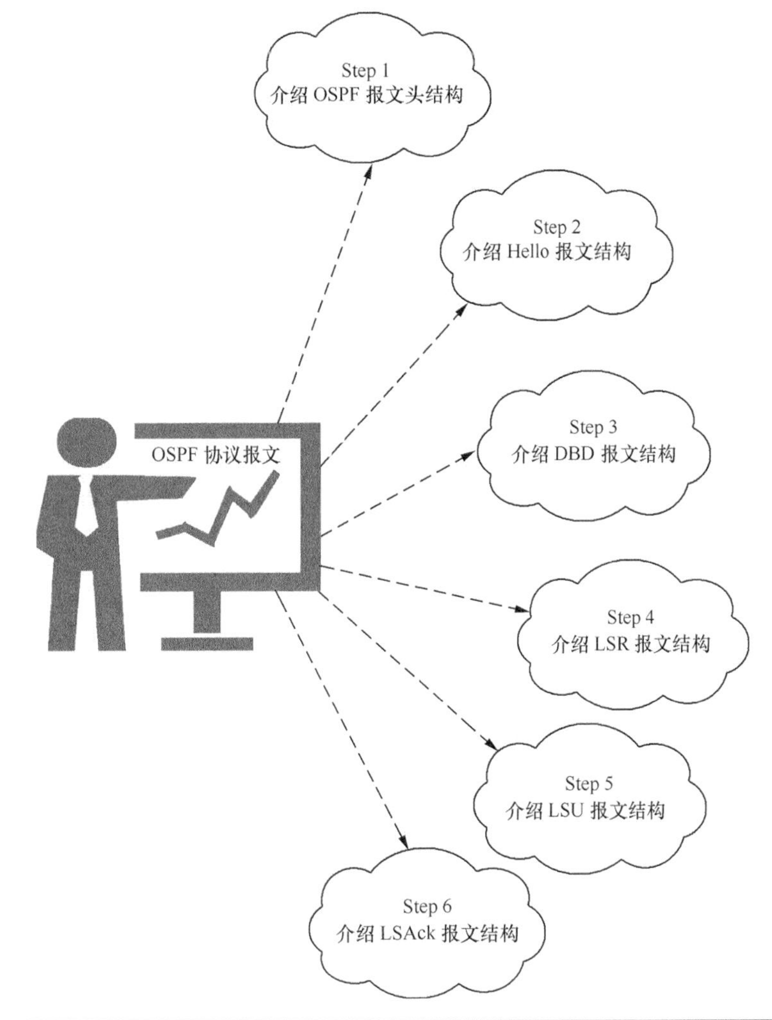		
学生课前准备	1．教师布置学生课前预习本章节内容并学习相关视频、微课任务，使学生提前掌握 OSPF 报文头结构以及 Hello、DBD、LSR、LSU、LSAck 报文结构，掌握报文中相关字段的作用。 2．课前预习考核方式：教师在课堂中针对教学互动知识点或其他类似知识点对学生进行随机点名抽查，记录抽查效果。		
教学目的与要求	通过本章节的学习，学生需要了解掌握如下知识点： 1．了解 OSPF 报文头结构； 2．了解 OSPF Hello 报文结构； 3．了解 OSPF DBD 报文结构；		

续表

<table>
<tr><td>课程名称</td><td>OSPF 协议报文</td><td>章节</td><td>6.3</td></tr>
<tr><td>课时安排</td><td>2 课时</td><td>教学对象</td><td></td></tr>
<tr><td>教学目的
与要求</td><td colspan="3">4．了解 OSPF LSR 报文结构；
5．了解 OSPF LSU 报文结构；
6．了解 OSPF LSAck 报文结构。</td></tr>
<tr><td>章节重点</td><td colspan="3">OSPF 报文头结构、Hello 报文结构、DBD 报文结构、LSR 报文结构、LSU 报文结构、LSAck 报文结构。</td></tr>
<tr><td>教学资源</td><td colspan="3">PPT、教案等。</td></tr>
<tr><td>知识点
结构导图</td><td colspan="3"> 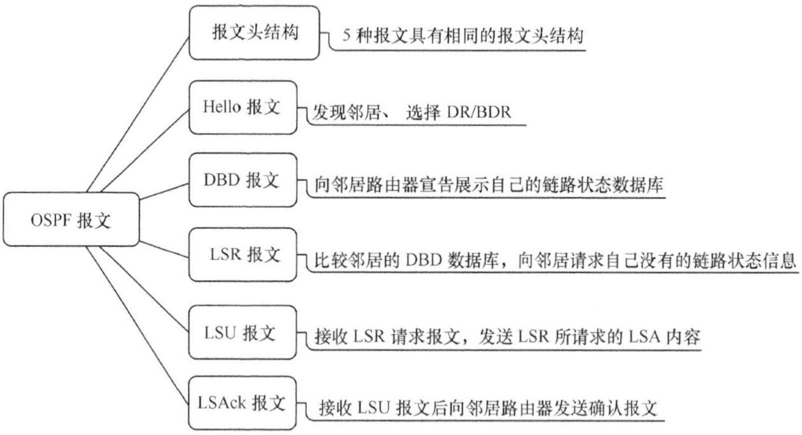OSPF 报文
报文头结构：5 种报文具有相同的报文头结构
Hello 报文：发现邻居、选择 DR/BDR
DBD 报文：向邻居路由器宣告展示自己的链路状态数据库
LSR 报文：比较邻居的 DBD 数据库，向邻居请求自己没有的链路状态信息
LSU 报文：接收 LSR 请求报文，发送 LSR 所请求的 LSA 内容
LSAck 报文：接收 LSU 报文后向邻居路由器发送确认报文</td></tr>
<tr><td>教学互动</td><td colspan="3">问题 1：OSPF 报文头结构及字段组成如图 6-1 所示。（建议该问题由老师进行讲解） 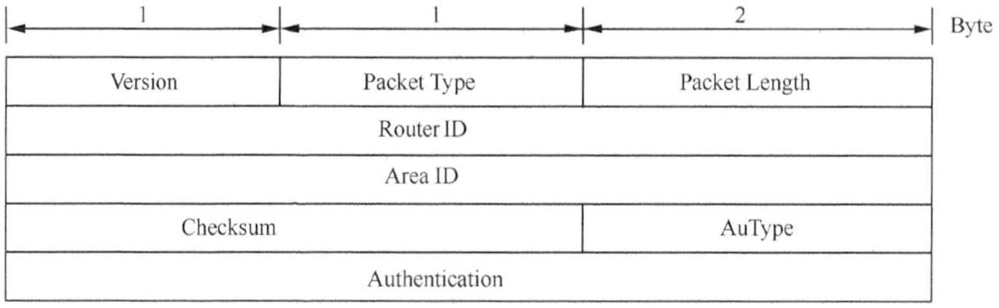
<table>
<tr><td>1</td><td>1</td><td>2</td><td>Byte</td></tr>
<tr><td>Version</td><td>Packet Type</td><td>Packet Length</td><td></td></tr>
<tr><td colspan="3">Router ID</td><td></td></tr>
<tr><td colspan="3">Area ID</td><td></td></tr>
<tr><td colspan="2">Checksum</td><td>AuType</td><td></td></tr>
<tr><td colspan="3">Authentication</td><td></td></tr>
</table>
图 6-1　OSPF 报文头结构
字段含义略。建议着重讲述 Area ID、AuTye、Authentication 字段对协议交互的影响。
Area ID 表示 OSPF 划分区域后的区域号，两台互为邻居的路由器的 Area ID 必须一致，否则无法建立邻居关系。注意，我们一般采用十进制数表示，路由器设备会自动把它转换为点分十进制数。
AuType 和 Authentication 字段是相对应的，如果邻居间不进行 OSPF 加密认证，Authentication 就为空。如果两端开启认证，则要求两端的认证方式和认证密钥一致。常用的认证方式有 simple 和 MD5 两种。</td></tr>
</table>

续表

<table>
<tr><td>课程名称</td><td>OSPF 协议报文</td><td>章节</td><td>6.3</td></tr>
<tr><td>课时安排</td><td>2 课时</td><td>教学对象</td><td></td></tr>
<tr><td>教学互动</td><td colspan="3">问题 2：OSPF Hello 报文结构及字段组成如图 6-2 所示。（建议知识点由老师进行讲解）
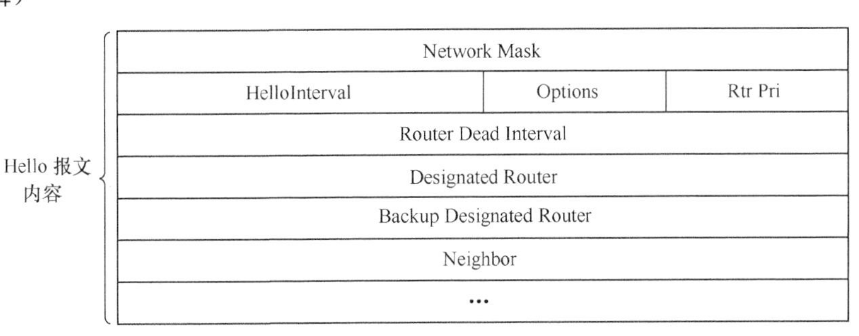

图 6-2　OSPF Hello 报文结构

因 OSPF 报文采用 IP 报文封装格式，部分字段依赖于手工配置，如 Network Mask、HelloInterval 及 Priority，如果配置不当，就会引起 OSPF 协议交互问题。例如，路由器的接口 IP 及子网掩码配置正确，但是在配置 OSPF 协商参数时指定网段地址和掩码时配置错误，就可能导致邻居不能正常协商。Hello 报文将组播地址 224.0.0.5 作为目的地址，只要配置的 Network Mask 包含接口地址，Hello 报文就能从接口发出，但是对端设备会进行 Network Mask 校验，如果不通过，则不会协商回应 Hello 报文。
同理，HelloInterval 参数规定本路由器的 Hello 报文发送间隔（周期）及超时时长（4 倍的 HelloInterval 时间长），如果两端不一致，可能会导致 OSPF 邻居协商不正常。
Priority 字段表示路由器的优先级，用于 DR 协商过程。
问题 3：OSPF DBD 报文结构及字段组成，如图 6-3 所示。（建议该知识点由老师进行讲解）
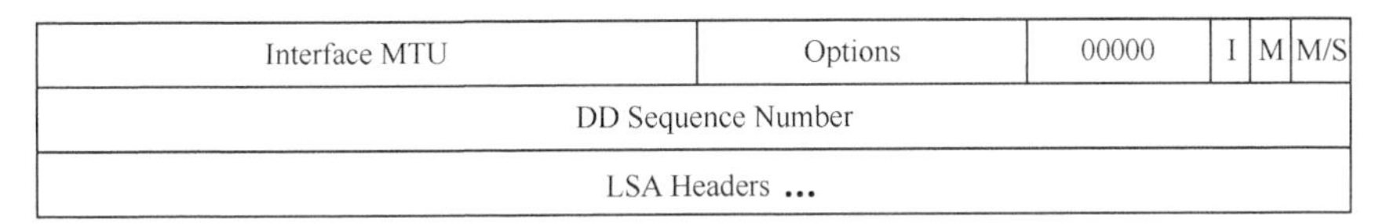

图 6-3　OSPF DBD 报文结构

DBD 报文有两种类型，一种是空内容的 DBD 首包，它用于主从关系的协商；另一种是包含 LSA 头部的 DBD 报文，它用于传送邻居的链路状态数据库信息。
Interface MTU 值一般和接口 MTU 值一致。但各个厂家的默认配置可能不一致，因此在实际工程使用异厂家设备对接时，需要注意。
IM、M/S 位分别表示协商时的初始位、更多位、主/从位。I 位为 1 表示第一个 DBD 报文；M 位为 1 表示有更多的 DBD 报文；M/S 位为 1 表示路由器协商为主路由器（主动发送 DBD 等报文，对端设备为从设备）。</td></tr>
</table>

续表

课程名称	OSPF 协议报文	章节	6.3
课时安排	2 课时	教学对象	
教学互动	LSA Headers 表示 LSA 的头部信息，3 个字段分别为：Link State ID、AdvRouter（Advertising Router）、Link State Type，这 3 个字段可标识一条唯一的链路状态头部信息。 **问题 4：OSPF LSR 报文结构及字段组成，如图 6-4 所示。（建议该知识点由老师进行讲解）** 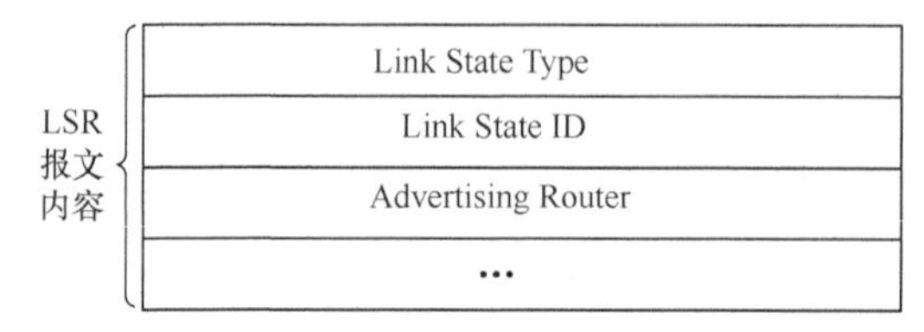 图 6-4　OSPF LSR 报文结构 OSPF LSR 报文是根据比较本路由器的链路状态数据库和接收的 DBD 报文而发送的请求同步报文，请求的信息和 DBD 头部一致，包括 3 个字段：Link State Type、Link State ID 及 AdvRouter。一般而言，采用这 3 个字段可以唯一标识一条 LSA 信息。 **问题 5：OSPF LSU 报文结构及字段组成，如图 6-5 所示。（建议该知识点由老师进行讲解）** 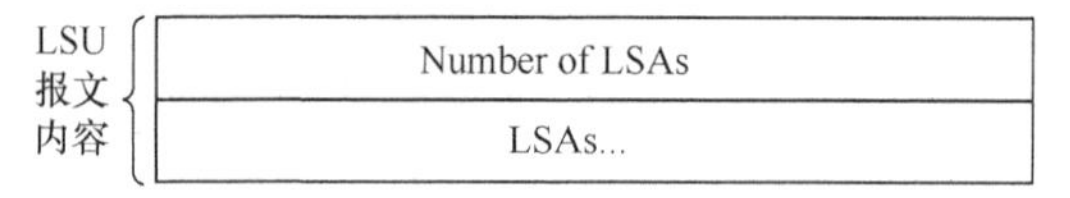 图 6-5　OSPF LSU 报文结构 LSU 信息是路由器接收 LSR 请求报文后，回送的 LSA 详细信息。它包括两个方面的字段。Number of LSAs 表示发送的 LSA 数量。 LSAs 表示 LSA 的详细信息。LSA 的详细信息与 OSPF 协议报文类似，采用 LSA 头部和 LSA 报文体格式。 LSU 是 LSA 信息的载体，所有的 LSA 信息泛洪都需要经过 LSU 承载。LSA 信息将在 6.6 节中详细介绍。 **问题 6：OSPF LSAck 报文结构，如图 6-6 所示。（建议该知识点由老师进行讲解）** 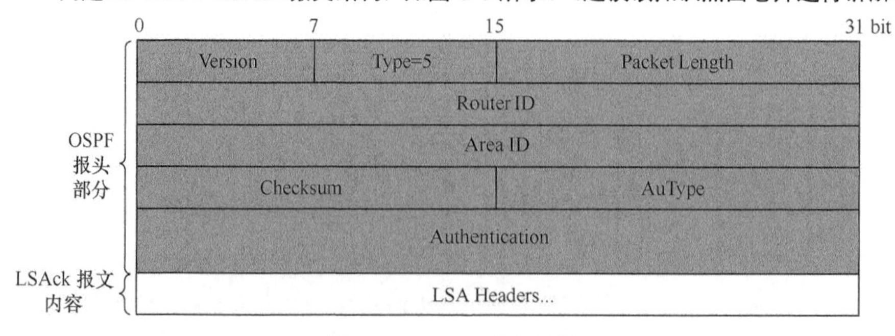 图 6-6　LSAck 报文结构

续表

课程名称	OSPF 协议报文	章节	6.3
课时安排	2 课时	教学对象	
教学互动	LSAck 报文格式和 LSR 报文格式类似，路由器接收到 LSU 报文后，发送对应的确认报文。它用于确认 LSU 信息，否则邻居路由器仍会发送 LSU 报文，直至收到对应的 LSAck 报文。 **问题 7：OSPF 报文头结构规定 Area ID 字段为 32bit，请问一台路由器在非骨干区域中，区域号为 0555，用点分十进制表示，结果是多少？** 将十进制数 0555 转换为二进制数为 0000 0010 0010 1011，转换为点分十进制后为 0.2.2.11。 **问题 8：两台运行 OSPF 的路由器通过端口互联，如果一台路由器启用了认证，一台路由器不启用认证，试问这两台路由器是否能成为邻居？** 不能成为邻居。一台配置了认证，一台不配置认证会导致 Hello 报文中 AuType 字段值不一样，导致无法正常协商。 **问题 9：OSPF DBD 首包是否携带 LSA 信息？首个 DBD 报文作用是什么？** 不携带 LSA 信息。首个 DBD 报文用于协商两台路由器的主从关系，即哪台路由器先发送数据报文。 **问题 10：如果两台路由器互联的接口 MTU 值不一样，请问它们能否建立邻接关系？能否建立主从关系协商报文交互？** 两台路由器互联的接口 MTU 值不一样，它们之间可以建立邻接关系，因为邻接关系的建立需要交换 Hello 数据包，Hello 数据包不检查接口 MTU 值。 它们之间不能协商主从关系，DBD 报文需要检测接口 MTU 值，如果 MTU 值不一致，检测不通过，协商失败。 **问题 11：OSPF LSR 报文的作用是什么？它是基于什么机制向邻居发送本设置所需的 LSA 信息呢？** LSR 报文用于向邻居发送链路状态请求报文，请求本路由器链路状态数据库中所没有的内容。 LSR 请求报文基于收到的对端路由器发送的 DBD 报文，将其和本地链路状态数据库进行比较，确认本地数据库所没有的内容，再向对端路由器发送请求报文（由此可确认 LSR 报文为单播报文）。 **问题 12：OSPF LSU 报文的作用是什么？它是否仅在收到邻居发送的请求报文后才发送 LSU 报文？** LSU 报文向邻居路由器发送链路状态更新报文，它携带完整的 LSA 信息。LSU 不一定仅在收到请求报文时才发出 LSU 更新报文。			

续表

课程名称	OSPF 协议报文	章节	6.3
课时安排	2 课时	教学对象	

教学案例分析

1．如图 6-7 所示的两台路由器，如果 R1 的接口 GE-1/1/1 配置的区域号为 755，R2 的接口 GE-1/1/1 配置的区域号为 0.0.2.243，那么两台路由器是否存在建立 OSPF 邻居关系呢？

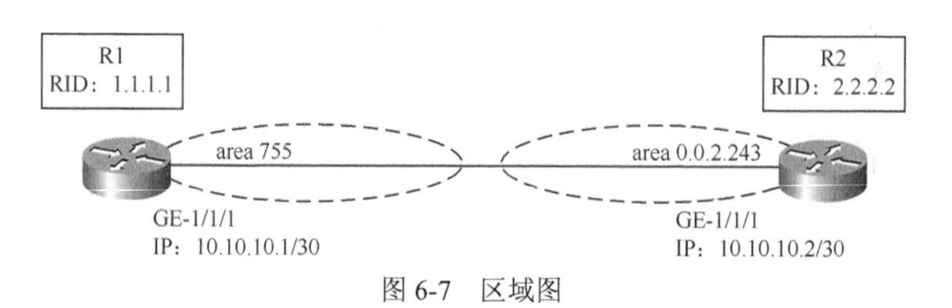

图 6-7　区域图

两台路由器有可能建立邻居关系。人们习惯用两种方式表示 OSPF 区域号，一种为十进制，另一种为点分十进制。十进制数 755 转换为点分十进制数为 0.0.2.243，因此两者表示的区域号是一致的，它们有可能建立邻居关系。

总结：OSPF 协议采用 32 位表示区域号，人们为了简化配置，有些硬件厂家支持直接配置十进制区域号，OSPF 协议支持将十进制数统一转换为点分十进制数。

2．如图 6-8 两台路由器运行 OSPF 协议，路由器设置的 HelloInterval 不一致，一台为 10s，一台为 20s，请问这两台路由器能否成邻居关系呢？如图 6-9 所示，其中一台 HelloInterval 为 10s，另外一台 HelloInterval 为 50s，这样设置会发生什么问题呢？

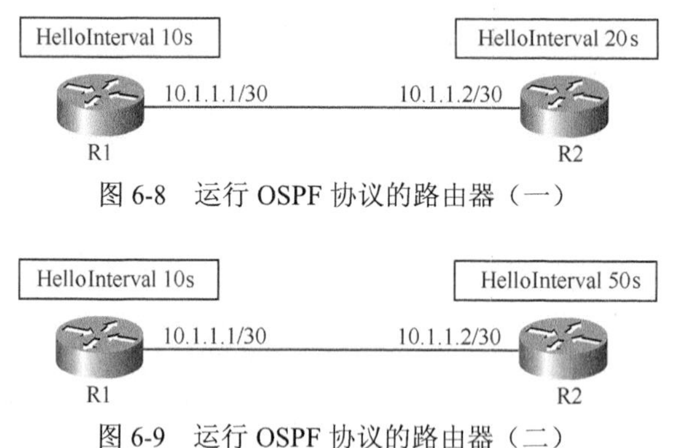

图 6-8　运行 OSPF 协议的路由器（一）

图 6-9　运行 OSPF 协议的路由器（二）

一台路由器 HelloInterval 为 10s，另一台路由器 HelloInterval 为 20s，两台路由器可以形成邻居关系。因为默认的 RouterDeadInterval 为 4 倍的 HelloInterval，所以两台路由器的 RouterDeadInterval 分别为 40s 和 80s。在 RouterDeadInterval 周期内，两台路由器都能收到对端发送的 Hello 报文（链路丢包的场景不考虑），它们可以建立邻居关系。

续表

课程名称	OSPF 协议报文	章节	6.3
课时安排	2 课时	教学对象	
教学案例分析	一台路由器 HelloInterval 为 10s，另一台路由器 HelloInterval 为 50s，两台路由器不能建立稳定的邻居关系。两台路由器的 RouterDeadInterval 分别为 40s 和 200s。路由器 R2 在其 RouterDeadInterval 内，可收 R1 发送的 Hello 报文。但是 R1 可能在第一个 RouterDeadInterval 内收到 R2 发送的 Hello 报文，在第二 RouterDeadInterval 内将收不到 Hello 报文，因此 R1 将处于 Down <--> 2-Way 或来回切换。R1 和 R2 不能建立稳定的邻居关系。 通过以上示例说明，两台路由器的 HelloInterval 和 DeadInterval 参数必须一致，否则将导致邻居状态异常。		
教学内容总结	本章节主要介绍 OSPF 协议交互的五种报文及报文结构，它们分别为 Hello 报文、DBD 报文、LSR 报文、LSU 报文及 LSAck 报文。 OSPF 报文采用 IP 报文封装格式，对应的协议号为 89。报文的目的 IP 地址采用组播或单播形式，组播地址分别为 224.0.0.5（指在任意网络中所有运行 OSPF 进程的路由器都属于该组播地址范围内）及 224.0.0.6（指一个多路访问网络中 DR 和 BDR 的组播接收地址）。 OSPF Hello 报文用于发现邻居并选择 DR/BDR。在 Hello 报文中，除检测报文头字段外，还需要检测 Network Mask、HelloInterval、RouterDeadInterval 三个字段。若字段检测不通过，则 OSPF 路由器无法建立邻居关系，也无法进行其他报文的交互。 OSPF DBD 报文在 Hello 报文交互完成后进行，它有两方面的作用，第一用于协商主从关系；第二向邻居路由器展示自身的链路状态数据库。 OSPF LSR 报文用于向邻居路由器请求本路由器所没有的链路状态信息。路由器在收到邻居发送的 DBD 报文后，将 DBD 报文携带的内容和自己的 LSDB 进行比较，再向邻居发送 LSR 报文。 路由器收到邻居的发送 LSR 请求报文后，向邻居路由器发送完整的 LSA 信息。 路由器在收到邻居发送的 LSU 更新报文后，将 LSU 报文携带的 LSA 信息加载到路由器链路状态数据库中，再向邻居发送 LSAck 报文，确认已接收邻居发送的 LSU 报文。如果邻居路由器超时未收到 LSAck 报文，则将继续发送 LSU 报文直至收到确认报文。LSU 报文也是携带 LSA 的载体，LSA 的泛洪通过 LSU 报文实现。 OSPF 路由器通过这 5 种类型的报文完成链路状态数据库的同步，使网络内的路由器具有相同的链路状态数据库。 在网络发生更新或异常变动时，路由器通过 LSU 报文将更新及时传送给邻居（全网泛洪）。		

续表

课程名称	OSPF 协议报文	章节	6.3
课时安排	2 课时	教学对象	
参考答案	1．若两台路由器中 OSPF 报文头中 Area ID 不一样，能否建立邻居关系呢？ 答：不能建立邻居关系，无法通过校验。 2．在两台路由器中，OSPF 报文头对论证类型和论证字段有什么要求呢？ 答：必须要求认证类型和认证字段内容均一致，否则无法建立邻居关系。 3．如果 OSPF 路由器支持外部 LSA，那么 Option E 位置是多少呢？ 答：E 位置 1，表示支持外部 LSA。一般路由器都支持。 4．两台路由器互联接口地址分别为 192.168.1.1/30 和 192.168.1.2/24，并在该接口启用了 OSPF 协议，试问这两台路由器能否建立邻居关系呢？为什么？ 答：不能建立邻居关系，两端接口的子网掩码长度不一致。 5．Hello 报文中的 RouterDeadInterval 字段值默认为多少秒？它和 HelloInterval 有什么关系呢？ 答：40s，RouterDeadInterval 周期默认为 4 倍 HelloInterval 间隔长度。 6．如果路由器完成 OSPF 数据同步后处于稳定的 slave 状态，则 I、M、M/S 位置分别是多少呢？ 答：I、M、M/MS 均为 0、0、0。 7．如果两台路由器的 DBD 报文 interface MTU 不相同，路由器能否完成报文的交互呢？ 答：不能，DBD 报文中会对接口的 MTU 值校验，两端不一致则检测不通过。 8．如果两台路由器分别为思科设备和华为设备，需要配置什么参数才有可能完成 DBD 报文交互？ 答：思科路由器 interface MTU 默认值为 1500 字节，华为设备默认为 0（可修改），因此需要修改华为设备上的默认值。 9．在 LSR 报文中，当 LS Type 字段为 1 时，Link State ID 和 Advertising Route 字段内容分别是什么？ 答：当 LS Type 字段为 1 时，Link State ID 和 Advertising Route 字段相同，均为 RouterID 字段值。			

6.4　OSPF 状态机及邻居关系

<table>
<tr><td>课程名称</td><td>OSPF 状态机及邻居关系</td><td>章节</td><td>6.4</td></tr>
<tr><td>课时安排</td><td>1 课时</td><td>教学对象</td><td></td></tr>
<tr><td>教学建议
及过程</td><td colspan="3">
教学建议：
本章节授课时长建议安排为 1 课时，采用翻转课堂形式授课，培养学生的自主学习能力和学习积极性；以教学互动的形式考查学生课前预习的效果。
教学过程：
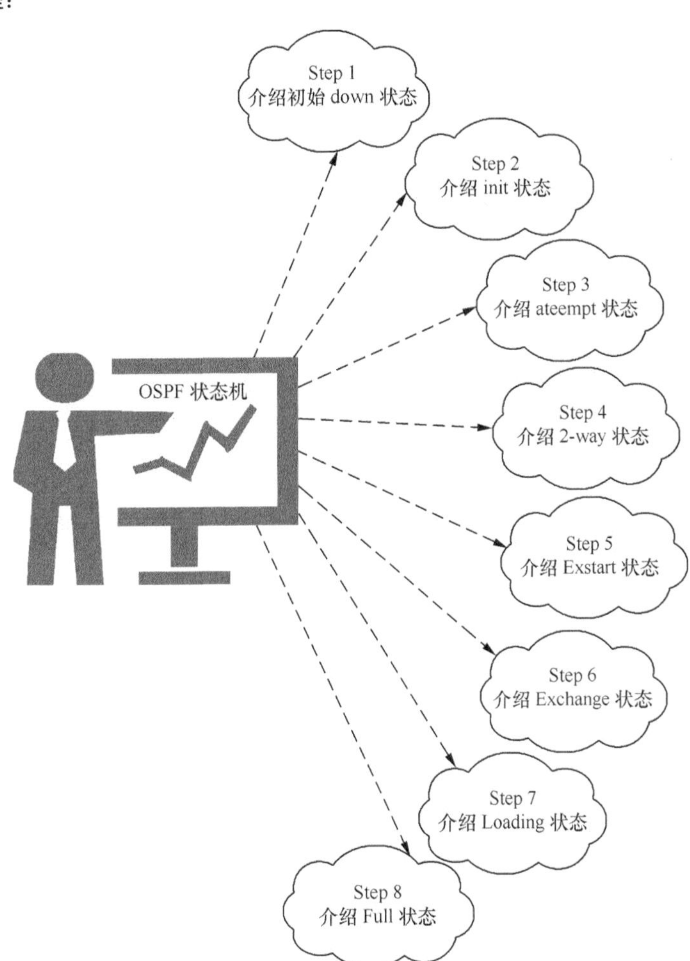

首先，本章节主要介绍路由器进行 OSPF 协商过程中涉及的 8 个状态机及对应交互的报文。课堂中，教师需要讲述 OSPF 的过程状态机制及每种状态机下交互的报文或异常情况下进入的状态；其次，完成教学互动及案例分析后进行课堂总结，概括 OSPF 的 8 个状态机。
</td></tr>
</table>

续表

课程名称	OSPF 状态机及邻居关系	章节	6.4
课时安排	1 课时	教学对象	
学生课前准备	1．教师布置学生课前预习本章节内容及学习相关视频、微课任务，使学生提前掌握 OSPF 协议状态机及邻居关系以及每个状态机交互的报文及触发事件。 2．课前预习考核方式：教师在课堂中针对教学互动知识点或其他类似知识点对学生进行随机点名抽查，记录抽查效果。		
教学目的与要求	通过本章节的学习，学生需要了解掌握如下知识点： 1．掌握 OSPF 的 8 种状态机； 2．了解 OSPF 的状态机下对应报文。		
章节重点	OSPF 8 种状态机、OSPF 首个 DBD 报文特点。		
教学资源	PPT、教案等。		
知识点结构导图	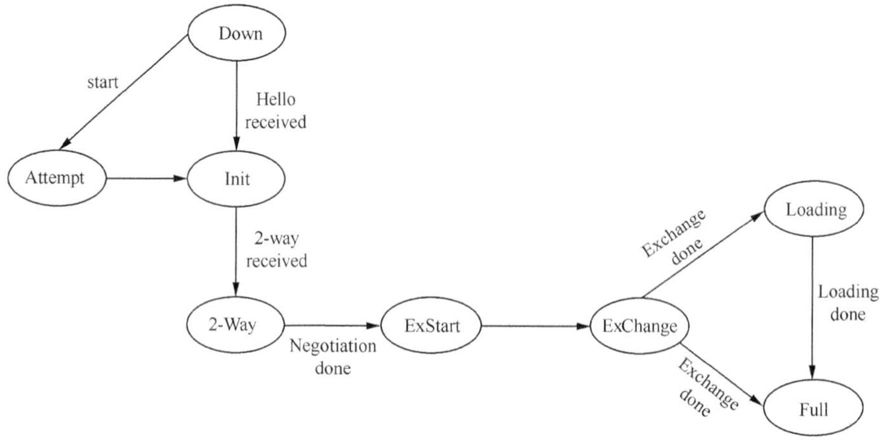 Down start Hello received Attempt Init 2-way received 2-Way Negotiation done ExStart ExChange Exchange done Loading Loading done Exchange done Full		
教学互动	**问题 1：以两台邻居路由为例，描述路由器间 OSPF 交互报文及对应状态机流程，如图 6-10 所示（该流程图较复杂，建议由老师讲述）** 报文交互流程及对应的状态机介绍可参考原理用书。 **问题 2：OSPF Hello 报文的目的 IP 地址为 224.0.0.5，这是一个组播 IP 地址，其如何保证报文只被传递给它相邻的邻居，而不被传给网络其他的路由器？** OSPF 报文封装在 IP 报文中，为了将报文只传给链路相接的邻居（三层链路），协议规定 IP 报文的 TTL 值为 1，控制报文只传播一跳。 **问题 3：请分析在什么情况下会出现 OSPF 的状态机在 2-Way 和 Down 状态间来回切换的情况。** 如 6.3 节案例分析，当两端路由器的 HelloInterval 和 RouterDeadInterval 不一致时，OSPF 状态机容易出现在 2-Way 和 Down 状态间来回切换的情况。		

续表

课程名称	OSPF 状态机及邻居关系	章节	6.4
课时安排	1 课时	教学对象	
教学互动	**问题 4：OSPF 路由器在哪个状态机下完成主从关系协商？** OSPF 路由器在进行首个 DBD 包交互时，协商邻居间的主从关系。 **问题 5：OSPF 路由器通过什么字段值来协商主从关系？** 通过报文携带的 RouterID 进行比较，将字段值大的路由器选举为 Master。OSPF 交互报文及对应状态机流程如图 6-10 所示。 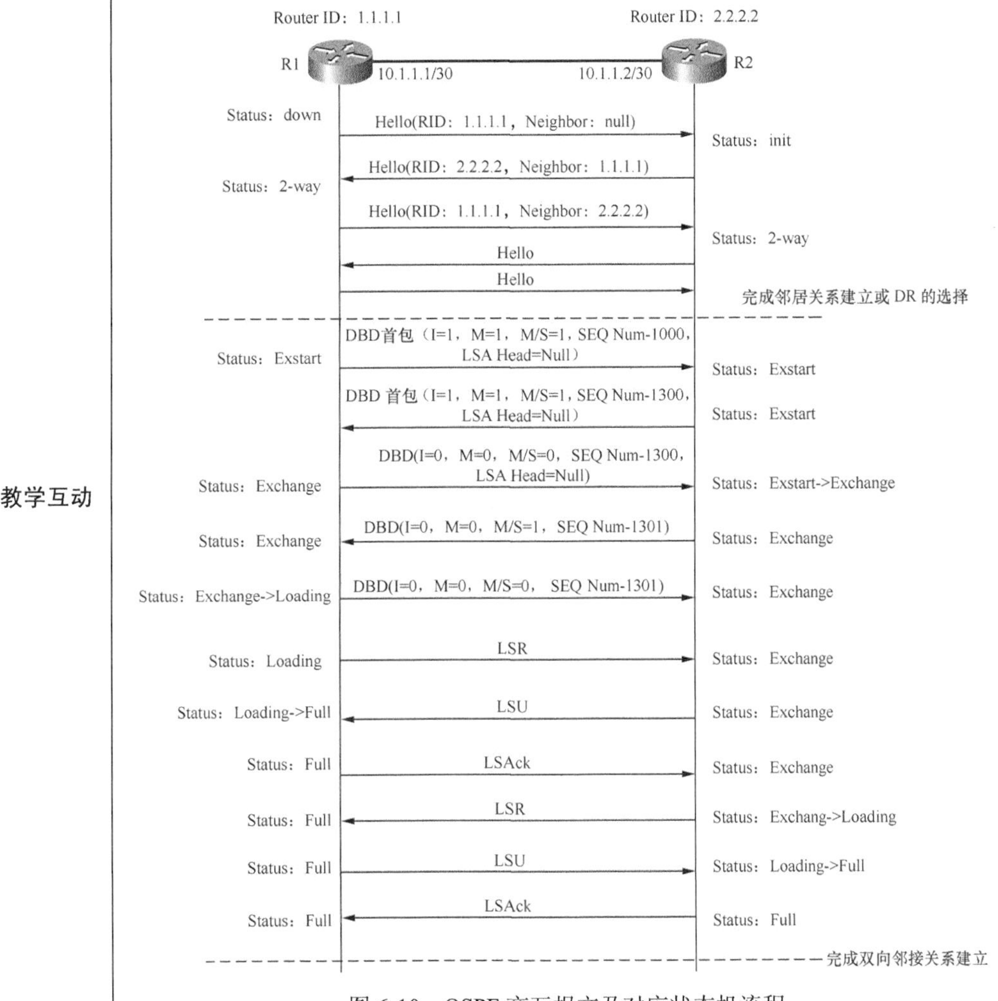 图 6-10　OSPF 交互报文及对应状态机流程 **问题 6：OSPF 路由器在哪个状态下完成邻接关系的建立？** OSPF 路由器在进行 DBD（DD）报文交互时完成邻接关系的建立。 **问题 7：OSPF 路由器在收到什么报文后完成 Loading 状态？** OSPF 路由器在收到最后的 LSU 更新报文后，完成 Loading 状态。		

续表

<table>
<tr><td>课程名称</td><td>OSPF 状态机及邻居关系</td><td>章节</td><td>6.4</td></tr>
<tr><td>课时安排</td><td>1 课时</td><td>教学对象</td><td></td></tr>
<tr><td>教学案例分析</td><td colspan="3">某大型公司在创建初期采用一种厂家型号的路由器和交换机组建内部网络，公司内部的联网主机数为 1000～3000 台，该公司内部采用 OSPF 动态路由协议打通 IGP 通道。因公司规模扩大，公司需要新增部门并扩大网络规模，于是采购了另一厂家生产的路由器和交换机等网络设备。拓扑规划如图 6-11 所示，新增路由器 R5 与 R3 采用 OSPF 对接，R3 与 R5 采用 10.10.10.0/30 网段地址互联，两台路由器配置的区域号、认证方式和密钥均一致，但是 R3 和 R5 一直无法建立邻居关系，导致 R5 学习不到其他部门网段路由，请分析可能原因？（建议安排 0.2 课时）
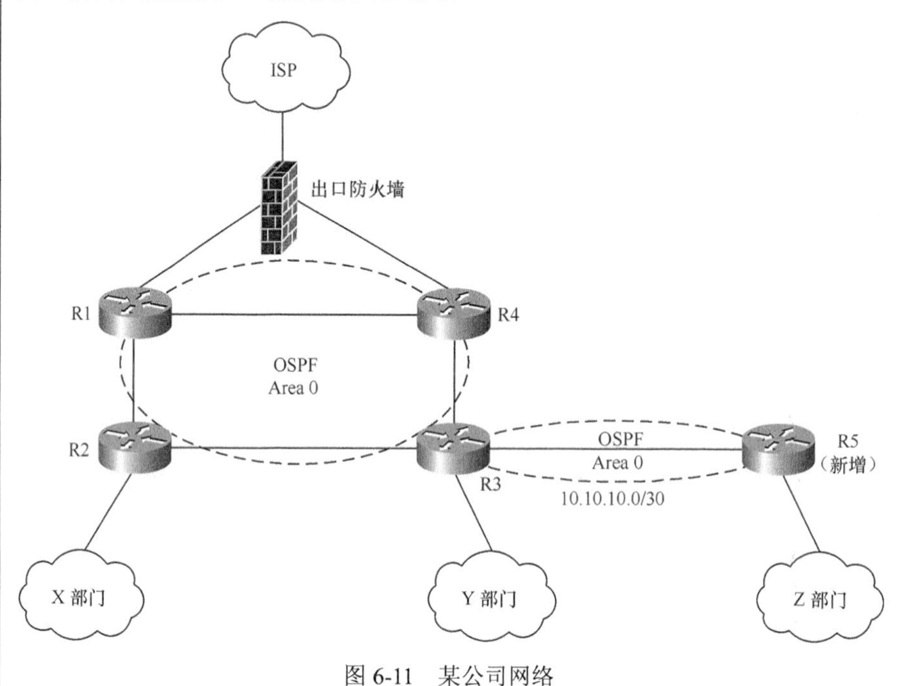

图 6-11　某公司网络

当路由器无法建立邻接关系时，说明路由器间只交互了 Hello 报文和 DBD 报文，因认证类型及认证密钥一致所以和认证字段无关。如果路由器的 OSPF HelloInterval 间隔周期不相同，有可能导致 OSPF 不停地振荡，所以我们需要先检查 OSPF 的 HelloInterval 和 DeadInterval（不同的生产厂家的 OSPF 协议基本设置参考可能不一样）设置。

其次，原因可能是两台路由器 R3 和 R5 互联接口的默认 MTU 值不一样，导致 DBD 报文无法被识别，我们可手工设置两台路由器互联接口的 MTU 值。

总结：路由器运行 OSPF 协议后，我们建立邻居关系需要检查 Hello 报文中携带的区域号、路由器 ID、接口子网掩码、HelloInterval、RouterDeadInterval 等字段参数，如果这些参考设置不正确，邻居关系可能无法建立或关系不稳定。邻接关系的建立需要检</td></tr>
</table>

续表

课程名称	OSPF 状态机及邻居关系	章节	6.4
课时安排	1 课时	教学对象	
教学案例分析	查 DBD 报文中携带的 Interface MTU。 不同的设备厂家对于 OSPF 协议的默认参数设置可能不一样，物理接口参数也可能不一样，在实际网络环境中，我们需要注意这些技术细节。		
教学内容总结	路由器间进行 OSPF 协商时一般会经历 8 种状态机制，分别为 Down、Attempt、init、2-Way、Exstart、Exchange、Loading、Full，达到 Full 状态则表示路由器已完成链路状态数据的同步。OSPF 的 8 种状态机说明如下。 Down 状态是邻居会话的初始阶段，表明路由器没有在邻居失效时间间隔内收到来自邻居路由器的 Hello 数据包。 Attempt 状态仅发生在 NBMA 网络中，表明对端在邻居失效时间间隔（deadinterval）超时后仍然没有回复 Hello 报文。此时路由器依然以发送轮询 Hello 报文的时间间隔（poll interval）向对端发送 Hello 报文。 Init 状态是指路由器收到 Hello 报文的状态。 2-Way 状态是指路由器收到的 Hello 报文中包含有自己的 Router ID，则状态为 2-Way。如果不需要或不能形成邻接关系则邻居状态机就停留在此状态，否则进入 Exstart 状态。在 2-Way 状态下，路由器间可以同时完成 DR/BDR 的选举。 Exstart 状态开始协商主从关系，并确定 DBD 的序列号，此时状态为 Exstart。此状态下，DBD 首包的交互（DBD 首包空载）完成。 Exchange 状态主从关系协商完毕后开始交换 DBD 报文，此时状态为 Exchange。在此状态下，邻居路由器关系变成邻接关系。 Loading 状态是指 DD 报文交换完成 Exchange done，此时状态为 Loading。此状态下，路由器发送 LSR、LSU 报文，完成 LSA 信息的交换。 Full 状态是指当 LSR 重传列表为空时的路由器状态。		
参考答案	1．在广播型网络中，路由器运行 OSPF 协议存在几种状态机？ 答：7 种状态机，分别为 Down、init、2-Way、Exstart、Exchange、Loading、Full。 2．路由器 DBD 报文交互不成功，则可能停留在哪个状态下？ 答：可能停留在 2-Way 状态下。 3．运行 OSPF 协议的路由器成功交互报文的稳定状态是什么？ 答：Full 状态。 4．运行 OSPF 协议的路由器建立邻居关系是通过发送什么类型的报文完成的？ 答：邻居关系建立在 Hello 报文交互完成后。		

续表

课程名称	OSPF 状态机及邻居关系	章节	6.4
课时安排	1 课时	教学对象	
参考答案	5．请描述在广播型网络中 DR/BDR 的选举过程。 答：首先比较 Hello 报文中携带的 Router Priority 字段，该值越大越优先，如果优先级相同，则比较接口携带的 IP 地址，IP 地址越大越优先。 6．如果两台路由器对应接口的 MUT 值不一样，路由器的状态机停留在哪个状态？ 答：只能进行 Hello 报文交互，停留在 2-Way 状态下，无法进行 DBD 报文交互。 7．建立邻居关系的两台路由器如何确认主从关系？ 答：通过比较 DBD 报文中的 RouterID 或接口的 IP 地址值大小，大的协商为主。 8．处于 Master 状态的路由器通过什么机制对 DBD 报文进行确认？ 答：通过对处于 Slave 状态的路由器发送的 DBD 报文的 sequence number 字段值进行隐式确认。主和从状态的路由器发送的 DBD 报文的 sequence number 相同。		

6.5 OSPF 区域划分及 LSA 类型

课程名称	OSPF 区域划分及 LSA 类型	章节	6.5
课时安排	3 课时	教学对象	
教学建议及过程	**教学建议：** 本章节授课时长建议安排为 3 课时，采用翻转课堂形式授课，培养学生的自主学习能力和学习积极性。 **教学过程：** 首先，本章节主要介绍 OSPF 完成链路状态信息数据库同步所涉及的各类 LSA、始发路由器、泛洪范围。教师需要在课堂中重点介绍 Type1/Type2/Typ3/Type4/Type5/Type7 LSA 的详细信息。建议老师结合教学互动问题 1 对 OSPF LSA 分类与作用进行系统性概述，加深对各类 LSA 的作用与理解。 其次，教师在完成各类 LSA 的系统性概述后，开始教学互动，提高学生对 LSA 的掌握（结合教学互动问题 2 至问题 14）。 最后，教师在完成教学互动及案例分析后进行课堂总结，概括各类 LSA 的始发 Link State ID、AdvRouter、Link-State Type 及泛洪区域。		

续表

课程名称	OSPF 区域划分及 LSA 类型	章节	6.5
课时安排	3 课时	教学对象	
教学建议及过程	OSPF 状态机 Step 1 引入 LSA 的概念并描述拓扑的作用 Step 2 介绍引入区域的作用 Step 3 介绍划分区域后描述拓扑的 LSA 的变化 Step 4 详细介绍各类 LSA Step 5 结合课本及教学互动详细介绍 LSA 泛洪过程 Step 6 介绍 LSA 的 Forwarding Address、Metric、多份拷贝判重、LSA 的触发机制 Step 7 互动与总结		
学生课前准备	1．教师布置学生课前预习本章节内容，使学生了解/掌握 OSPF 协议完成链路状态数据库同步使用的各种 LSA、LSA 的字段信息、始发路由器及泛洪范围。 2．教师使学生提前了解课前预习考核方式：教师在课堂中针对教学互动知识点或其他类似知识点对学生进行随机点名抽查，记录抽查效果。		
教学目的与要求	通过本章节的学习，学生需要了解掌握如下知识点： 1．掌握 OSPF 骨干区域特性； 2．掌握 OSPF 非骨干区域特性； 3．掌握 OSPF Stub/Total Stub 区域特性； 4．掌握 OSPF NSSA（Not-So-Stubby-Area）/Total NSSA 特性； 5．掌握产生 Type1 LSA 的路由器及泛洪的方向； 6．掌握产生 Type2 LSA 的路由器及泛洪的方向； 7．掌握产生 Type3 LSA 的路由器及泛洪的方向；		

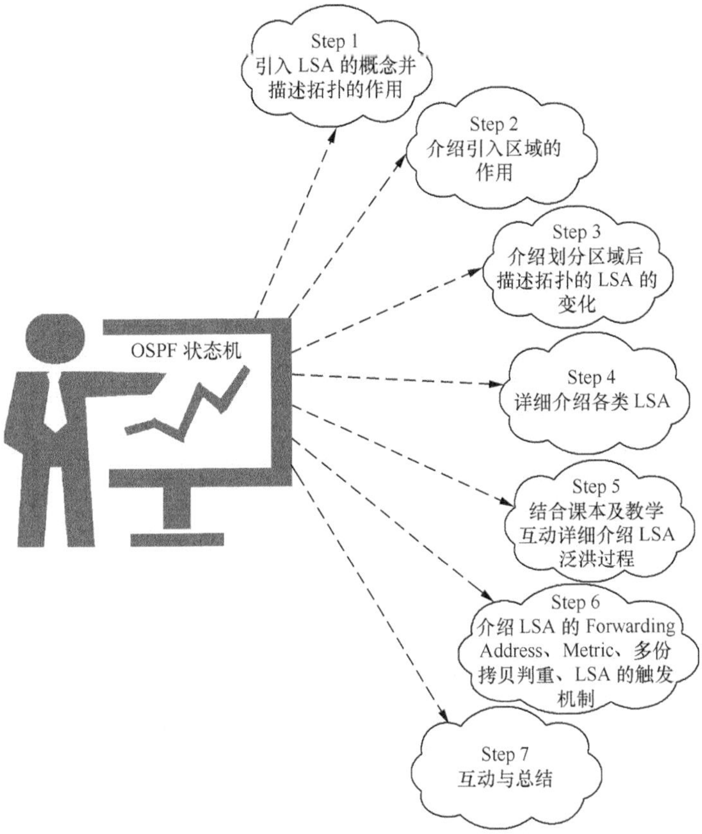

续表

课程名称	OSPF 区域划分及 LSA 类型	章节	6.5
课时安排	3 课时	教学对象	
教学目的与要求	8．掌握产生 Type5 LSA 的路由器及泛洪的方向； 9．掌握产生 Type4 LSA 的路由器及泛洪的方向； 10．掌握产生 Type7 LSA 的路由器及泛洪的方向； 11．掌握 Type5 LSA 和 Type7 LSA 中的 Forwarding Address 含义； 12．掌握 LSA Metric 值的概念； 13．了解 OSPF 链路状态数据库内容； 14．了解 OSPF 接收多份 LSA 的处理机制； 15．了解 LSA 的触发生成机制。		
章节重点	Type1 LSA、Type2 LSA、Type3 LSA、Type5 LSA、Type4 LSA、Type7 LSA 产生路由器及各类 LSA 泛洪传播方向、Stub 区域、Total Stub 区域、NSSA、Total NSSA。		
章节难点	Type3/Type5/Type4/Type7 LSA 泛洪范围（传播方向）。		
教学资源	PPT、教案等。		
知识点结构导图	OSPF 区域及 LSA 区域划分：骨干区域性；非骨干区域（普通区域、Stub/Total Stub 区域、NSSA/Total NSSA） LSA 分类： Type1 LSA　所有路由器均会产生，本区域内泛洪 Type2 LSA　DR 产生，本区域内泛洪 Type3 LSA　ABR 产生，向其他区域泛洪 Type4 LSA　ABR 产生，向其他区域泛洪 Type5 LSA　ASBR 产生，向所有区域泛洪 Type7 LSA　ASBR 产生，向本区域泛洪 Metric 值：描述链路、网段等开销，LSA 属性参数 触发机制：LSA 触发机制，保证网络快速响应调整 OSPF 链路状态数据库：各种 LSA 的集合		

续表

<table>
<tr><td>课程名称</td><td>OSPF 区域划分及 LSA 类型</td><td>章节</td><td>6.5</td></tr>
<tr><td>课时安排</td><td>3 课时</td><td>教学对象</td><td></td></tr>
<tr><td>教学互动</td><td colspan="3">

问题 1：通过网络拓扑了解链路状态信息（老师通过对该网络拓扑的描述引入各类 LSA，建议重点介绍，时长为 30 分钟）。

图 6-12 的拓扑结构是我们按特定的需求所设计的网络示意。在实际中应用，每一台路由器在交换链路信息前只知道自己与其他路由器有链路相连，但不知到底与哪一个路由器相连，所以它无法获知整个网络的连接状态。

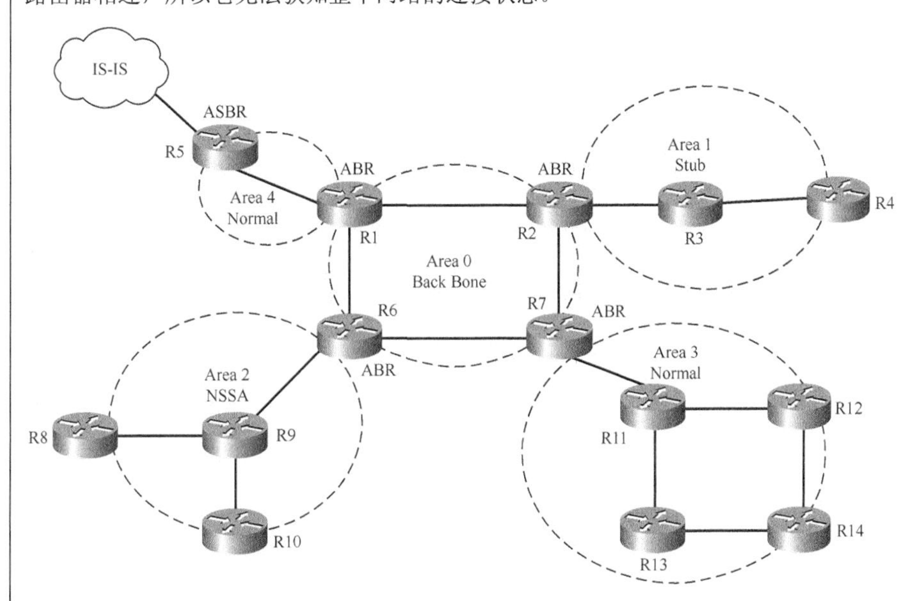

图 6-12　OSPF 区域划分

如果每台路由器都发送传播这样的链路信息（链路信息包括路由器的身份标识、本路由器包含的链路及类型、链路对应的网络层 IP 地址、链路的开销或本链路对应的邻居路由器），同时这样的链路信息能够被传播到网络所需要的位置，那么网络中每一台路由器通过这些信息都可重构出自己所能理解的网络拓扑。

如在图 6-12 中所示的骨干区域内，路由器（R1、R2、R6、R7）只要发送并接收到这样的链路信息（路由器的身份标识、路由器包含的链路、链路对应的网络层 IP 地址、链路的开销或本链路对应的邻居路由器），每一台路由器都能知道其他 3 台路由器的存在，区域内的拓扑就可被重构了（区域内的链路信息为 Type1 LSA 和 Type2 LSA）。

Area 0 和 Area 间 4 也存在链路连接，那么如何对其进行描述呢？是否也需要把 Type1/Type2 LSA 也泛洪传过来呢？如果需要传播过来的话，划分区域将没有实际意义，显然也没有必要，因为区域间涉及的链路信息，必然是从区域边界路由器（ABR）传播过来的。如果 ABR 能将区域内的链路信息进行改装并将其汇总传播到其他区域，那么其他区域内的路由器就能够知道区域间的大致拓扑，此时其将链路信息计算迭代到 ABR 即可（这类链路信息为 Type3 LSA）。

</td></tr>
</table>

续表

课程名称	OSPF 区域划分及 LSA 类型	章节	6.5
课时安排	3 课时	教学对象	
教学互动	相对于 OSPF 而言，通过其他方式（其他路由协议或其他 OSPF 进程）生成的并被引入至某一个 OSPF 进程中的路由就是外部路由。我们通过何种方式描述这些链路信息呢？ 外部路由的引入类似于使用距离矢量路由协议传播路由，OSPF 中为了识别和传播外部路由，自治系统边界路由器（ASBR）将引入的路由改造成类似于 Type3 LSA 的 Type5 LSA（Type5 LSA 携带外部网段路由及 ASBR 相关信息），它能够被传播至整个 OSPF 区域中（特殊区域除外）。当 Type5 LSA 跨区域传播时，由于 ASBR 在不同的区域（Type1 LSA 不能跨区域传播），所以为了其他区域能够迭代出 ASBR，ABR 产生一条描述至 ASBR 的 Type4 LSA 并将其传播至其他区域。 在某些特殊的场景中，其为了减少链路状态信息的数量，设置了 Stub/Total Stub/NSSA/Total NSSA，这些区域不允许 Type5 LSA 通过 BackBone 区域的 ABR 传送过来。Stub/NSSA 允许区域间 Type3 LSA 泛洪至本区域；Totally Stub/Total NSSA 则拒绝 Type3 LSA 泛洪至本区域。 总结：我们可通过本拓扑描述各类链路状态信息，以构造对应的网络拓扑。 **问题 2：Type1 LSA 描述什么样的链路信息（互动）？** 运行 OSPF 的路由器都会产生 Type1 LSA，它用于描述路由器某区域内有多少条链路启用了 OSPF、对应的链路的类型以及链路的开销。 **问题 3：Type2 LSA 描述什么样的链路信息（互动）？** Type2 LSA 由 DR 产生，描述本网段的链路状态，在所属的区域内被传播。 所属的区域即 DR 所在的区域内。注意，如果每个区域都内有广播型链路，那个每个区域内都会有 DR，每个区域都会产生 Type2 LSA，Type2 LSA 仅在 DR 所在的区域内传播。 **问题 4：点到点的网络类型中是否生成 Type2 LSA？为什么（教学互动题）？** 不生成，点到点的网络中不会选举出 DR/BDR，所以不会生成 Type2 LAS，Type2 LSA 只出现在 MA 网络中。 **问题 5：Type3 LSA 由什么路由器生成，向什么区域扩散（教学互动题）？** 由 ABR 产生，描述区域内某个网段的路由，并通告给其他区域（Total Stub 或 Total NSSA 除外）。 Type3 LSA 本质是 ABR 将一个区域内的 Type1 LSA 汇总成网段路由，发布给其他区域，保证其他区域可学习到本区域路由。同时，ABR 将接收到的 Type3 LSA 中的 LSA 的信息进行修改，将 AdvRouter 改为 ABR 的 RouterID 后，再将 Type3 LSA 传播到另一区域。			

续表

<table>
<tr><td>课程名称</td><td>OSPF 区域划分及 LSA 类型</td><td>章节</td><td>6.5</td></tr>
<tr><td>课时安排</td><td>3 课时</td><td>教学对象</td><td></td></tr>
<tr><td>教学互动</td><td colspan="3">问题 6：Type5 LSA 由什么路由器生成，向什么区域扩散（教学互动题）？
由 ASBR 产生，描述到 AS 外部的路由，通告到所有的区域（除了 Stub 区域和 NSSA）。
问题 7：Type4 LSA 由什么路由器生成，向什么区域扩散（教学互动题）？
由 ABR 产生，描述到 ASBR 的路由，通告给除 ASBR 所在区域的其他相关区域。
前提条件：ABR 接收到 Type5 LSA 后产生 Type4 LSA，并向除 ASBR 所在区域外的区域传播。Type4 LSA 产生的目的是保证其他区域收到 Type5 LSA 后，能够通过 SPF 迭代出外部路由所在区域的出接口为 ABR；否则，其他区域的路由器收到 Type5 LSA 后，将无法计算出路由。
总结：Type4 LSA 是为了保证外部路由计算的连续性而设计的，没有 Type4 LSA，Type5 LSA 就没有计算意义。
问题 8：Type7 LSA 由什么路由器生成，向什么区域扩散（教学互动题）？
Type7 LSA 由 ASBR 产生，描述到 AS 外部的路由，仅在 NSSA 内传播。
问题 9：当 Type7 LSA 向 ABR 扩散时为什么不需要生成 Type4 LSA（教学互动题）？
Type7 LSA 可被视作一种特殊的 Type5 LSA，它不能直接向其他区域传播，在经过 ABR 时需要转换成 Type5 LSA。而转换到 Type5 LSA 时，AdvRouter 需要被更换成 ABR 的 RouterID。因 ABR 对应的 BackBone 区域内存在 ABR 设备生成的 Type1 LSA，所以 BackBone 区域内的路由器计算此外部路由时可迭代出设备为 ABR。
总结：Type1/Type2 LSA 描述区域内的 LSA，用于计算区域内的路由；Type3 LSA 描述区域间的 LSA，用于区域间的路由计算；Type4/Type5/Type7 用于计算区域外部路由。因此，OSPF 通过各类的 LSA 可以计算出整个 OSPF 网络的路由。
问题 10：为什么要划分区域，这样能给网络带来什么好处（教学互动题）？
划分区域可以优化网络层级，减少网络中 Type1 LSA 的数量。一般网络处于动态变化中，如果不进行区域划分，链路状态的变化将导致 Type1 LSA 的频繁更新，导致路由计算频繁更新（Type1 LSA 是计算路由的基础）。划分区域后，若某区域内 Type1 LSA 变化，其他区域只需要撤销对应的 Type3 LSA，区域内的其他路由不需重新收敛。
问题 11：Stub 区域是什么样的区域，它有什么特点（教学互动题）？
Stub 区域又称作末梢区域，该区域内去往外部的路由必须经过 ABR。其他区域生成的 Type5 LSA 无法扩散到 Stub 区域（Type3 LSA 可以被传播到 Stub 区域），而是由 ABR 生成一条默认路由下发到 Stub 区域，这样能大大减少外部路由的数量。
Total Stub 区域类似于 Stub 区域，它同时抑制 Type5 LSA 和 Type3 LSA 进入本区域。</td></tr>
</table>

续表

<table>
<tr><td>课程名称</td><td>OSPF 区域划分及 LSA 类型</td><td>章节</td><td>6.5</td></tr>
<tr><td>课时安排</td><td>3 课时</td><td>教学对象</td><td></td></tr>
<tr><td>教学互动</td><td colspan="3">

问题 12：NSSA 是什么样的区域，它有什么特点（教学互动题）？

NSSA 又被称作非完全末梢区域，该区域内的路由器可以在引入外部路由器时生成 Type7 LSA，该 LSA 仅在本区域内传播，其他区域的 Type5 LSA 无法传播到 NSSA（Type3 LSA 可以传播到 Stub 区域），而是由 ABR 生成一条默认路由下发到 NSSA，这样能大大减少外部路由的数量。

Total NSSA 类似于 NSSA，它同时抑制 Type5 LSA 和 Type3 LSA 进入本区域。

问题 13：什么是链路的 Metric 值，它是否必须存在于 LSA 中（教学互动题）？

链路的 Metric 值（也称为 Cost 值）表示路由器对对应链路的路由开销的计算，主要用于多条相同路由存在时选择最佳链路。

问题 14：OSPF LSA 的触发机制有什么作用？

OSPF LSA 的触发机制保证了网络快速感知变化的能力及将变化传递给网络中的节点的能力，其通知网络节点实时更新链路状态信息并联动触发路由表信息变化。

路由器在完成链路状态数据库同步后采用增量触发机制可以减少链路状态信息同步带来的链路带宽的消耗，只发送变化的链路信息。

</td></tr>
<tr><td>教学案例
分析</td><td colspan="3">

（教学拓展，建议时长 1 课时）

1．图 6-13 所示的在网络中运行的 OSPF 协议，R1 有 3 个接口与其他路由器相连，R1、R2、R3 均在 BackBonr 区域中。请问，R1 生成的 Type1 LSA 中包含多少条链路？为什么（假设路由器都是以太广播型互联链路）？

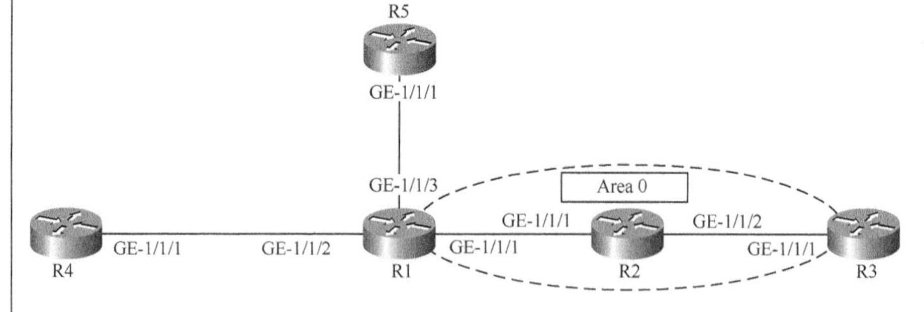

图 6-13　运行 OSPF 协议的网络（R1 有 3 个接口）

R1 生成的 Type1 LSA 只包含一条链路。因为 R1 只有端口 GE-1/1/1 在区域 0 中，所以生成的 Type1 LSA 只包含一条链路。

此例同样说明：OSPF 对于区域的划分是基于路由器的端口，而不是基于整个设备（IS-IS 对于区域 L1/L2 的划分是以整个设备为基础的）。

</td></tr>
</table>

续表

课程名称	OSPF 区域划分及 LSA 类型	章节	6.5
课时安排	3 课时	教学对象	

教学案例分析

2．图 6-14 所示为运行 OSPF 协议的网络，R1 有两个接口与其他路由器相连，请问 R1 共生成多少条 Type1 LSA？生成多少条 Type3 LSA（假设路由器都是以太广播型互联链路）？

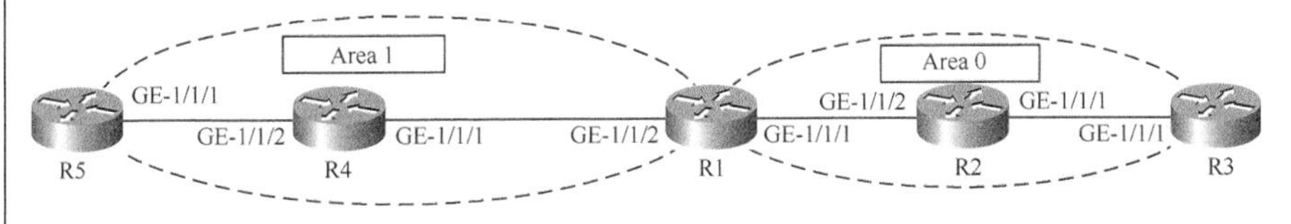

图 6-14 运行 OSPF 协议的网络（R1 有 2 个接口）

R1 共生两条 Type1 LSA，Area 0 和 Area 1 分别生成一条 LSA，并向各自始发区域泛洪。

R1 在 Area 0 生成两条 Type3 LSA 向区域 1 泛洪，在 Area 1 生成两条 Type3 LSA 向 Area 0 泛洪。Type3 LSA 数量和子网数量有关（在点到点的网络中，Type3 LSA 生成的链路条数相同；在广播网络中 Type3 LSA 数量和子网数量相同；在点到点的广播网络中，Type3 LSA 数量和链路条数相同）。

Type3 LSA 由 ABR 根据 Type1 LSA 衍生而成，向其他区域泛洪，Type3 LSA 本质是 Type1 LSA 的跨区域传播。

3．图 6-15 所示为运行 OSPF 协议的网络，请问 R5 共收到多少条 Type3 LSA？R6 可收到多少 Type3 LSA？这说明了什么现象（假设路由器都是以太广播型互联链路）？

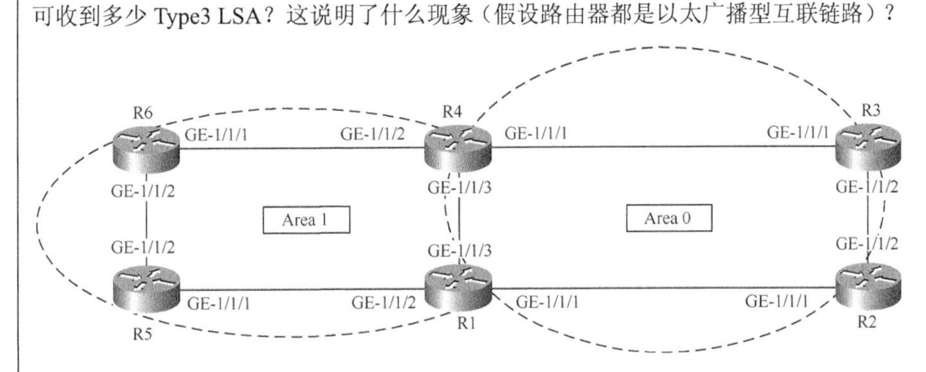

图 6-15 运行 OSPF 协议的网络（路由器是以太广播型）

R5 在 Area 1 中可收到 ABR 生成的、Area 0 的 Type1 LSA 的汇总，区域 0 中共有 4 条点到点的广播以太链路，所以 R5 收到的 Type3 LSA 为 4×2=8 条（2 为互联网络中 ABR 的数量）。

R6 也收到 8 条 Type3 LSA，分别是 ABR R1 和 R4 发送的各 4 条 Type3 LSA。这个现象说明了相同区域内链路状态数据库是一致的（相同区域内的 LSA 信息是相同的）。

续表

课程名称	OSPF 区域划分及 LSA 类型	章节	6.5
课时安排	3 课时	教学对象	

教学案例分析

注意，Type3 LSA 可由非 Area 0 传播至 Area 0 后，再由 Area 0 传播到其他非 Area 0。Type3 LSA 的数据和区域的 ABR 数量成倍数关系。

4. 图 6-16 所示为运行 OSPF 协议的网络，R3 引入了外部路由，请问 R5 数据库中共有多少条 Type5 LSA？多少条 Type 4 LSA？为什么（假设路由器都是以太广播型互联链路）？

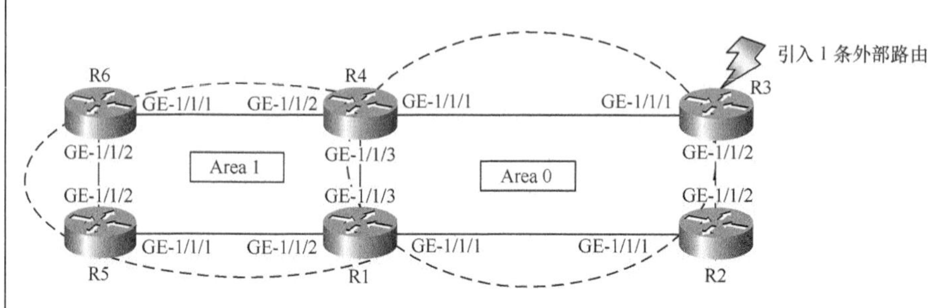

图 6-16　运行 OSPF 协议的网络（R3 引入了外部路由）

R3 引入一条外部路由，则 R3 角色为 ASBR，它将生成一条 Type5 LSA，并向所有其他区域泛洪，泛洪的过程中 Type5 LSA 数量不受 ABR 数量的影响而增加（Type3 LSA）。

由此可知，R5 数据库中只有 1 条 Type5 LSA，但 R5 可收到两条内容一致的 Type5 LSA（除 Aging 字段外，其他字段均一致，R5 只会选择其中一条将其加入到数据库中）。

R5 数据库中共有 2 条 Type4 LSA。当 ABR（R1 和 R4）收到 Type5 LSA 后，则会触发生成一条 Type4 LSA，用于描述 ABR 到 ASBR 的链路状态信息（产生 Type4 LSA 会经历一个复杂的计算器过程，涉及 Metric 值的最优计算）。

5. 图 6-17 所示为运行 OSPF 协议的网络，Area 1 为 Stub 区域，R3 中引入了外部路由，请问 R5 数据库中共有多少条 Type3 LSA？多少条 Type 5 LSA？多少条 Type4 LSA？为什么（假设路由器都是以太广播型互联链路）？

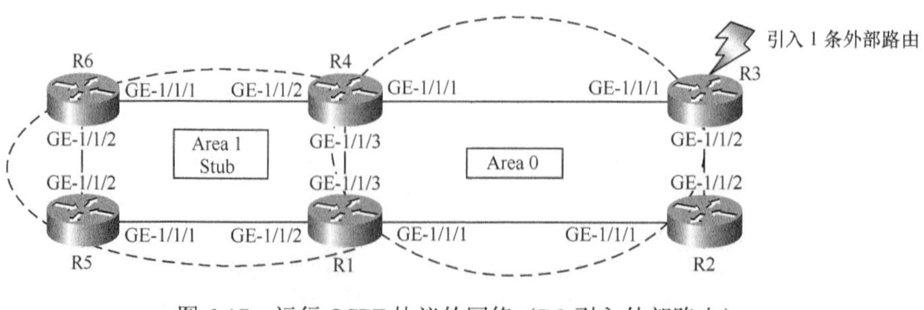

图 6-17　运行 OSPF 协议的网络（R3 引入外部路由）

续表

课程名称	OSPF 区域划分及 LSA 类型	章节	6.5
课时安排	3 课时	教学对象	

教学案例分析

R5 数据库中共有 8 条 Type3 LSA（Stub 区域没有阻止区域间的 Type3 LSA 泛洪），Area 1 中共有两台 ABR，Area 0 中共有 4 条广播链路，所以 R5 数据库中 Type3 LSA 的数量为 4×2=8 条。

R5 数据库中共有 0 条 Type5 LSA，Type5 LSA 不能进入 Stub/Total Stub 区域。为了保证 Stub 区域业务通过 ABR 被转发，ABR 上将产生一条 Type3 LSA（用于生成 0.0.0.0 的默认路由）。同理，R4 中的 Type4 LSA 的数量为 0（没有 Type4 LSA）。

通过以上分析我们可知：R5 数据库中只有 4 条 Type1 LSA、3 条 Type2 LSA 和 2 条 Type3 LSA。

6．图 6-18 所示的组网中，Area 0 为 BackBone 区域，Area 1 为 Total NSSA 区域，Area 2 及 Area 3 为普通区域。如果在 R7 路由器引入一条外部路由，请问在 Area 2 中有多少条 Type3 LSA，多少条 Type4 LSA？Area 3 中有多少台 Type3 LSA，多少条 Type4 LSA，多少条 Type5 LSA？

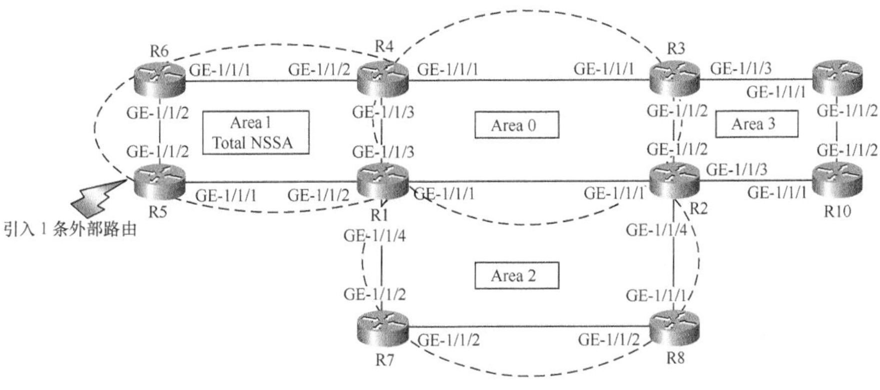

图 6-18　Area 0 为 BackBone 区域的组网连接

Total NSSA 的特点是本区域内部的路由器可以引入外部路由（注意：ABR 引入的外部路由不能进入 NSSA），其他区域的 Type3、Type4、Type5 LSA 能进入 NSSA，但是本区域内的 Type1 LSA 可以在 ABR 上转换生成 Type3 LSA 泛洪到其他区域。

基于以上分析：Area 2 区域内的路由器有 20 条 Type3 LSA（“ABR 数量”×“其他区域点到点广播链路总数”=2×10=20 条）。Area 0 区域内有两台 ABR，收到 Type 7 LSA 后，将其转化为 Type5，将 Advrouter 改为 ABR 的 RouterID，此时不额外生成 Type4 LSA，由此可知 R1 和 R4 将分别生成一条 Type5 LSA。Area 2 有两台 ABR（R1 和 R2），R1 生成的 Type5 向 Area 2 转发时将不生成 Type4 LSA（对于 ABR 重叠的情况如 R1，再生成一条描述至自己到自己的 Type4 LSA 没有任何意义；且 Area 2 内的路由器数据库存在一条 R1 生成的 Type1 LSA），所以 R1 只生成一条 Type4 LSA（R1 指向 R4 的 Type4

续表

课程名称	OSPF 区域划分及 LSA 类型	章节	6.5
课时安排	3 课时	教学对象	
教学案例分析	——ABR 为 R1、ASBR 为 R4），R2 将生成两条 Type4 LSA（R2->R1，R2->R4），Area 2 中将生成 3 条 Type4 LSA，2 条 Type5 LSA。 Area 3 有 1 条 Type5 LSA，分别是为 R1 和 R4 生成的（Type 7 转 Type 5 LSA），有 4 条 Type4 LSA（R2 生成两条，R3 生成两条）。 总结：NSSA 可以引入外部路由，为了区别于传统的 Type5 LSA，其被定义为 Type7 LSA，它只能在区域内传播。在跨区域被传播到 Area 0 后，Type7 LSA 首次转换为 Type5 LSA，将 AdvRouter 变成自己的 RouterID，所以此时不会触发 Type4 LSA 的生成。转换后的 Type5 LSA 进行跨区域传播时，则按正常的处理规则转换。 对于路由器为多区域的 ARB 时，Type5 LSA 传播到其他非骨干区域时，将不产生 Type4 LSA（如本例中的 R1）。或者说，在一台 ARB 设置中引入的 Type5 LSA 被传播至其他区域时将不产生 Type4 LSA。		
教学内容总结	6.5 节重点介绍 OSPF 链路状态数据库同步的具体实现和各类 LSA 的产生和传播过程。 为了优化网络进行层级管理，OSPF 协议将网络中的路由器进行区域划分，一般将核心路由器按骨干区域范围，将其他路由器纳入为非骨干区域范围。骨干区域内的路由器链路调整少，网络拓扑稳定，路由条目较多，硬件资源强大，处于网络的核心层。非骨干区域范围内的路由器一般处于网络的接入层，路由条目相对较少，网络可能经常处于动态的调整中。区域的划分能够减少网络中因链路或设备等的调整而带来的全局性的影响，如减少路由震荡对网络的影响，同时也可以减少网络硬件资源的投资。所有的非骨干区域必须与骨干区域物理相连接（虚连接除外）。 非骨干区域又被分为普通区域、Stub/Total Stub 区域、NSSA/Total NSSA。普通区域和骨干区域类似，Stub 区域又被称作末梢区域，它处于区域的末梢节点。当区域中的路由器必须通过骨干区域相连实现和其他及外部区域的通信时，则该区域为 Stub 区域，Stub 区域可以有效减少外部路由的条目，ABR 将生成默认路由并将其发往 Stub 区域，Stub 区域内的路由器以默认路由指导报文发往骨干区域再到外部区域。 Total Stub 区域（完全末梢区域）将阻止 Type 3 LSA 和 Type 5 LSA 报文进入区域内，将生成一条 Type 3 的默认路由。一般，接入层路由器可被配置为 Stub 区域或 Total Stub 区域。 NSSA 为 Stub 区域的改进，NSSA 区域可以引入外部路由，但是 ARB 上无法引入其他区域发现的外部路由。NSSA 引入的外部 LSA 为 Type 7 LSA，ABR 将 Type 7 LSA 转换为 Type 5 LSA，并将其发往骨干区域路由器。 Total NSSA 为 Total Stub 区域的改进，Total NSSA 内可以引入外部路由，但是 ARB 上无法引入其他区域发现的路由（包括外部路由），ABR 上将产生 Type 3 的默认路由并		

续表

<table>
<tr><td>课程名称</td><td>OSPF 区域划分及 LSA 类型</td><td>章节</td><td>6.5</td></tr>
<tr><td>课时安排</td><td>3 课时</td><td>教学对象</td><td></td></tr>
<tr><td>教学内容总结</td><td colspan="3">将其发往 Total NSSA。Toal NSSA 引入的外部 LSA 为 Type 7 LSA，ABR 将 Type 7 LSA 转换为 Type 5 LSA 并将其发往骨干区域路由器。
引入区域后 LSA 将被分为 Type1 LSA、Type2 LSA、Type3 LSA、Type4 LSA、Type5 LSA、Type7 LSA。其中，所有路由器都产生 Type1 LSA，它只在本区域内部传播泛洪；DR 产生 Type2 LSA，只在本区域内传播泛洪；ABR 产生 Type3 LSA，向其他区域泛洪（骨干区域至非骨干区域、非骨干区域至骨干区域）；ASBR 产生 Type5 LSA，它将向所有区域传播泛洪；ABR 收到 Type5 LSA 产生的 Type4 LSA 并将其向骨干区域及其他区域泛洪；NSSA/Total NSSA 内路由器收到外部路由器产生的 Type7 LSA，并在区域内泛洪，当 Type7 LSA 被传播至 ABR 后，Type7 LSA 被转换为 Type5 LSA，在骨干区域泛洪并被传播到其他区域。
路由器生成各类 LSA，在将其装载至 LSU 报文后向邻居泛洪的过程中，其会携带 Metric（也称 Cost 值）字段（Type2 LSA 除外），该字段为 LSA 经链路传播后加上链路的 Cost 值，为最佳路由的计算选提供决策。
OSPF 将收集到的各种 LSA 装载在链路状态数据库中，实现对整个网络拓扑的描述及路由的计算。
OSPF 通过对 LSA 携带的 Aging、sequence number、checksum 字段实现对 LSA 的唯一确认。
OSPF 采用触发机制实现对网络的快速响应及信息的联动。</td></tr>
<tr><td>参考答案</td><td colspan="3">1．Type1 LSA 由什么路由器生成，作用是什么？
答：所有路由器都会生成 Type1 LSA，用于描述本路由器所包含的链路（链路的网络地址）、开销、链路的类型等。
2．Type1 LSA 是否会向相邻区域扩散？
答：Type1 LSA 向本区域内的路由器扩散（不跨区域扩散）。
3．Type1 LSA 的 LS ID 表示什么，其对应的 Type 字段值为多少？
答：Type1 LSA 的 LS ID（LinkstateID）为路由器 RouterID，对应的 Type 字段为 1。
4．Type2 LSA 由什么路由器生成，其扩散区域范围是什么？
答：Type2 LSA 由 DR 生成（BDR 不生成），其扩散区域为本区域内路由器。
5．Type2 LSA 的 LS ID 表示什么，其对应的 Type 字段值为多少？
答：Type2 LSA 的 LS ID 为 DR 设备的接口 IP 地址，Type 字段值为 2。
6．Type3 LSA 由什么路由器生成，其扩散区域范围是什么？
答：Type3 LSA 由 ABR 生成，ABR 描述某一区域的网段路由，并向其他区域扩散。</td></tr>
</table>

续表

<table>
<tr><td>课程名称</td><td>OSPF 区域划分及 LSA 类型</td><td>章节</td><td>6.5</td></tr>
<tr><td>课时安排</td><td>3 课时</td><td>教学对象</td><td></td></tr>
<tr><td>参考答案</td><td colspan="3">7．Type3 LSA 的 LS ID 表示什么，其对应的 Type 字段值为多少？
答：Type3 LSA 的 LS ID 表示网段路由，Type 字段值为 3。
8．请从区域的概念描述为什么需要 Type3 LSA？
答：因 Type1/Type2 LSA 只能在本区域扩散，为了保证拓扑的连续性，ARB 将区域的网段路由进行汇总，向其他区域扩散。
9．Type5 LSA 由什么路由器生成，其扩散区域范围是什么？
答：Type5 LSA 由 ASBR 生成，向所有区域扩散。
10．Type5 LSA 的 LS ID 表示什么，其对应的 Type 字段值为多少？
答：Type5 LSA 的 LS ID 为引入的网段路由，Type 字段值为 5。
11．为什么在 OSPF 协议设计上需要 Type5 LSA？
答：对于一个具体网络而言，自治系统内部的路由数量始终是相对有限的，大部分的网段路由都在自治系统外。为了保证网络与自治系统外的网络通信，需要引入学习外部的路由，由此设计了 Type5 LSA。对于自治系统而言，引入的外部路由相当于距离矢量发现的路由。
12．一类外部路由和二类外部路由有什么区别？
答：一类外部路由的链路开销和自治系统内的链路开销相同，计算的外部路由开销值等于区域内路由开销加上外部路由开销。
二类外部路由的链路开销将高于自治系统内的链路开销，此时，只计算外部路由开销。
13．Type4 LSA 由什么路由器生成，其扩散区域范围是什么？
答：Type4 LSA 由 ABR 生成，用于描述 ABR 到 ASBR 的路由，扩散区域为非 ASBR 区域。
14．Type4 LSA 的 LS ID 表示什么，其对应的 Type 字段值为多少？
答：Type4 LSA 的 LS ID 为 ASBR 的 RouterID，Type 字段值为 4。
15．Type4 LSA 在跨区域泛洪过程中会不会发生变化？
答：Type4 LSA 在跨区域泛洪过程中参数值会发生变化，AdvRouter 将变成新的 ABR 的 RouterID。
16．为什么协议设计上需要 Type5 LSA 触发生成 Type4 LSA？
答：为了保证其他区域在收到 Type5 LSA 能够计算出外部路由，外部路由跨区域传播时，必然经过 ABR，而区域内的路由器转发指向外部路由网段报文时，也必然需要经过 ARB 设备。为了保证 LSA 描述拓扑的连贯性，我们必须设计 Type4 LSA。</td></tr>
</table>

续表

<table>
<tr><td>课程名称</td><td>OSPF 区域划分及 LSA 类型</td><td>章节</td><td>6.5</td></tr>
<tr><td>课时安排</td><td>3 课时</td><td>教学对象</td><td></td></tr>
<tr><td>参考答案</td><td colspan="3">17. Type7 LSA 由什么路由器生成，其扩散区域范围是什么？
答：Type7 LSA 由 NSSA 内部路由器生成，只在 NSSA 内扩散。
18. Type7 LSA 在跨区域泛洪过程中会不会发生变化？
答：会发生变化，ABR 设备将 Type7 LSA 变成 Type5 LSA，将 AdvRouter 变成 ABR 的 Router ID。
19. 设想一下，如果一个 OSPF 自治系统中包含多个非骨干区域且它们都和骨干区域相连，其中一个非骨干区域为 NSSA，如果在 NSSA 区域引入外部路由，其他非骨干区域会收到什么类型的 LSA，为什么？
答：其他非骨干区域会收到 Type5 LSA。Type7 LSA 只能在 NSSA 内传播，在跨区域传播时，Type7 LSA 需被转换成 Type5 LSA。
20. Type5 LSA 中包含 FA 字段，FA 字段有什么意义？
答：FA 是 Forwarding Address 的简写。Type5/Type7 LSA 引入外部路由，FA 是 ASBR 通告的 Type5/Type7 LSA 中的字段，它的作用是通告 OSPF 域内的路由器如何能够更快捷地到达 LSA5/LSA7 所通告路由的下一跳地址。
21. Type4 LSA 中是否包含 Metric 值？
答：包含 Metric 值，该值为 ARB 到 ASBR 的链路开销总和。
22. Type5 LSA 中是否包含 Metric 值？
答：包含 Metric 值，表示 ASBR 去往外部路由的开销。
23. LSA 中携带的 Metric 值有什么意义？
答：表示始发链路或设备发现链路的开销。
24. Metric 值在叠加过程中是否有方向性？
答：有，其方向为链路或路由的始发方向。
25. OSPF LSA 触发机制有什么作用？
答：可快速感知链路更新，保证网络快速收敛。
26. LSA 在什么情况下会触发更新？
答：• 从邻居路由器处收到了一条新的、此前未知的 LSA。
• 从邻居路由器处收到了一条 LSA 的最新拷贝（LSA 的新旧取决于 LSA 的“Aging”和/或“Sequence number”）。
• 与自生成的 LSA“挂钩”的刷新计时器到期。
• 邻接关系或链路状态发生变化。
• 与链路“挂钩”的度量值或可达目的网络发生改变。</td></tr>
</table>

续表

课程名称	OSPF 区域划分及 LSA 类型	章节	6.5
课时安排	3 课时	教学对象	
参考答案	• Router ID 发生改变。 • 本路由器被推举为 DR，或让出了 DR 的位置。 • 本路由器接口所处 OSPF 区域 Area ID 发生改变。 • 收到了邻居路由器发出的链路状态请求消息，其目的是向本机“请求”一条已知的 LSA 的拷贝。 27. 如图 6-19 所示的路由器，如果 R1 和 R2 先建立 OSPF 邻接状态，R2 与 R3 后建立邻接关系，请问，R1 如何得到 R3 的 Type1 LSA 信息？ 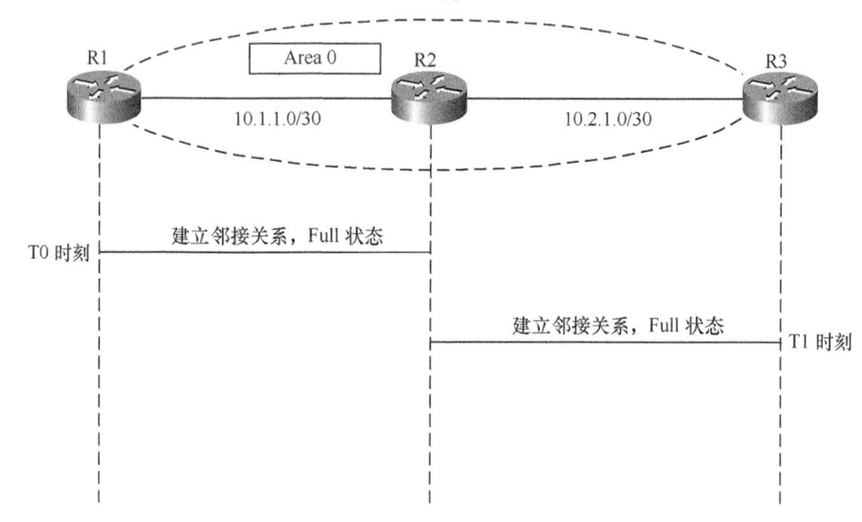 图 6-19　建立邻接关系的组网连接 答：R2 从邻居路由器 R3 处收到了一条新的、此前未知的 LSA，将触发更新向 R1 同步。			

6.6　OSPF LSA 老化机制

课程名称	OSPF LSA 老化机制	章节	6.6
课时安排	0.5 课时	教学对象	
教学建议及过程	本章节知识点简单，不涉及复杂原理，学生可自主完成。		
学生课前准备	1. 教师布置学生课前预习本章节内容，使学生提前掌握 OSPF LSA 的老化及维护机制。		

续表

课程名称	OSPF LSA 老化机制	章节	6.6
课时安排	0.5 课时	教学对象	
学生课前准备	2．课前预习考核方式：教师在课堂中针对教学互动知识点或其他类似知识点对学生进行随机点名抽查，记录抽查效果。 3．完成教学互动及案例分析后，进行课堂总结，概括本章节要点。		
教学目的与要求	通过本章节的学习，学生需要了解掌握如下知识点： 1．了解 OSPF LSA 的生存周期； 2．了解 OSPF LSA 的老化机制。		
章节重点	OSPF LSA 的生存周期、老化机制。		
教学资源	PPT、教案等。		
教学互动	问题 1：OSPF LSA 的生存周期为多少秒？ 3600s。 问题 2：OSPF LSA 自动更新时间间隔为多长？ 1800s。自动更新的目的是为了保持 LSA 的准确性。		
教学内容总结	为确保 OSPF LSDB 的准确性，OSPF 每隔 30min 对路由器始发的每条 LSA 记录进行一次扩散（刷新），并将它的序号增加 1，将老化时间设置为 0。该间隔被称作 LSA 的刷新时间（LSARefresh Time）。其他的 OSPF 路由器一旦收到这个新的拷贝，就会用这个新的拷贝替换该条 LSA，通告原来的拷贝，并使这个新的拷贝的老化时间开始增加。如果 LSA 在 3600s（MaxAge，最大寿命老化时间）内未被刷新（1 课时内没有收到该 LSA 的通告），则 LSA 将从 LSDB 中被删除（老化机制动态维护 LSDB 和路由表，防止 LSDB 和路由条目无限制增加）。		

6.7 OSPF SPF 路由的计算

课程名称	OSPF SPF 路由的计算	章节	6.7
课时安排	0.5 课时	教学对象	
教学建议及过程	**教学建议：** 本章节授课时长建议安排为 0.5 课时，采用翻转课堂形式授课，培养学生的自主学习能力和学习积极性。		

续表

课程名称	OSPF SPF 路由的计算	章节	6.7
课时安排	0.5 课时	教学对象	
教学建议及过程	教学过程： 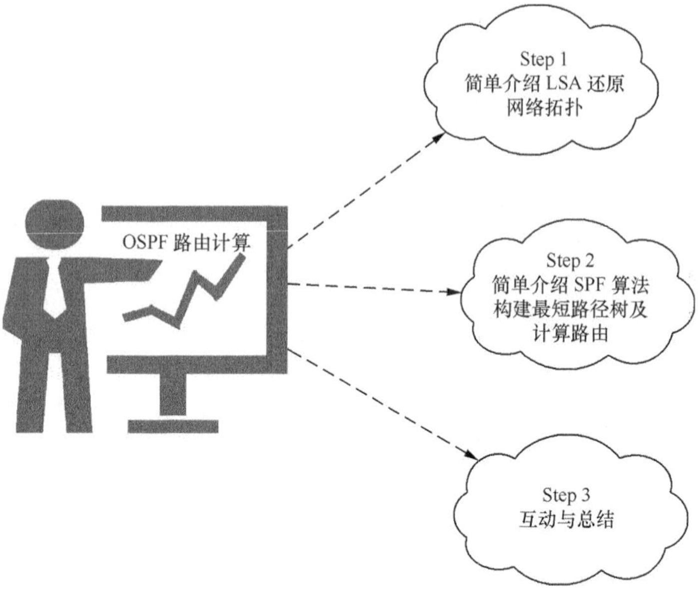 OSPF 路由计算 Step 1 简单介绍 LSA 还原网络拓扑 Step 2 简单介绍 SPF 算法构建最短路径树及计算路由 Step 3 互动与总结 本章节仅介绍了 SPF 的简单推理，未进行算法延伸（目前 SPF 采用 DJ 算法实现，算法逻辑较复杂），学生通过网络拓扑可构造出对应的最短路径树以达到学习目标。		
学生课前准备	1．教师布置学生课前预习本章节内容，使学生提前了解 SPF 算法的基本原理。 2．课前预习考核方式：教师在课堂中针对教学互动知识点或其他类似知识点对学生进行随机点名抽查，记录抽查效果。		
教学目的与要求	通过本章节的学习，学生需要了解链路状态数据库构造最短路径树过程的方法。		
章节重点	最短路径树。		
教学资源	PPT、教案等。		
知识点结构导图	 OSPF 链路状态数据库 — 还原网络拓扑 — 构建最短路径树 计算最佳路由		

续表

课程名称	OSPF SPF 路由的计算	章节	6.7
课时安排	0.5 课时	教学对象	

教学互动

问题：通过如图 6-20 所示的网络拓扑构建 R5 最短路径树（结合原理用书由老师进行讲述）。

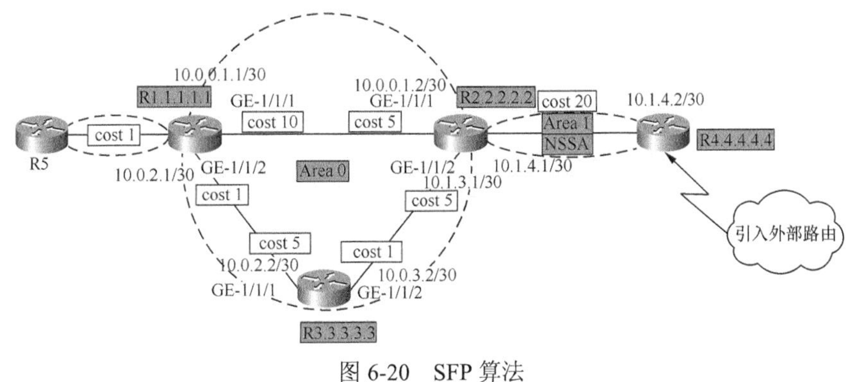

图 6-20　SFP 算法

原理介绍请参考原理用书。

教学案例分析

假如网络中 3 台路由器运行 OSPF，稳定后，3 台路由器的链路状态数据库都相同，请根据以下信息为 SIMNET 平台显示的链路状态数据库构建网络拓扑和最短路径树。链路状态数据库如下：

区域0.0.0.0,Router Link State

LinkState ID	AdvRouter	Age	Len	Sequence	Metric
1.1.1.1	1.1.1.1	5	36	0x80000001	1
2.2.2.2	2.2.2.2	5	48	0x80000001	1
3.3.3.3	3.3.3.3	5	36	0x80000001	1

区域0.0.0.0,Network Link State

LinkState ID	AdvRouter	Age	Len	Sequence	Metric
10.1.1.2	2.2.2.2	5	36	0x80000001	0
10.2.1.2	3.3.3.3	5	36	0x80000001	0

每条 Type1 LSA 的详细信息如下：

```
Router Link                         Age:  5
LinkState ID:1.1.1.1                Sequence Number:0x80000001
Advertising Router:1.1.1.1          Flags:
Option : 0x02                       CheckSum:0x44
Router Of Links: 1                  Length:36
Link-ID          Link-Data          Metric          Link-Type    Submask
10.1.1.2         10.1.1.1            1               Transit     255.255.255.252
```

```
Router Link                         Age:  5
LinkState ID:2.2.2.2                Sequence Number:0x80000001
Advertising Router:2.2.2.2          Flags:
Option : 0x02                       CheckSum:0x54
Router Of Links: 1                  Length:48
Link-ID          Link-Data          Metric          Link-Type    Submask
10.1.1.2         10.1.1.2            1               Transit     255.255.255.252
10.2.1.2         10.2.1.1            1               Transit     255.255.255.252
```

续表

<table>
<tr><td>课程名称</td><td>OSPF SPF 路由的计算</td><td>章节</td><td>6.7</td></tr>
<tr><td>课时安排</td><td>0.5 课时</td><td>教学对象</td><td></td></tr>
<tr><td>教学案例分析</td><td colspan="3">

```
Router Link                              Age:  5
LinkState ID:3.3.3.3                     Sequence Number:0x80000001
Advertising Router:3.3.3.3               Flags:
Option : 0x02                            CheckSum:0x64
Router Of Links: 1                       Length:36
Link-ID          Link-Data               Metric           Link-Type    Submask
10.2.1.2         10.2.1.2                 1                 Transit     255.255.255.252
```

答：通过数据库及每条 1 类 LSA 的详细情况，可知以下内容。
① 路由器 1.1.1.1 有一条广播链路（Link-Type 为 transit 表示广播链路），接口 IP 为 10.1.1.1/30（Link Data 为路由器接口 IP），对端设备接口为 10.1.1.2（DR 设备的接口 IP），链路开销为 1。
② 路由器 2.2.2.2 有两条广播链路，接口 IP 为 10.1.1.2/30 和 10.2.1.1/30，对端设备接口为 10.2.1.2（DR 设备的接口 IP），链路开销均为 1。对于链路 10.1.1.2 来说，本设备为 DR。
③ 路由器 3.3.3.3 有一条广播链路，接口 IP 为 10.2.1.2/30，此设备为对应链路的 DR 设备，链路开销为 1。
通过以上分析可知，1.1.1.1 和 2.2.2.2 相连，2.2.2.2 与 3.3.3.3 相连，其拓扑及接口关系如图所示。 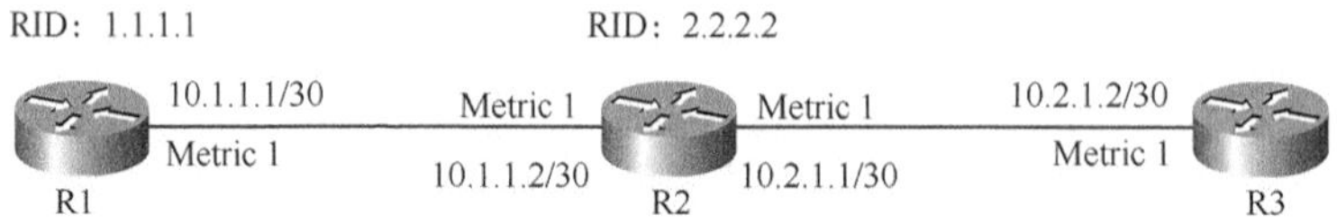
RID：1.1.1.1　RID：2.2.2.2
10.1.1.1/30　Metric 1　Metric 1　Metric 1　10.2.1.2/30
Metric 1　10.1.1.2/30　10.2.1.1/30　Metric 1
R1　R2　R3
上述链形组网就是一个最短路径树。
</td></tr>
<tr><td>教学内容总结</td><td colspan="3">6.7 节主要介绍如何通过路由器的链路状态数据库还原网络拓扑并构建最短路径树以完成路由的计算。</td></tr>
</table>

思考与练习

注：本书中案例涉及的物理链路均为广播链路。

1．什么是区域？为什么在 OSPF 中需要引入区域的概念？

答：将整个 OSPF 网络划分为更小的单元，每个单元由若干个位置相近、有连接关系的路由器组成，每个单元在逻辑上被称作区域（区域物理位置上相邻，链路具有连接关系）。在 OSPF 中引入区域是为了优化网络层级、简化管理和运维、减少链路层的变化对整个网络带来的频繁震荡（Type 1 LSA 是 DJ 算法构建 SPF 的基础，如果大网中的链路频繁震荡，SPF 将重新收敛）。

续表

2．区域 0 的含义是什么？

答：区域 0 即 Area 0，它表示骨干区域，是 OSPF 最核心的区域，所有的非骨干区域都必须与之相连（虚连接是逻辑相连，其他都是物理相连）。骨干区域的链路一般很稳定，路由器层级高，路由表数量大。

3．什么是 LSA 的最大生存时间（MaxAge）？OSPF 的 LSA 的最大生成时间为多少？

答：LSA 的最大生存时间表示 LSA 的有效时间。OSPF 的 LSA 的最大生成时间为 3600s。

4．OSPF 协议缺省的 RouterDeadInterval 是多少？

答：OSPF 协议缺省的 RouterDeadInterval 是 40 秒，它一般为 HelloInterval 时间的 4 倍。

5．OSPF 为什么要配置路由器 ID？怎样确认一个路由器 ID？

答：Router ID 是路由器运行 OSPF 协议的身份标识。Router ID 一般采用物理接口或逻辑接口表示。在默认不指定的情况下，OSPF 进程将在状态为 UP 的物理接口选择最大 IP 地址为 RouterID，该接口与是否参与 OSPF 无关。

6．OSPF 协议的 4 种路由器类型是什么？

答：区域内路由器（Internal Routers）、区域边界路由器（Area Border Routers，ABR）、骨干路由器（Backbone Routers）、自治系统边界路由器（AS Boundary Routers，ASBR）。

7．在 LSA 头部中使用哪 3 个字段来区分不同的 LSA？

答：Link-Type、LinkState ID、AdvRouter（Advertising Router）。

8．末梢区域（Stub）、完全末梢区域和 NSSA 之间有什么不同？请详细说明。

答：末梢区域表示处于网络末梢的区域，它不能引入外部区域路由，区域内部去往外部的路由必须经过 ABR。其他区域的 Type5 LSA 不能进入该区域，但是 Type3 LSA 可以进入 Stub 区域。为了保证 Stub 区域内主机可正常访问外部网络，Type5 LSA 在 ABR 将触发生成默认路由的 Type3 LSA 并将其发往 Stub 区域。

完全末梢区域将不允许 Type3/Type5 LSA 进入，同样，ABR 触发一条默认路由的 Type3 LSA 并将其发往完全末梢区域。

NSSA 允许在本区域内部引入外部由，将触发生成 Type7 LSA，在传播至 ABR 时将其转换为 Type5 LSA 发往其他区域。其他区域的 Type5 LSA 不被允许进入 NSSA，Type3 LSA 则可进入。为了保证 NSSA 内主机可正常访问外部网络，Type5 LSA 在 ABR 将触发生成默认路由的 Type3 LSA 并将其发往 NSSA。

9．为什么 OSPF 开启认证时采用 Type 2 的认证方式比 Type 1 的认证方式安全？

答：Type 2 表示采用 MD5 方式认证，两端设备需要进行 MD5 协商，所以更安全。

10．OSPF 支持几种网络类型？分别是什么？

答：4 种网络类型，分别为 P2P、P2MP、Broadcast、NBMA 网络。

11．OSPF 的邻居和邻接是同一概念吗？它们在完成什么报文的交互下建立这种关系？

答：不一样，邻居是交互协商完成 Hello 报文，并且两端设备均在对端接口的网段范围内。邻

续表

接关系是相互完成首个 DBD 报文交互后建立的关系。

12．什么是链路状态数据库？它记录的是什么信息？

答：链路状态数据库是一张记录链路信息的数据库，它记录了网络中生成的 Type1、Type2、Type3、Type4、Type5 和 Type7 LSA 等链路信息。

13．在图 6-21 所示的组网中，请分析 Area 0 有多少条 Type 1 LSA？有多少条 Type 2 LSA？有多少条 Type 3 LSA？（路由器所有接口都使能 OSPF。）

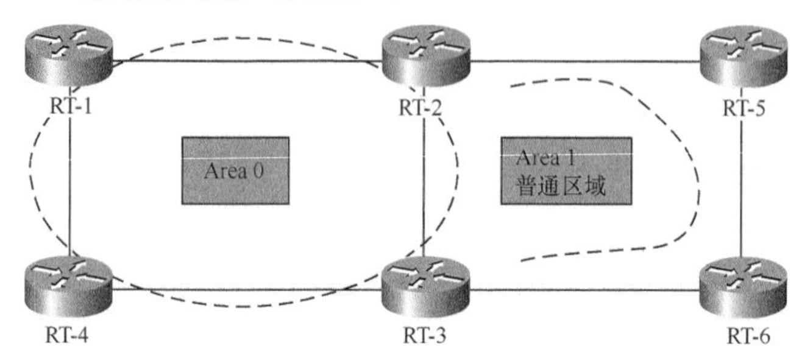

图 6-21　路由器组网连接

答：Area 0 中有 4 条 Type1 LSA，有 4 条 Type2 LSA，有 6 条 Type3 LSA（RT-2 和 RT-3 均生成 3 条 Type3 LSA，共 6 条 Type3 LSA）。

14．在图 6-22 所示的组网中，请分析 Area 1 中的路由器 RT-7 有多少条 Type 4 LSA？

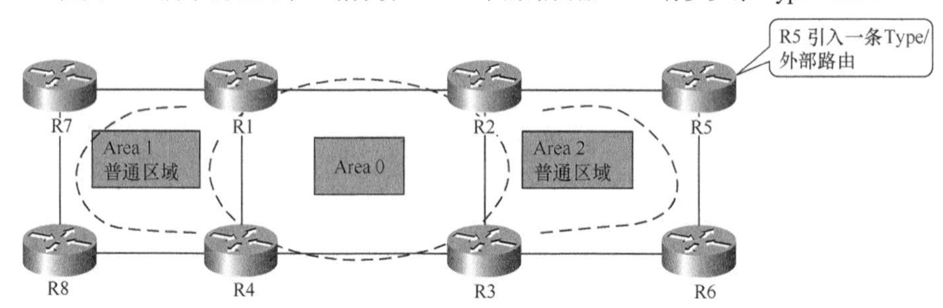

图 6-22　普通区域组网连接

答：Area 1 的 RT-7 共有 4 条 Type 4 LSA（RT-1 和 RT-4 各收到两条 Type 5 LSA，分别生成两条 Type 4 LSA）。

15．在图 6-23 所示的组网中，请分析 Area 2 中的路由器 R5 有多少条 Type 3 LSA？

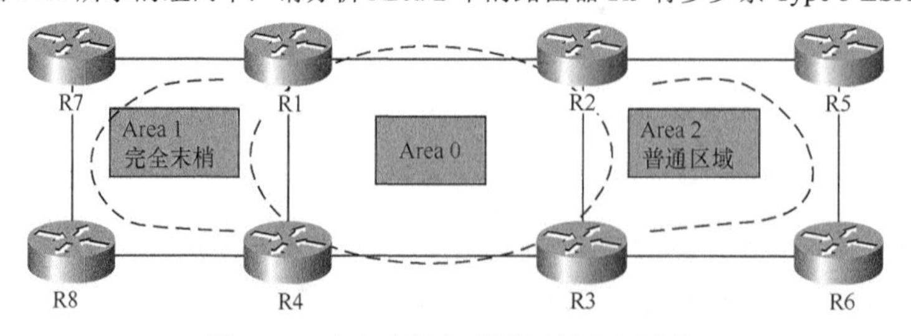

图 6-23　完全末梢与普通区域组网连接

答：Area 2 的 RT-5 共有 14 条 Type 3 LSA（RT-2 和 RT-3 各收到 7 条 Type3 LSA）。

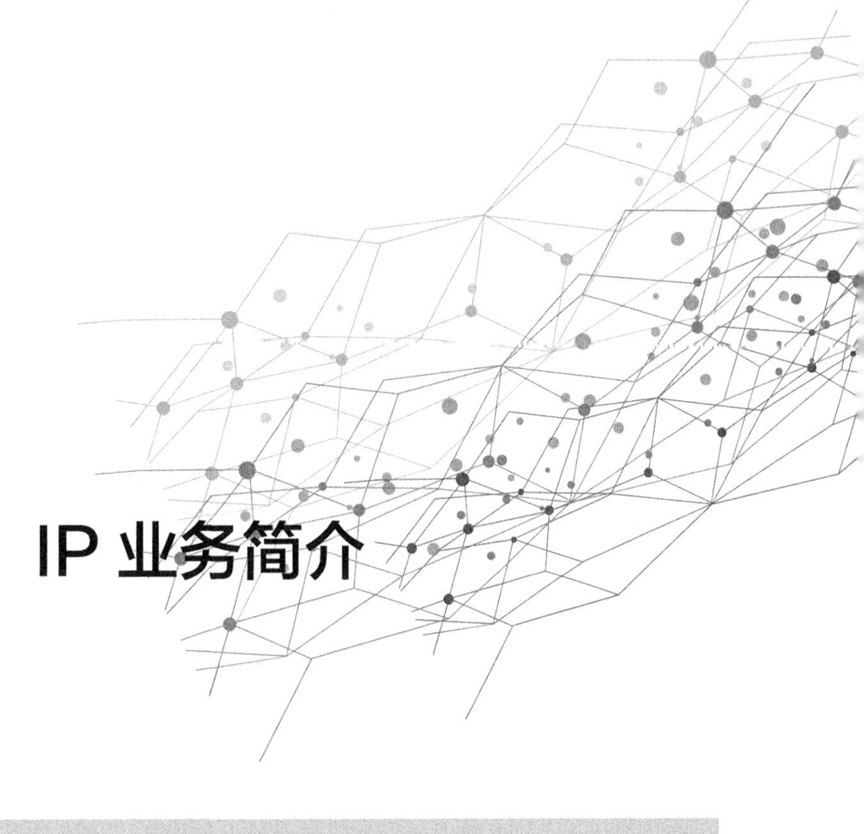

第 7 章 IP 业务简介

7.1 ACL 概述

课程名称	ACL 概述	章节	7.1
课时安排	1 课时	教学对象	
教学建议及过程	**教学建议：** 7.1 节授课时长建议安排为 1 课时，采用翻转课堂形式授课，培养学生的自主学习能力和学习积极性。 **教学过程：** 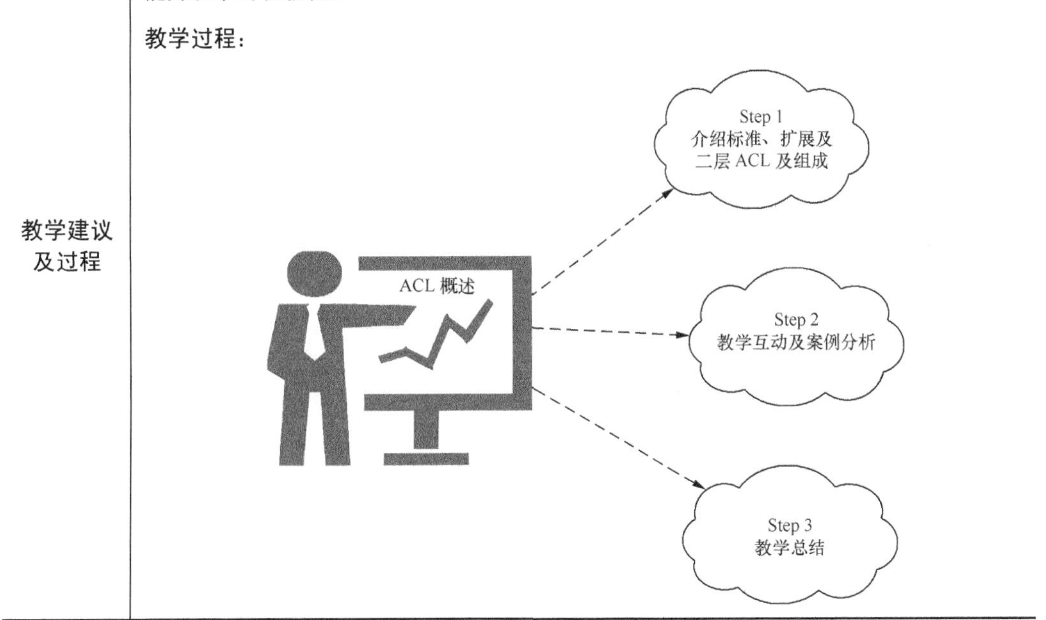		

续表

课程名称	ACL 概述	章节	7.1
课时安排	1 课时	教学对象	
教学建议及过程	首先，教师介绍 ACL（Access Control List，访问控制列表）的 3 种形式及具体应用。本章节内容简单，可由学生自主学习掌握。 其次，建议教师对教学案例 1——ACL 知识拓展进行教学总结		
学生课前准备	1．教师布置学生课前预习本章节内容，使学生提前了解标准 ACL、扩展 ACL、二层 ACL 的定义与使用特点。 2．课前预习考核方式：教师在课堂中针对教学互动知识点或其他类似知识点对学生进行随机点名抽查，记录抽查效果		
教学目的与要求	通过本章节的学习，学生需要了解以下知识点： 1．了解标准 ACL 控制字段组成； 2．了解扩展 ACL 控制字段组成； 3．了解二层 ACL 控制字段组成		
章节重点	标准 ACL、扩展 ACL、二层 ACL。		
章节难点	ACL 规则的匹配顺序。		
教学资源	PPT、教案等。		
知识点结构导图	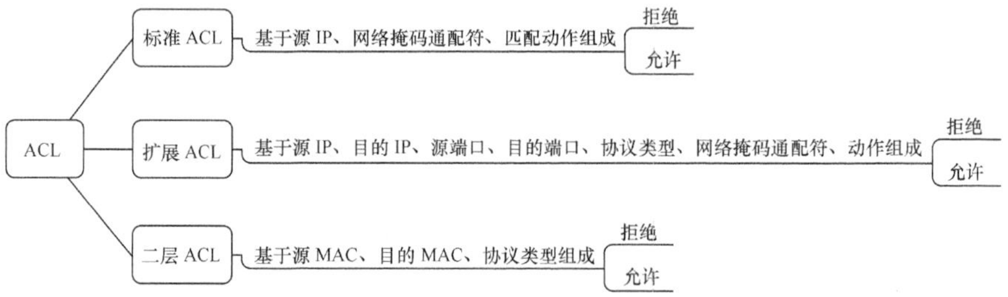 ACL 标准 ACL：基于源 IP、网络掩码通配符、匹配动作组成（拒绝 / 允许） 扩展 ACL：基于源 IP、目的 IP、源端口、目的端口、协议类型、网络掩码通配符、动作组成（拒绝 / 允许） 二层 ACL：基于源 MAC、目的 MAC、协议类型组成（拒绝 / 允许）		
教学互动	问题 1：ACL 的主用作用是什么？ • 限制网络流量、提高网络性能； • 提供对通信流量的控制手段； • 提供网络访问的基本安全手段（控制源 IP、源端口、目的 IP、目的端口等）； • 在路由器接口处，决定哪种类型的通信流量被转发，哪种类型的通信流量被阻塞； • NAT 特殊应用时，实现转换关系绑定。		

续表

课程名称	ACL 概述	章节	7.1
课时安排	1 课时	教学对象	
教学互动	**问题 2：ACL 的分类有几种，它们的特点各是什么？** 共 3 种，分为标准 ACL、扩展 ACL 和二层 ACL。标准 ACL 只针对特定源地址网段报文进行匹配操作；扩展 ACL 增加了报文的过滤匹配条件，可以实现更精确的报文控制；二层 ACL 针对以太网首部字段进行匹配操作		
教学案例分析	如果你是一个学校的网络管理员，校网拓扑如图 7-1 所示。为了保证网络安全，你必须要屏蔽内网中的某服务端口，如远程桌面服务端口 3389、NetBIOS 名称服务端口 137、NetBIOS Session Service 端口 139、IMAP 端口 143。请结合所学的 ACL 知识，在防火墙中配置对应的 ACL 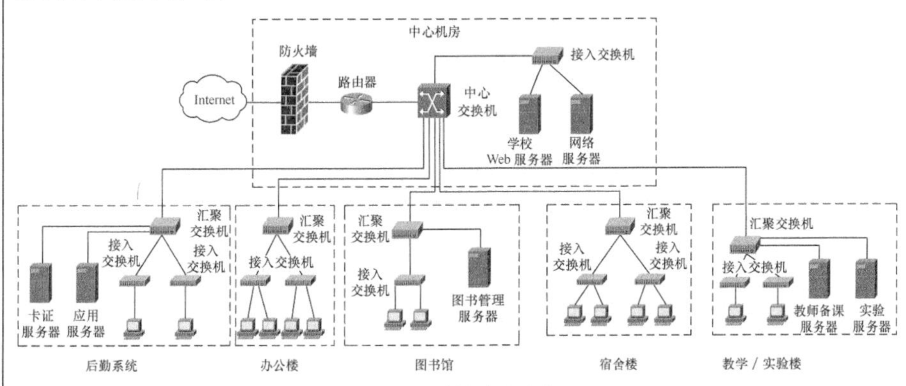 图 7-1　校园网示意 用简单语句实现控制规则： rule 1 deny protocol source-ip 0.0.0.0 0.0.0.0 destination-ip 0.0.0.0 0.0.0.0 destination-port 3389 rule 2 deny protocol source-ip 0.0.0.0 0.0.0.0 destination-ip 0.0.0.0 0.0.0.0 destination-port 137 rule 3 deny protocol source-ip 0.0.0.0 0.0.0.0 destination-ip 0.0.0.0 0.0.0.0 destination-port 139 rule 4 deny protocol source-ip 0.0.0.0 0.0.0.0 destination-ip 0.0.0.0 0.0.0.0 destination-port 143 rule 5 deny protocol source-ip 0.0.0.0 0.0.0.0 source-port 3389 destination-ip 0.0.0.0 0.0.0.0 rule 6 deny protocol source-ip 0.0.0.0 0.0.0.0 source-port 137 destination-ip 0.0.0.0 0.0.0.0 rule 7 deny protocol source-ip 0.0.0.0 0.0.0.0 source-port 139 destination-ip 0.0.0.0 0.0.0.0		

续表

<table>
<tr><td>课程名称</td><td>ACL 概述</td><td>章节</td><td>7.1</td></tr>
<tr><td>课时安排</td><td>1 课时</td><td>教学对象</td><td></td></tr>
<tr><td>教学案例分析</td><td colspan="3">rule 8 deny protocol source-ip 0.0.0.0 0.0.0.0 source-port 143 destination-ip 0.0.0.0 0.0.0.0
rule 9 permit ip source-ip 0.0.0.0 0.0.0.0 destination-ip 0.0.0.0 0.0.0.0</td></tr>
<tr><td>教学内容总结</td><td colspan="3">本章节主要介绍 ACL 在网络设备中实现报文访问控制的原理。
标准 ACL 检测报文的源 IP、网络掩码通配符，对报文进行粗放式检测。通过网络设备的报文经过 ACL 检测，对匹配的报文执行拒绝或允许的操作，未在匹配列表中定义的报文将默认允许。
扩展 ACL 检测报文的源 IP、目的 IP、源端口、目的端口、网络掩码通配符、协议类型等，将通过网络设备的报文进行深度检测，然后对匹配的报文执行拒绝或允许的操作，未在匹配列表定义的报文将默认允许。扩展 ACL 相对于标准 ACL，增加了检测的字段，能够更加精确地实现匹配要求，实用性更强。
二层 ACL 检测以太网报文头部的源 MAC 地址、目的 MAC 地址、协议类型，匹配的报文将按对应的动作执行拒绝或允许操作。
ACL 是设备及网络安全配置的基本手段，设备配置 ACL 后，将对报文进行过滤解析，实现保障网络安全的目的。同时，ACL 也是网络设备中对业务报文进行归类的一种手段，可以对具有某类 IP 地址特性的报文进行统一操作，如 7.3 节中所述的 NAT 应用</td></tr>
<tr><td>参考答案</td><td colspan="3">1．在图 7-2 所示的组网中，PC1 是否能和 PC2 通信？为什么？（PC1 和 PC2 地址为与子网段中的地址，可自行设置，路由器 R1 和路由器 R2 均有对应网段路由）。

图 7-2
答：路由器 R2 接口 GE-1/1/2 对入方向的报文的 IP 做检测，即其只检测 PC1 至 PC2 方向的报文，从 PC2 至 PC1 方向的报文不被检测。
通过对 ACL 规则 1、2、3、4 进行分析，路由器 R2 接口 GE-1/1/2 对报文的检测是按 ACL 规则的顺序依次匹配：即规则 1 不匹配子网 172.16.1.0/30 中的源 IP 地址；规则 2 也不匹配，子网 172.16.1.0/30 内的源 IP 地址；而规则 3 则匹配了一个 C 的网段地址 172.16.1.0/24，其包括了 172.16.1.0/30 子网段。当接口采用 ACL 规则检测时，一旦规则匹配之后，则不再匹配其他规则，因此 PC-1 至 PC-2 方向的报文可通过，PC-1 和 PC-2 可正常通信。</td></tr>
</table>

续表

<table>
<tr><td>课程名称</td><td>ACL 概述</td><td>章节</td><td>7.1</td></tr>
<tr><td>课时安排</td><td>1 课时</td><td>教学对象</td><td></td></tr>
<tr><td>参考答案</td><td colspan="3">

2. 在图 7-3 所示的组网中，PC1 是否能通过网页访问外网？为什么？（PC1 和 DNS 地址为网段中的地址，可自行设置，路由器 R1 和路由器 R2 均有对应网段路由）。

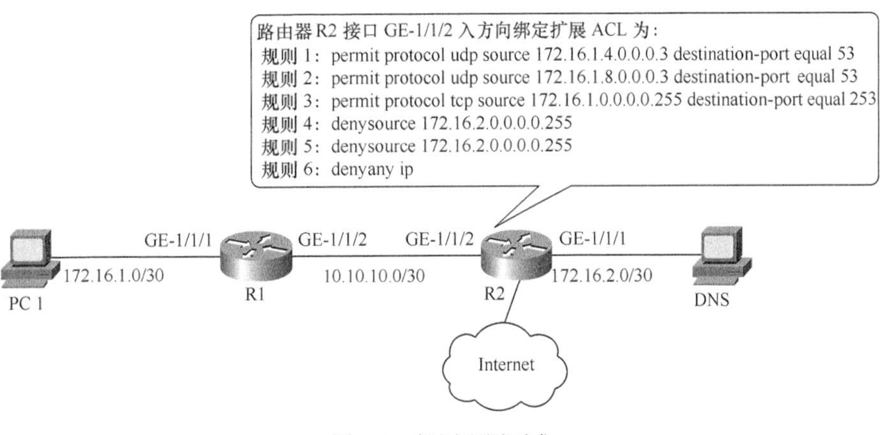

图 7-3 组网配置要求

答：不能，PC1 访问外部网页需要和 DNS 通信，DNS 报文为 UDP 报文，目的端口为 53，ACL 规则 1、2 都不包括源地址 172.16.1.0/30 子网段，所以 DNS 解析不通过，PC1 将无法正常访问外部网页。

3. 在图 7-4 所示的组网中，PC1 是否能 Ping 通 PC2 地址？为什么？（PC1 和 PC2 的网关均在路由器中。）

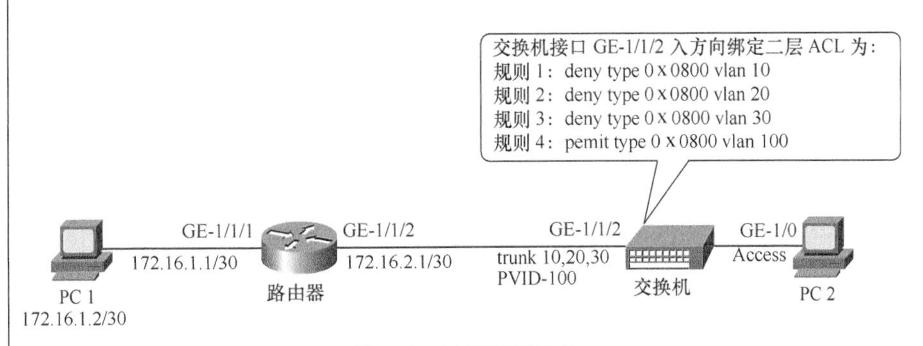

图 7-4 组网配置要求

答：可以通过，路由器发往交换机的报文将添加 VLAN Tag 100，它将被 ACL 允许通过。

</td></tr>
</table>

7.2 DHCP

<table>
<tr><td>课程名称</td><td>DHCP</td><td>章节</td><td>7.2</td></tr>
<tr><td>课时安排</td><td>1 课时</td><td>教学对象</td><td></td></tr>
<tr><td>教学建议
及过程</td><td colspan="3">教学建议：
本章节授课时长建议安排为 1 课时，采用翻转课堂形式授课，培养学生的自主学习能力和学习积极性。
教学过程：
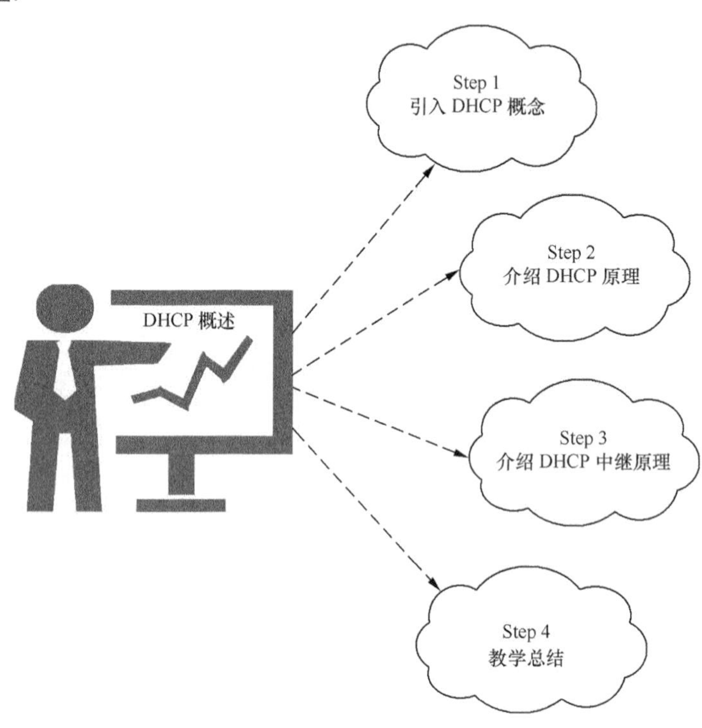

首先，教师介绍在大规模网络场景下海量 PC 终端手工进行地址配置带来的工作量增加、维护和地址管理问题，引入 DHCP 的概念并介绍 DHCP 的优势。
其次，建议老师在课堂中对 DHCP/DHCP 中继原理、租期管理、DHCP 报文类型进行详细讲解，使学生加深对 DHCP 原理的理解和掌握（可结合教学互动问题 2、问题 3 进行描述）。
最后，教师完成教学互动及案例分析后进行课堂总结，概括 DHCP 知识要点。</td></tr>
<tr><td>学生课前
准备</td><td colspan="3">1. 教师布置学生课前预习本章节内容，使学生提前了解 DHCP/DHCP 中继原理、DHCP 续租报文交互原理。
2. 课前预习考核方式：教师在课堂中针对教学互动知识点或其他类似知识点对学生进行随机点名抽查，记录抽查效果。</td></tr>
</table>

续表

课程名称	DHCP	章节	7.2
课时安排	1 课时	教学对象	
教学目的与要求	通过本章节的学习，学生需要了解掌握如下知识点： 1．掌握 DHCP 协议原理； 2．掌握 DHCP 的 4 种报文； 3．掌握中继场景下 DHCP 工作原理； 4．了解 DHCP 租期概念和 DHCP 续租流程。		
章节重点	DHCP 原理、DHCP 中继、DHCP 租期。		
章节难点	DHCP 原理。		
教学资源	PPT、教案等。		
知识点结构导图	DHCP 4 种报文 Discover　客户端发送广播报文，向所有的 DHCP 服务器发送请求分配地址报文 Offer　DHCP 服务器发送单播报文，提供可供 IP 地址 Request　客户端发送请求地址单播报文，从 Offer 报文中提取自己请求的 IP ACK　DHCP 服务器确认过程，确认地址可用 工作场景 无中继场景　DHCP 服务器和客户端在同一个局域网内工作 中继场景　DHCP 服务器和客户端在同一个局域网内工作，被集中管理 地址管理 DHCP 租期　DHCP 服务器采用地址回收机制，充分利用地址空间		
教学互动	**问题 1：DHCP 地址分配方式有几种？有什么区别？** 答：有两种方式，分别为自动分配和动态分配方式。 ① 自动分配（Automatic Allocation）：一旦 DHCP 客户端第一次成功地从 DHCP 服务器租用到 IP 地址之后，就永远使用这个 IP 地址。 ② 动态分配（Dynamic Allocation）：当 DHCP 客户端第一次成功地从 DHCP 服务器端租用到 IP 地址之后，并非永久地使用此 IP 地址，只要其租用 IP 地址的租约到期，客户端就需要释放（release）这个 IP 地址，以给其他计算机使用。在租约到期时，客户端具有比其他计算机优先延续（renew）租约的权利，其也可重新租用其他 IP 地址。 **问题 2：请简单描述 DHCP 报文交互过程。** 答：DHCP 客户端和服务器上线交互的流程如图 7-5 所示。 **问题 3：请简单描述 DHCP 中继场景下报文交互过程。** 报文交互过程如图 7-6 所示。		

续表

<table>
<tr><td>课程名称</td><td>DHCP</td><td>章节</td><td>7.2</td></tr>
<tr><td>课时安排</td><td>1 课时</td><td>教学对象</td><td></td></tr>
<tr><td>教学互动</td><td colspan="3">

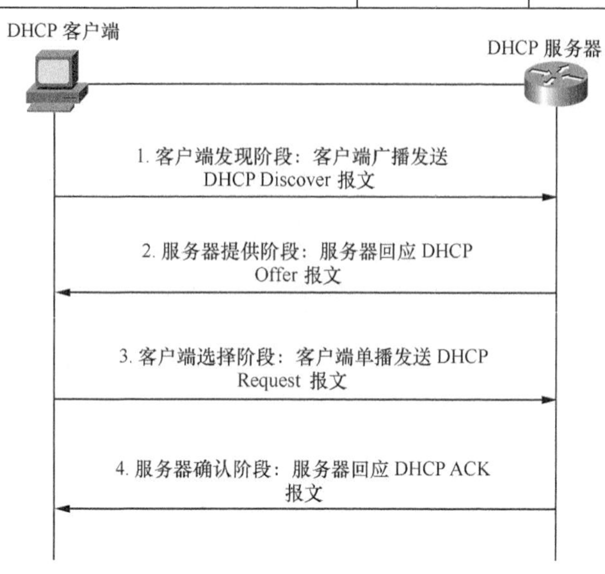

图 7-5　DHCP 报文交互过程

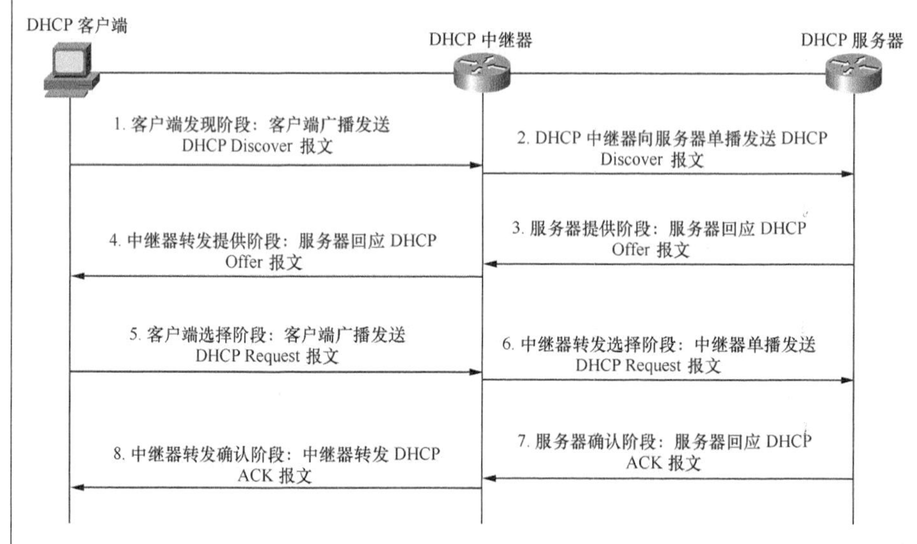

图 7-6　DHCP 中继场景报文交互过程

问题 4：采用 DHCP 方式给终端分配 IP 地址有什么好处？

① 简化终端配置 IP 工作任务（特别是在大型网络场景中，PC 数量较多的情况下）。

② 减少人为配置出错的概率，简化网络管理人员的维护任务。

③ 可以有效提升 IP 地址的利用率，减少 IP 地址浪费。

</td></tr>
</table>

续表

<table>
<tr><td>课程名称</td><td>DHCP</td><td>章节</td><td>7.2</td></tr>
<tr><td>课时安排</td><td>1 课时</td><td>教学对象</td><td></td></tr>
<tr><td>教学互动</td><td colspan="3">问题 5：如果为 DHCP 服务器设置的租期为 1 小时，那么 DHCP 服务器在终端首次上线多长时间后发送探测报文？
答：0.5 小时后发送探测报文。</td></tr>
<tr><td>教学案例分析</td><td colspan="3">图 7-7 所示的组网中，PC 通过网线连接至交换机，交换机再连接至 DHCP 服务器（路由器），DHCP 服务器的设备租期为 1 小时。当人为对 DHCP 服务器进行重启后，请分析此时 PC 是否可以正常上网？
DHCP 客户端　交换机　DHCP 服务器　Internet　PC
图 7-7　DHCP 连接交换机的组网
分析：如果 DHCP 服务器异常重启，那么记录在 DHCP 服务器的用户信息将被清除。PC 无法感知 DHCP 服务器状态的变化，所以客户端在服务器重启后一段时间内仍认为自己的 IP 有效，仍用该 IP 地址与外部通信，此时报文到达 DHCP 服务器（网关设备）后将被丢弃，所以 PC 不能正常访问外网。我们需要重启 PC 网卡或断开 PC 网线再接入网络才能获取正常的地址接入网络。
再比如，人为拔、插交换机与 DHCP 服务器的连线，端口正常后 DHCP 不受影响，所以 PC 仍可正常访问外网。</td></tr>
<tr><td>教学内容总结</td><td colspan="3">第 7 章介绍主机动态获取 DHCP 的实现原理。DHCP 的应用场景非常广，如日常工作中 PC 通过 Wi-Fi 连接互联网进行办公，手机终端通过 Wi-Fi 连接互联网浏览网页等都应用了 DHCP。DHCP 提供了一种方便快捷的接入网络的方式，简化了网络管理人员的维护工作和终端的复杂配置工作。
终端或主机采用动态方式获取 IP 地址，比静态方式有着更显著的优点。DHCP 可以充分利用现有的地址空间让终端快速接入，当终端离开网络时，可通过地址租约方式实现 IP 地址的自动回收。
DHCP 组网场景分为无中继场景和有中继场景。DHCP 服务器和 DHCP 客户端在同一个局域网内为无中继 DHCP 场景；DHCP 服务器和 DHCP 客户端不在同一个局域网内为有中继 DHCP 场景。DHCP 服务器对分配的 IP 地址进行租期管理，以便实现地址的充分利用。</td></tr>
<tr><td>参考答案</td><td colspan="3">1. 在无中继场景下，客户端在向 DHCP 服务器发起请求上线的过程中，DHCP Discover 报文是单播还是广播报文？
答：广播报文，向局域网内所有服务器发起地址请求。</td></tr>
</table>

续表

<table>
<tr><td>课程名称</td><td>DHCP</td><td>章节</td><td>7.2</td></tr>
<tr><td>课时安排</td><td>1 课时</td><td>教学对象</td><td></td></tr>
<tr><td>参考答案</td><td colspan="3">

2．DHCP 客户端上线后，其获取的 IP 地址是否永远有效？

答：不是永远有效，每个上线的地址都有使用租期。

3．一台 DHCP 服务器上配置的 DHCP 租期为 2 小时，如果一台 PC 通过 DHCP 上线后不到 1 小时就因为掉电重启，请问 PC 重新上线后，获取的 IP 地址是否不变？为什么？

答：不一定，这取决于 DHCP 服务器配置的地址分配方式，如果是自动分配方式，则 IP 地址不会变换；如果是动态分配方式，则 IP 地址可能变换。

4．在中继场景下，客户端在向 DHCP 服务器发起请求上线的过程中，DHCP Discover 报文是单播还是广播报文？中继转发的 Discover 报文是单播还是广播报文？

答：客户端在向 DHCP 服务器发起请求上线的过程中，DHCP Discover 报文是广播报文，中继转发的 Discover 报文是单播报文。

5．请结合 SIMNET 平台软件，按图 7-8 所示组网实现 PC1 或 PC2 与 PC3 的通信。其中，R1 作为 DHCP 服务器，R2 为普通的路由器，R1 和 R2 的互联地址段为 20.20.20.0/30；PC3 的地址为 10.10.10.2/30，其网关设备为 R2，网关地址为 10.10.10.1/30；两台交换机实现业务透传（提示：R1 需要完成 DHCP 配置和路由配置，R2 需要完成路由配置）。

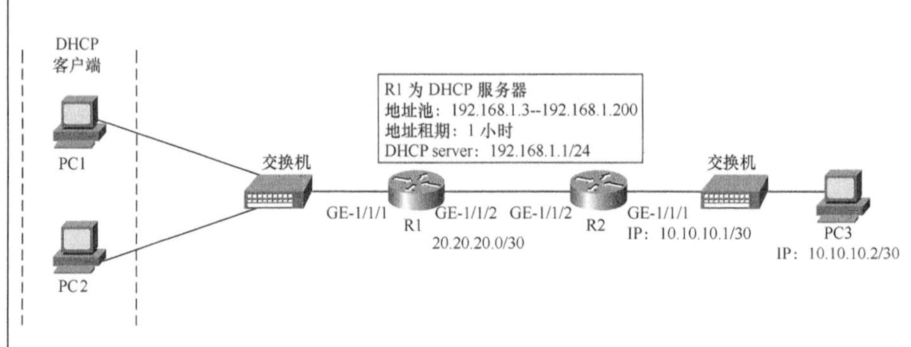

图 7-8　网络组网

答：R1 的路由配置为 10.10.10.0 255.255.255.0 GE-1/1/2　20.20.20.2（R2 互联接口地址）；R2 上的路由配置为 192.168.1.0 255.255.255.0 GE-1/1/2　20.20.20.1（R1 互联接口地址）；R1 上的 DHCP 配置略。

</td></tr>
</table>

7.3　NAT 原理

<table>
<tr><td>课程名称</td><td>NAT 原理</td><td>章节</td><td>7.3</td></tr>
<tr><td>课时安排</td><td>1 课时</td><td>教学对象</td><td></td></tr>
<tr><td>教学建议及过程</td><td colspan="3">教学建议：
本章节授课时长建议安排为 1 课时，采用翻转课堂的形式授课，培养学生的自主学习能力和学习积极性。
教学过程：
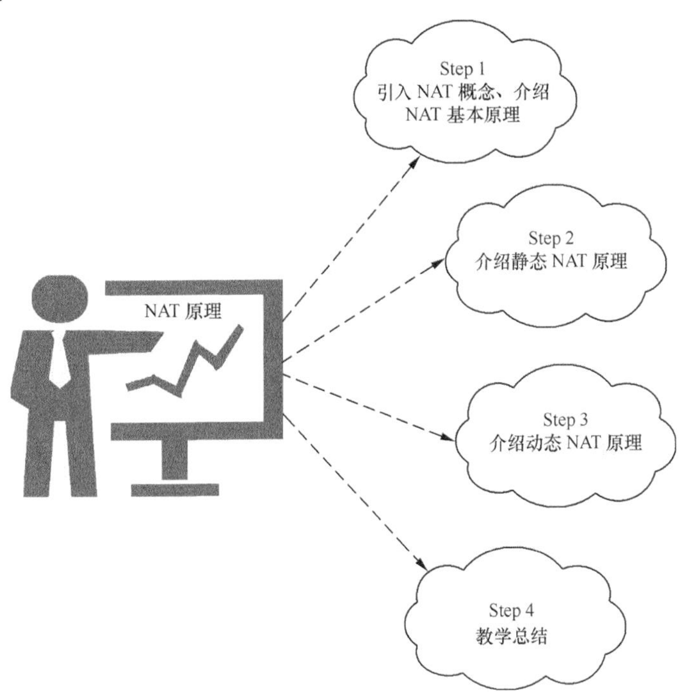

首先，建议老师在课堂中先对 IPv4 地址空间及分配使用情况进行概述，然后引入 NAT（Network Address Translation）的概念，NAT 是一种由 IPv4 向 IPv6 过渡的技术方案。
其次，建议老师在课堂中详细讲述静态 NAT、动态 NAT（PAT）原理，两种 NAT 的使用特点和区别（结合教学互动问题 1 至问题 4）以及 NAT 技术引入的问题（如教学互动问题 5）。
最后，完成教学互动及案例分析后教师进行课堂总结，概括 NAT 知识要点。</td></tr>
<tr><td>学生课前准备</td><td colspan="3">1．教师布置学生课前预习本章节的内容，使学生提前了解链路状态路由协议适用的网络类型、协议使用范围、版本号等知识。
2．课前预习考核方式：教师在课堂中针对教学互动知识点或其他类似知识点对学生进行随机点名抽查，记录抽查效果。</td></tr>
</table>

续表

<table>
<tr><td>课程名称</td><td>NAT 原理</td><td>章节</td><td>7.3</td></tr>
<tr><td>课时安排</td><td>1 课时</td><td>教学对象</td><td></td></tr>
<tr><td>教学目的
与要求</td><td colspan="3">通过本章节的学习，学生需要了解掌握以下知识点：
1. 掌握 NAT 原理；
2. 掌握静态 NAT 原理和使用场景；
3. 掌握动态 NAT 原理及使用场景。</td></tr>
<tr><td>章节重点</td><td colspan="3">NAT 原理、静态 NAT 原理、动态 NAT 原理。</td></tr>
<tr><td>教学资源</td><td colspan="3">PPT、教案等。</td></tr>
<tr><td>知识点
结构导图</td><td colspan="3">NAT
产生背景：IPv4 地址空间不足，新应用的产生需要更多的地址
地址池：公网地址集合，供转换调用
静态 NAT：建立私网和公网的静态映射关系
动态一对一 NAT：建立私网和公网的动态映射关系，私网用户下线后，地址映射关系发生变化
动态一对多 NAT（PAT/NPAT）：通过端口和 IP 地址转换实现多个私网地址和一或多个公网地址的映射关系
转换关联：关联地址池和私网地址，一般采用 ACL 进行私网归类</td></tr>
<tr><td>教学互动</td><td colspan="3">问题 1：静态 NAT 的实现原理是什么？
静态NAT 转换是指将内部网络的私有 IP 地址转换为外网 IP 地址，且内网和外网的 IP 地址是一对一的映射关系，某个私有 IP 地址只转换为某个外网 IP 地址。
静态 NAT 需要在 NAT 设备中手工指定内网地址和外网地址的映射关系。一旦配置了静态 NAT 后，NAT 设备中就会生成静态 NAT 表项（与有无业务交互无关）。
静态 NAT 一般用于 Web 服务等应用场景，内部服务器主动向外网提供 Web 等服务。外部用户访问 Web 服务器时，报文经过 NAT 设备后转换目的 IP 地址；当 Web 服务器回应外部请求报文时，仍以内网地址作为源 IP 地址，当报文经过 NAT 设备后，再将源 IP 地址替换为外网地址，实现正常的业务交互。
问题 2：动态 NAT 的实现原理是什么？
动态 NAT 包括动态一对一 NAT 和动态一对多 NAT，其实现原理基本一致，均为实现源地址的转换。动态一对一 NAT 实现外网地址和内网地址的一对一转换，而动态一对多 NAT 利用每个公网 IP 地址的 65535 个可用端口（TCP/UDP 定义的 16 比特位的端口号），实现外网地址的复用，如图 7-9 所示。</td></tr>
</table>

续表

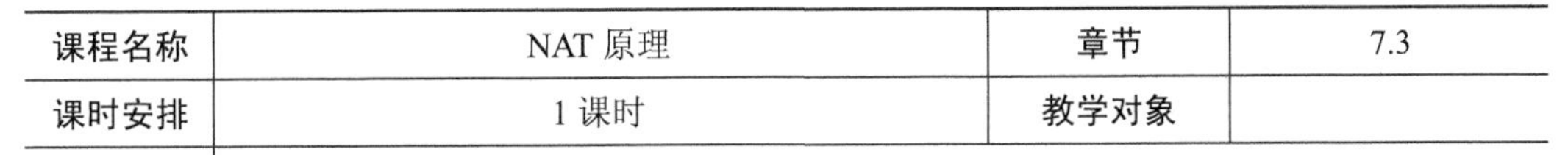

课程名称	NAT原理	章节	7.3
课时安排	1课时	教学对象	

教学互动

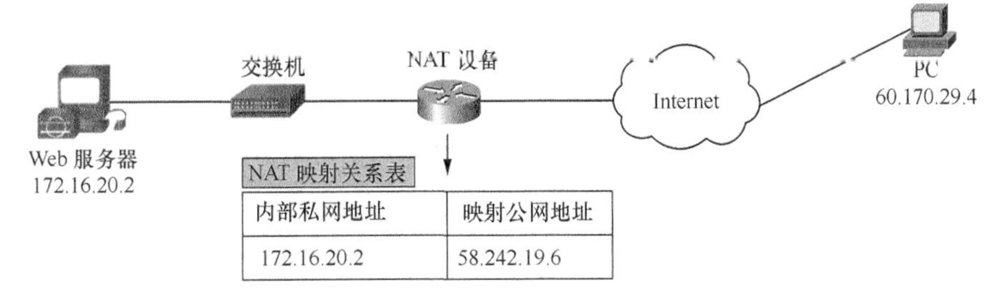

图7-9　静态NAT示意

动态一对一NAT转换关系如图7-10所示。

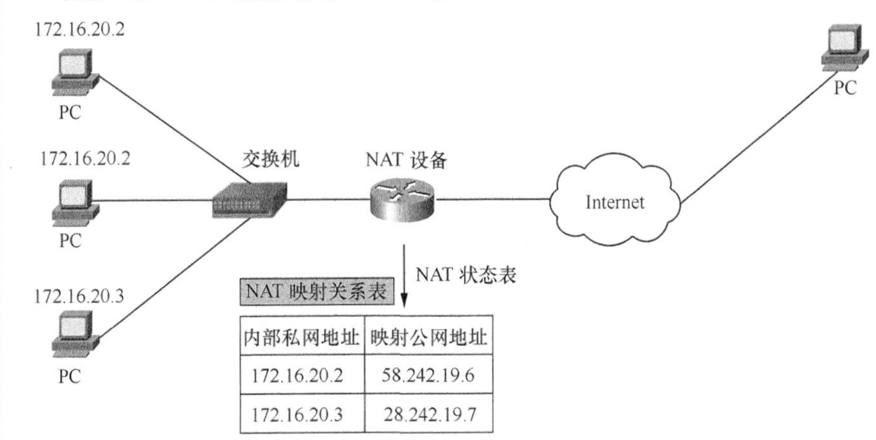

图7-10　动态一对一NAT映射

动态一对多NAT转换关系如图7-11所示。

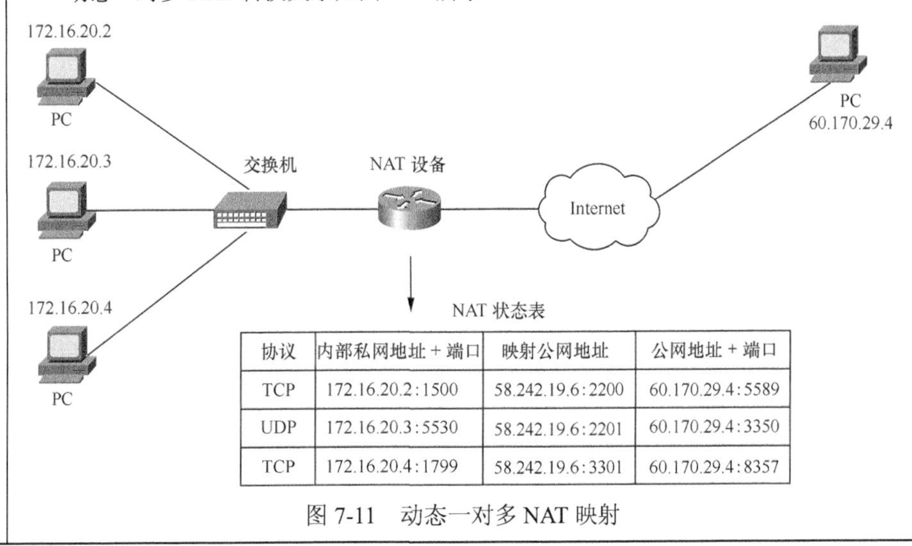

图7-11　动态一对多NAT映射

续表

<table>
<tr><td>课程名称</td><td>NAT 原理</td><td>章节</td><td>7.3</td></tr>
<tr><td>课时安排</td><td>1 课时</td><td>教学对象</td><td></td></tr>
<tr><td>教学互动</td><td colspan="3">**问题 3：如果采用静态 NAT 方式，外部用户可以主动和局域网内部的主机/服务器通信吗？**
可以，静态 NAT 方式一旦在转换设备配置后，转换表项则在设备中生成（NAT 设备），内外网用户均可主动进行通信。静态 NAT 也被称为目的地址 NAT 转换。
问题 4：如果采用动态 NAT 方式，外部用户可以主动和局域网内部的主机/服务器通信吗？
不可以，动态 NAT 采用触发机制，只有内部首先触发访问外部的报文，NAT 设备才可生成转换表项，实现源地址的 NAT 转换。外部用户回包则通过 NAT 设备建立的表项进行通信。
问题 5：动态一对多 NAT 与一对一 NAT 相比有哪些优势？
动态一对一 NAT 仍没有实现外网地址充分复用，仍是一对一映射转换。动态一对多 NAT 可以实现多个用户共用一个外网地址以满足外部访问需要。有些硬件厂家借助报文的协议号，可使更多的内网地址共用一个外网地址而不产生冲突，实现外网地址的高度复用。
问题 6：NAT 技术有哪些优点？
① 在内部网络使用私有地址，节省了外网地址。
② 内部数据在经过 NAT 设备后，源地址即转换成外部地址。外部用户无法看到内部网络的地址，因此对外隐藏了内部网络。
③ 在网络发生变化时避免重新编址。使用 NAT 可以方便人们管理网络，并可大大提高网络的适应性。
问题 7：NAT 暂时解决了 IPv4 地址不足的问题，但是 NAT 带来的最大问题是什么？
NAT 转换后，用户的内网地址被转换成外网地址开始访问互联网，其真实的 IP 地址被隐藏了。NAT 转换关系也是动态变化的，是具有生存时间的，如果出现网络攻击或其他重大网络信息安全问题，其无法快速有效地进行溯源，增加了安全隐患。</td></tr>
<tr><td>教学内容总结</td><td colspan="3">TCP/IP 协议栈规定 IP 地址占用 32 比特位，共有约 43 亿个 IP 地址，但是对于网络高速发展的今天，IPv4 地址已变得非得紧缺了。网络地址资源变得非常有限，严重制约了互联网的应用和发展。
为了在 IPv4 场景下使更多的用户能够连接至互联网，就需要使用地址复用技术。局域网内部用户使用内网地址，出口设备则用外网地址。</td></tr>
</table>

续表

课程名称	NAT 原理	章节	7.3
课时安排	1 课时	教学对象	
教学内容总结	由传输层 TCP/UDP 可知，报文传输中需要用到源端口和目的端口两个字段，每个字段共占用 16 比特位，共 65535 个端口，即一个外网地址可应用的端口数为 65535 个，上层应用程序根据端口字段进行区分。而实际应用中，大部分可用的端口处于空闲状态，这就给地址复用带来了可能性。 NAT 通过专有设备将报文中的源 IP 地址或目的 IP 地址进行转换，然后将其转发至局域网或外网中。最开始时，NAT 只用于 IP 地址转换，将网络中特定的外网 IP 用户隐藏起来，但是未实现地址复用。PAT 在 NAT 的基础上进行改进，实现了端口和 IP 地址的转换，让多个内网用户共用外网地址实现外网的功能。 PAT 转发需要由局域网内部用户主动访问外网，才进行转换，转换成功后，外部固定应用和内部主机可进行通信。外部用户无法主动和内部用户至上进行通信（转换关系建立前）。 NAT 转换使用的外网地址空间为 NAT 地址池，供 NAT 转换调用。		
参考答案	请描述静态 NAT 的应用场景和原理。 答：静态 NAT 一般用于 Web 服务器等特殊场景，内部服务器主动向外网提供应用服务，隐藏了服务器地址，同时结合防止网络攻击的应用（防火墙），可以提供安全的应用服务。其原理相对简单，在专用设备上配置静态 NAT 的映射关系后，由专用硬件转换报文的源或目的 IP 地址。		

7.4　组网设计

课程名称	组网设计	章节	7.4
课时安排	2 课时	教学对象	
设计要求	1．利用本书所学的知识点（子网、VLAN 技术、OSPF 路由协议、DHCP 原理、NAT 技术）设计一个校园网，实现校园内用户互联互通以及校园内网用户与外网用户的互通。 2．组网涉及网元：三层交换机、PC 主机、路由器，运用 SIMNET 平台组建模拟校园网。		
学生课前准备	1．教师布置学生课前预习本章节的内容，使学生提前了解链路状态路由协议适用的网络类型、协议使用范围、版本号等知识。 2．课前预习考核方式：教师在课堂中针对教学互动知识点或其他类似知识点对学生进行随机点名抽查，记录抽查效果。		

续表

课程名称	组网设计	章节	7.4
课时安排	2 课时	教学对象	
考核知识点	1．VLAN 类型、交换机配置； 2．VLANIF 三层接口； 3．子网、子网掩码； 4．OSPF 路由技术； 5．DHCP 原理及配置； 6．NAT 原理及配置； 7．校园网业务规划。		
网络验收标准	1．子网规划符合实际要求，地址规划合理。 2．运用所学知识并结合 SIMNET 软件平台，设计一个简单的校园网。建议网关设备采用路由器（也可用三层交换机），实现后勤系统、办公楼、图书管、宿舍楼、实验楼的网络互通。		
拓扑规划	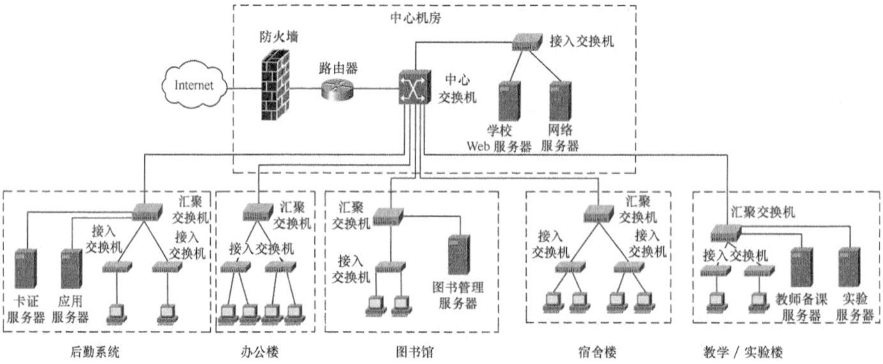		

思考与练习

1．交换机中应该采用什么类型的 ACL 配置访问控制列表？

答：交换机一般不识别 IP 报文首部，所以需要用二层 ACL 实现对以太首部的解析控制。

2．路由器中该如何配置 ACL 限制部分主机远程 Telnet 登录（假设远程主机的地址段为 10.10.10.0/24）。

答：rule 1 deny protocol tcp source 10.10.10.0 0.0.0.255 source-port 23

rule 2 permit protocol ip source 0.0.0.0 0.0.0.0 destination 0.0.0.0 0.0.0.0

续表

3．请简单描述 DHCP 的原理及使用优点。 答：略 4．如果在支持 NAT 功能的路由器中配置了动态一对多 NAT，请问外部主机是否可以主动和内部主机进行通信？为什么？ 答：不能，因为动态 NAT 是基于源 IP 地址的 NAT，只有内部主机先触发访问建立 NAT 表项后，外部主机报文到达 NAT 设备可根据表项进行转换，完成报文的通信。 5．请描述静态 NAT 的工作原理。 答：略。 6．动态一对多 NAT 利用什么机制进行外网地址的复用？ 答：将报文的源地址和端口同时进行转换，实现外网地址的复用。